上海硅步科学仪器
有限公司支持出版

ROS By Example
A Do-It-Yourself Guide to the Robot Operating System

ROS 入门实例

[美] R. 帕特里克·戈贝尔 ◎ 著

[墨] J. 罗哈斯　刘柯汕　彭也益　刘振东　李家能　黄玲玲 ◎ 译

中山大学出版社
SUN YAT-SEN UNIVERSITY PRESS
·广州·

Chinese Translation © 2015 Juan Rojas and Gaitech Shanghai International
Translation from the English Edition
Copyright 2012 R. Patrick Goebel
All Rights Reserved

版权所有　翻印必究

图书在版编目（CIP）数据

ROS 入门实例/（美）戈贝尔（Goebel，R. P.）著；（墨）罗哈斯（Rojas，J.）等译 . —广州：中山大学出版社，2016.1
ISBN 978 – 7 – 306 – 05511 – 8

Ⅰ． ①R… Ⅱ． ①戈… ②罗… Ⅲ． ①机器人—程序设计 Ⅳ． ①TP242

中国版本图书馆 CIP 数据核字（2015）第 262110 号

出 版 人：	徐　劲
策划编辑：	周建华　黄浩佳
责任编辑：	黄浩佳
封面设计：	曾　斌
责任校对：	廖丽玲
责任技编：	何雅涛
出版发行：	中山大学出版社
电　　话：	编辑部 020 – 84110283，84113349，84111997，84110779
	发行部 020 – 84111998，84111981，84111160
地　　址：	广州市新港西路 135 号
邮　　编：	510275　　　　传　真：020 – 84036565
网　　址：	http：//www.zsup.com.cn　　E-mail：zdcbs@mail.sysu.edu.cn
印 刷 者：	广东省农垦总局印刷厂
规　　格：	880mm×1230mm　　1/16　　15.25 印张　　440 千字
版次印次：	2016 年 1 月第 1 版　2016 年 7 月第 2 次印刷
定　　价：	58.00 元

如发现本书因印装质量影响阅读，请与出版社发行部联系调换

0 前言

本书指导你如何利用编程使你的机器人做一些神奇的事情。比如，利用识别人脸或其他实际物体的技术，让机器人在你的房间里自主导航，或者使其对你的口头命令做出反应。ROS（the Robot Operating System，机器人操作系统）是美国加利福尼亚州的 Willow Garage 创造出来的，现在由机器人研究开源组织（the Open Source Robotics Foundation，OSRF）维护运营。多亏了 ROS，我们在这本书中将使用当前领域中最先进的机器人软件。

ROS 的首要任务就是为机器人提供一个标准化的、开源的编程框架，以便在各种现实和虚拟环境中实现机器人控制。OSRF 当然不是第一个做出这种努力的组织。事实上，在维基百科上搜索，显示有超过 15 个机器人软件机构。但 Willow Garage 决不仅仅是一个只放出免费软件的程序员团队。在大量资金、专业知识和一系列精确的开发计划的推动下，Willow Garage 成功地在机器人学家中点燃了 ROS 编程热，机器人研究者们可以使用在短短数年里由其他 ROS 用户贡献出的大量 ROS package 来编程。ROS 目前的软件已经涵盖了导航定位（SLAM）、3D 物体识别、动作规划、多关节机械臂运动控制、机器学习，甚至可以让机器人打桌球。

与此同时，Willow Garage 也设计并造出了一款名为 PR2 的机器人来更好地演示它的操作系统，这款机器人售价 400 000 美元。其使用了当前最先进的机器人硬件，包括两枚立体摄像头、一对激光感应器，拥有 7 个自由度的机械臂和一套万向轮驱动系统。但是，只有少数人有机会在真正的 PR2 上运行 ROS，包括 11 个得到免费 PR2 的研究机构，作为公测。然而，你并不需要一部 PR2 来领略 ROS 的强大，因为现在已经有支持更加低成本平台和组件的 package 被创造出来了，这些平台有：iRobot Create、TurtleBot、Arduino、WowWee Rovio、LEGO NXT、Phidgets、ArbotiX、Serializer、Element、Robotis Dynamixels。

ROS 奠定在一个指导原则上——"不重复发明车轮"①。成千上万的聪明人已经在机器人编程这条道路上走了超过 50 个年头，何不将这些聪明的大脑才智集中在一起呢？幸运的是，现代互联网为我们提供了一个绝佳的分享代码的媒介。现在，很多大学、公司以及个人在网上公开地分享他们的 ROS 源代码资源。并且在有了免费的云平台（如 Google Code，GitHub）的情况下，任何人都可以轻易地且不需要花一分钱就能分享自己的 ROS 代码成果。

搭乘 ROS 这趟列车最精彩、最令人兴奋的部分或许就在于可以和来自全世界数以千计的志同道合者们一同研究机器人。你不用再担心自己苦心研究多年的内容同时别人也在进行同样的研究，更妙之处在于：当你发现你的努力正在为一项快速发展领域作出一丝贡献时，你会由衷地感到欣慰。

0.1 关于本书纸质版和电子版的说明②

本书的纸质版和电子版除了存在几处重要的不同外，其他部分几乎是一样的。两者的页面排版是完全一样的，但是多数电子版读者会把文档的开始页作为第一页而忽略了本书在正文中设置

---

① 译者注：即减少重复劳动。

② 外文原版书中，纸质版和电子版同时发行，考虑到国内的实际情况，作出了一些修改。本书超链接都以脚注的形式标注，方便读者查阅。

的页码。书中的图片和代码在电子版中是彩色的而在纸质版中却是黑白的,这样可以降低书本的制作成本。电子版的文本中有很多可以直接用电脑鼠标点击相关网页的超链接,在纸质版中这些超链接被附上了下划线和标号。要访问这些超链接,可以查看书后的超链接,那里有对应的链接地址。

拥有最新的版本:如果你想获知本书以及其附带代码的更新信息,请加入我们的 ros-by-example Google Group。

0.2 从 GROOVY 到最新版本的演变

如果你首次接触 ROS 或本书时使用的是 Hydro,那你可以略过本章。然而,如果你通过本书的旧版本接触过 Groovy 或者更早版本的 ROS,那你需要注意一些版本之间的变化。你可以通过查阅官方提供的 ROS 的 Groovy 版本和 Hydro 版本差异列表(Groovy →Hydro migration page[①])来了解不同版本间的差异。以下是一些会影响本书中代码的变化。

0.2.1 ROS 版本变化

- 现在 catkin 的 build system 需要把一些包提交到 ROS build farm 中,从而把这些包转化成可以通过 apt-get 来安装的 Debian 包。因此,本书中用到的位于 ros-by-example 中的栈需要被转化成一个 catkin meta package。你可以通过查阅位于 ROS 的 Wiki 上的 catkin 指南,得到创建自己的 catkin 包的命令。你也可以通过查阅本书第 4 章获得。
- catkin 要求所需模块所在的包位于地址 package/src/package_name 下。对 ros-by-example 而言,这部分代码要求把一些位于某些包的 nodes 子目录下的 Python 文件移动到对应的 src/package_name 目录下。具体而言,rbx1_vision 包要求把 face_detector.py,good_features.py 和 lk_tracker.py 三个文件从目录 rbx1_vision/nodes 移动到目录 rbx1_vision/src/rbx1_vision。
- 在 Python 脚本中,我们不再需要导入 roslib 并运行 roslib.load_manifest()。因此在 ros-by-exampe 代码中,这些代码全都从 Python 节点中删除了。
- 诸如 rxconsole,rxplot 等在 wxWidgets 中的 ROS 工具,都已经被改写成 Qt 版本,并改名为 rqt_console,rqt_plot 等。它们的基本功能都被保留下来了,不过你现在需要使用新的版本(在 Groovy 中两个版本都是可用的)。你若想得到详尽的工具列表,请查阅 Wiki 中的 rqt_common_plugins 页面。
- 多亏了 David Lu,现在 ROS 的导航栈可以使用分层的代价地图了。虽然这个内容超出了本书的范围,但是这个方法让我们可以在特定情景下创建自定义的代价地图。幸运的是,ROS Hydro 仍然可以用以前的代价地图格式,而不需要在这个时候考虑分层。
- 另外一个关于 costmap 的变化是,现在在 RViz 中使用和显示它们时是把它们看作 maps 而不是 grid squares。这个变化使我们在使用以前的配置文件时,要在 RViz 中改变障碍物的显示类型,而不是以前使用的 grid squares 类型。在 Hydro 版本中,配置文件 ros-by-example 已经完成了这个更新。
- tf 库现在已经被更新为 tf2 库。这个新库是原来旧库的一个超集,但并没有为本书用到的代码提供任何新的功能。因此,我们在本书中会继续引用 tf 库。
- 新的 tf2 库的一个缺点是删除了命名中出现的 tf 前缀,这使得在第 10 章中引用到的 skeleton_markers 和 pi_tracker 包都需要重新编码。

---

① 地址:http://wiki.ros.org/hydro/Migration。

- 在某些安装好的 Hydro 中，可能会出现 openni_tracker 包损坏的情况。我们会在 10.9 节讨论 skeleton tracking 时提供解决方案。
- 以前在 URDF 模型中用到的 <include> 标签已经被删除了，并替换成了 <xacro：include>。所有的 URDF 文件都已经相应地更新了，包括 ros-by-example。

0.2.2 示例代码的变化

- 在 rbx1_dynamixels 包里面的 head_tracker.py 脚本已经更新成线程安全的了，这会防止在旧版本中出现的 random servo motions。
- 一个名为 object_follower.py 的脚本被添加到了 rbx1_apps 包里。这个脚本在 object_tracker.py 的基础上，还考虑了深度信息，使得机器人可以跟随一个移动的目标。
- 当 use_depth_for_tracking 参数被设置为 True 时，在 rbx1_vision 包里面的 face_tracker2.py 脚本可以对 depth information 进行正确的反应。在旧版本中，这个脚本中的一些错误使得这个参数被忽略了。

ROS 词汇索引

C
camera	摄像机
cascade classifier	级联分类器
cascade detector	级联检测器

D
demo	演示
diagnostic messages	诊断信息

F
face detection	人脸检测
face tracker	脸部跟踪器
field	字段
follower	跟随器
frame	帧

H
Haar cascade detector	哈尔级联识别器

L
launch file	启动文件

M
message	消息

N
node	节点

P
package	包
pan-and-tilt head	云台头
publish	发布
publisher	发布者

R
repository	资源
resolution	分辨率

S
service	服务
servo	伺服机
stack	栈
subscribe	订阅
subscriber	订阅者

T
timestamp	时间戳
topic	话题
torque	转矩
tracker	跟踪器

U
utility	工具

Others
3D point clouds	3d 点云

目 录

1 本书目标 …………………………………………………………………………… (1)

2 真实机器人和模拟机器人 ………………………………………………………… (3)
   2.1 Gazebo，Stage 和 ArbotiX 模拟器 ………………………………………… (3)
   2.2 关于 TurtleBot，Maxwell 和 Pi 机器人的简介 …………………………… (4)

3 操作系统和 ROS 版本 ……………………………………………………………… (5)
   3.1 安装 Ubuntu Linux ………………………………………………………… (5)
   3.2 开始使用 Linux …………………………………………………………… (6)
   3.3 更新和升级注意事项 ……………………………………………………… (6)

4 回顾 ROS 基础知识 ………………………………………………………………… (7)
   4.1 安装 ROS …………………………………………………………………… (7)
   4.2 安装 rosinstall ……………………………………………………………… (7)
   4.3 用 Catkin 建立 ROS 程序包 ……………………………………………… (7)
   4.4 创建 catkin 工作空间 ……………………………………………………… (8)
   4.5 使用 catkin 的清除命令 …………………………………………………… (8)
   4.6 重新构建单独的 catkin 包 ………………………………………………… (9)
   4.7 混合使用 catkin 和 rosbuild 工作空间 …………………………………… (9)
   4.8 学习 ROS 官方教程 ……………………………………………………… (10)
   4.9 RViz：ROS 可视化工具 …………………………………………………… (11)
   4.10 在程序中使用 ROS 参数 ………………………………………………… (11)
   4.11 使用 rqt_reconfigure（即旧版本的 dynamic_reconfigure）来设置 ROS 参数 ……… (11)
   4.12 机器人与桌面计算机之间联网 …………………………………………… (13)
      4.12.1 时间同步 ………………………………………………………… (13)
      4.12.2 使用 Zeroconf 进行 ROS 联网 ………………………………… (13)
      4.12.3 测试连通性 ……………………………………………………… (14)
      4.12.4 设置 ROS_MASTER_URI 和 ROS_HOSTNAME 变量 ……… (14)
      4.12.5 打开新的终端 …………………………………………………… (15)
      4.12.6 在两台设备上运行节点 ………………………………………… (15)
      4.12.7 通过互联网进行 ROS 联网 …………………………………… (16)
   4.13 ROS 回顾 ………………………………………………………………… (17)
   4.14 ROS 应用是什么？ ……………………………………………………… (17)
   4.15 使用 SVN、Git、Mercurial 安装数据包 ………………………………… (18)
      4.15.1 SVN ……………………………………………………………… (18)
      4.15.2 Git ………………………………………………………………… (19)
      4.15.3 Mercurial ………………………………………………………… (19)

4.16　从个人 catkin 目录移除数据包 ………………………………………………………（20）
4.17　如何寻找第三方 ROS 数据包 …………………………………………………………（21）
　　4.17.1　搜索 ROS Wiki ……………………………………………………………（21）
　　4.17.2　使用 roslocate 命令 ………………………………………………………（21）
　　4.17.3　浏览 ROS 软件索引 ………………………………………………………（22）
　　4.17.4　使用 Google 搜索 …………………………………………………………（22）
4.18　获取更多关于 ROS 的帮助 ……………………………………………………………（22）

5　安装 ros-by-example 代码 …………………………………………………………………（24）
5.1　安装必备组件 ……………………………………………………………………………（24）
5.2　复制 Hydro ros-by-example 代码资源 …………………………………………………（24）
　　5.2.1　从 Electric 或者 Fuerte 版本升级 …………………………………………（24）
　　5.2.2　从 Groovy 版本升级 …………………………………………………………（24）
　　5.2.3　复制 Hydro 的 rbx1 代码资源 ………………………………………………（25）
5.3　关于本书的代码列表 ……………………………………………………………………（26）

6　安装 Arbotix 模拟器 ………………………………………………………………………（27）
6.1　安装模拟器 ………………………………………………………………………………（27）
6.2　测试模拟器 ………………………………………………………………………………（27）
6.3　在模拟器上运行你自己的机器人 ………………………………………………………（28）

7　控制移动底座 ………………………………………………………………………………（31）
7.1　单位长度和坐标系 ………………………………………………………………………（31）
7.2　运动控制的分层 …………………………………………………………………………（31）
　　7.2.1　发动机、轮子和编码器 ………………………………………………………（31）
　　7.2.2　发动机控制器和驱动程序 ……………………………………………………（32）
　　7.2.3　ROS 底座控制器 ………………………………………………………………（32）
　　7.2.4　使用 ROS 中 move_base 包的基于框架的运动 ……………………………（33）
　　7.2.5　使用 ROS 的 gmapping 包和 amcl 包的 SLAM ……………………………（33）
　　7.2.6　语义目标 ………………………………………………………………………（33）
　　7.2.7　总结 ……………………………………………………………………………（34）
7.3　ROS 中 Twist 消息和轮子转动 …………………………………………………………（34）
　　7.3.1　Twist 消息的例子 ……………………………………………………………（35）
　　7.3.2　用 RViz 监视机器人运动 ……………………………………………………（35）
7.4　对你的机器人进行测量校准 ……………………………………………………………（37）
　　7.4.1　线速度校准 ……………………………………………………………………（38）
　　7.4.2　角速度校准 ……………………………………………………………………（39）
7.5　发送 Twist 消息给机器人 ………………………………………………………………（40）
7.6　从 ROS 节点发布 Twist 消息 ……………………………………………………………（41）
　　7.6.1　通过定时和定速估计距离和角度 ……………………………………………（41）
　　7.6.2　在 ArbotiX 模拟器上进行计时前进并返回运动 ……………………………（41）
　　7.6.3　计时前进并返回运动的脚本 …………………………………………………（42）

  7.6.4 用现实的机器人执行计时前进并返回 ………………………………………………… (48)
 7.7 我们到了吗？根据测量来到达目的距离 ……………………………………………………… (49)
 7.8 测量并前进返回 ……………………………………………………………………………… (51)
  7.8.1 在 ArbotiX 模拟器上基于测量的前进返回 ……………………………………… (51)
  7.8.2 在现实的机器人上基于测量的前进返回 ………………………………………… (52)
  7.8.3 基于测量的前进返回脚本 ………………………………………………………… (53)
  7.8.4 话题/odom 与框架/odom 的对比 ………………………………………………… (60)
 7.9 使用测量走正方形 …………………………………………………………………………… (60)
  7.9.1 在 ArbotiX 模拟器中走正方形 …………………………………………………… (60)
  7.9.2 让现实的机器人走正方形 ………………………………………………………… (61)
  7.9.3 脚本 nav_square.py ……………………………………………………………… (62)
  7.9.4 Dead Reckoning 造成的问题 …………………………………………………… (63)
 7.10 遥控你的机器人 …………………………………………………………………………… (63)
  7.10.1 使用键盘 ………………………………………………………………………… (63)
  7.10.2 使用 Logitech 游戏摇杆 ………………………………………………………… (64)
  7.10.3 使用 ArbotiX 控制器图形界面 ………………………………………………… (65)
  7.10.4 用交互标识遥控 TurtleBot …………………………………………………… (66)
  7.10.5 编写你自己的遥控节点 ………………………………………………………… (66)

8 导航，路径规划和 SLAM ……………………………………………………………………… (67)
 8.1 使用 move_base 包进行路径规划和障碍物躲避 ………………………………………… (67)
  8.1.1 用 move_base 包指定导航目标 ………………………………………………… (68)
  8.1.2 配置路径规划的参数 ……………………………………………………………… (69)
 8.2 在 ArbotiX 模拟器测试 move_base ………………………………………………………… (71)
  8.2.1 在 RViz 通过点击导航 …………………………………………………………… (75)
  8.2.2 RViz 的导航显示类型 …………………………………………………………… (76)
  8.2.3 用 move_base 导航走正方形 …………………………………………………… (76)
  8.2.4 避开模拟障碍物 …………………………………………………………………… (83)
  8.2.5 在显示障碍物时手动设置导航目标 ……………………………………………… (85)
 8.3 在现实的机器人上运行 move_base ………………………………………………………… (86)
  8.3.1 没有障碍物的情况下测试 move_base …………………………………………… (86)
  8.3.2 把深度摄像头作为模拟激光避开障碍物 ………………………………………… (87)
 8.4 使用 gmapping 程序包完成地图建立 ……………………………………………………… (89)
  8.4.1 激光扫描器还是深度相机 ………………………………………………………… (89)
  8.4.2 收集和记录扫描数据 ……………………………………………………………… (91)
  8.4.3 建立地图 …………………………………………………………………………… (93)
  8.4.4 从数据包中建立地图 ……………………………………………………………… (93)
  8.4.5 我能拓展或者修改现有地图吗？ ………………………………………………… (95)
 8.5 使用 Map 和 amcl 进行导航和定位 ………………………………………………………… (95)
  8.5.1 用假的定位来测试 amcl …………………………………………………………… (95)
  8.5.2 在真实的机器人中使用 amcl …………………………………………………… (97)
  8.5.3 全自动导航 ………………………………………………………………………… (99)

	8.5.4	在模拟中进行导航测试	(99)
	8.5.5	理解导航测试的脚本	(101)
	8.5.6	在真实的机器人中进行导航测试	(107)
	8.5.7	接下来该做什么？	(108)

9 语音识别及语音合成 (109)

- 9.1 安装语音识别 PocketSphinx (109)
- 9.2 测试 PocketSphinx 识别器 (109)
- 9.3 创建词汇库 (111)
- 9.4 语音控制导航脚本 (112)
  - 9.4.1 在模拟器 ArbotiX 中测试语音控制 (118)
  - 9.4.2 在真实的机器人上使用语音控制 (119)
- 9.5 安装及测试文字转语音系统 Festival (120)
  - 9.5.1 在 ROS Node 中使用文字转语音系统 (121)
  - 9.5.2 测试 talkback.py 脚本 (124)

10 机器人的视觉系统 (125)

- 10.1 OpenCV、OpenNI 和 PCL (125)
- 10.2 关于摄像机分辨率的一些注意事项 (125)
- 10.3 安装和测试 ROS 摄像机驱动 (126)
  - 10.3.1 安装 OpenNI 驱动 (126)
  - 10.3.2 安装 Webcam 驱动 (126)
  - 10.3.3 测试 Kinect 或者 Xtion 摄像机 (126)
  - 10.3.4 测试 USB 网络摄像头 (127)
- 10.4 在 Ubuntu Linux 上安装 OpenCV (128)
- 10.5 ROS 和 OpenCV：cv_bridge 程序包 (129)
- 10.6 ros2opencv2.py 模块 (135)
- 10.7 处理储存的视频 (136)
- 10.8 OpenCV：计算机视觉的开源库 (137)
  - 10.8.1 人脸检测 (137)
  - 10.8.2 使用 GoodFeaturesToTrack 进行关键点检测 (144)
  - 10.8.3 使用 Optical Flow 跟踪关键点 (149)
  - 10.8.4 构建一个更好的人脸追踪器 (155)
  - 10.8.5 动态添加和抛弃关键点 (159)
  - 10.8.6 颜色块追踪（CamShift） (160)
- 10.9 OpenNI 和骨架追踪 (167)
  - 10.9.1 检查您 Hydro 的 OpenNi 安装情况 (167)
  - 10.9.2 在 RViz 上查看骨架 (168)
  - 10.9.3 在你的程序中访问骨架图 (168)
- 10.10 PCL 轻节点和 3D 点云 (176)
  - 10.10.1 PassThrough 过滤器 (177)
  - 10.10.2 将多个 PassThrough 过滤器结合 (178)

         10.10.3 VoxelGrid 过滤器 …………………………………………………………… (179)

11 组合视觉与底座控制 ……………………………………………………………………… (181)
   11.1 关于摄像机坐标系的注意事项 ……………………………………………………… (181)
   11.2 物体跟踪器 …………………………………………………………………………… (181)
         11.2.1 使用 rqt_plot 测试物体跟踪器 …………………………………………… (181)
         11.2.2 使用模拟的机器人测试物体跟踪器 ……………………………………… (182)
         11.2.3 理解物体跟踪器的代码 …………………………………………………… (182)
         11.2.4 在真实的机器人上的物体跟踪器 ………………………………………… (189)
   11.3 物体跟随器 …………………………………………………………………………… (190)
         11.3.1 为物体跟踪器增加深度 …………………………………………………… (190)
         11.3.2 在模拟的机器人上测试物体跟随器 ……………………………………… (194)
         11.3.3 在真实的机器人上的物体跟随器 ………………………………………… (195)
   11.4 人跟随器 ……………………………………………………………………………… (195)
         11.4.1 在模拟器中测试跟随器应用 ……………………………………………… (196)
         11.4.2 理解跟随器脚本 …………………………………………………………… (196)
         11.4.3 在 TurtleBot 上运行跟随器应用 ………………………………………… (201)
         11.4.4 在过滤后的点云上运行跟随器节点 ……………………………………… (202)

12 Dynamixel 伺服机和 ROS ……………………………………………………………… (203)
   12.1 具备能抬头摇头的头部的 Turtlebot ……………………………………………… (204)
   12.2 选择一个 Dynamixel 硬件控制器 ………………………………………………… (204)
   12.3 关于 Dynamixel 硬件的注意事项 ………………………………………………… (204)
   12.4 选择一个 ROS 里的 Dynamixel 程序包 …………………………………………… (205)
   12.5 理解 ROS 中关节状态消息类型 …………………………………………………… (205)
   12.6 控制关节位置、速度和转矩 ………………………………………………………… (206)
         12.6.1 设置伺服机位置 …………………………………………………………… (207)
         12.6.2 设置伺服机速度 …………………………………………………………… (207)
         12.6.3 控制伺服机转矩 …………………………………………………………… (207)
   12.7 检查 USB2Dynamixel 连接 ………………………………………………………… (208)
   12.8 设置伺服机硬件 ID ………………………………………………………………… (209)
   12.9 配置和启动 dynamixel_controllers ……………………………………………… (210)
         12.9.1 dynamixel_controllers 配置文件 ………………………………………… (210)
         12.9.2 dynamixel_controllers 启动文件 ………………………………………… (211)
   12.10 测试伺服机 …………………………………………………………………………… (212)
         12.10.1 打开控制器 ……………………………………………………………… (213)
         12.10.2 在 RViz 中监控机器人 ………………………………………………… (213)
         12.10.3 列出控制器的话题和监控关节状态 …………………………………… (214)
         12.10.4 列出控制器的服务 ……………………………………………………… (215)
         12.10.5 设置伺服机的位置、速度和转矩 ……………………………………… (216)
         12.10.6 使用 relax_all_servos.py 脚本 ………………………………………… (217)
   12.11 跟踪一个可见目标 …………………………………………………………………… (218)

12.11.1　跟踪脸部……………………………………………………（218）
　　12.11.2　头部跟踪器脚本………………………………………………（219）
　　12.11.3　跟踪有颜色的物体……………………………………………（226）
　　12.11.4　跟踪手动选择的目标…………………………………………（227）
　12.12　一个完整的头部跟踪 ROS 应用……………………………………（228）

13　下一步?……………………………………………………………（230）

1 本书目标

ROS 是极其强大的，而且它还在迅速、持续地扩展和改进。但是许多新 ROS 用户所面临的一个挑战是不知道从哪里开始。开始 ROS 主要包含两个阶段：阶段 1 是学习基本的概念和编程技巧；阶段 2 则是运用 ROS 来控制你自己的机器人。

阶段 1 最好参考ROS Wiki[①]，在那里你可以找到一系列极好的安装指导[②]和新手教程[③]。这些教程都被成百上千的用户实际测试过，所以没必要在这本书中重复。阅读这些教程应该是使用这本书的预先准备工作。我们假设你已经学习过至少一次所有的教程。除此之外，阅读tf overview[④]和练习tf Tutorials[⑤]也很重要，它们可以帮助你理解 ROS 如何处理不同参照框架。如果你遇到了问题，可以访问ROS Answer 论坛[⑥]，那里有很多读者遇到并已经被解答过的问题。如果你没有找到自己所遇到的问题，那你可以在那里贴出自己的新问题与其他人探讨。（贴出新问题时请不要使用 ROS-users 邮件列表，这是为 ROS 新闻和通知预留的）

阶段 2 的主要内容：使用 ROS 让你的机器人做一些令人印象深刻的事情。每一个章节会给出与 ROS 不同方面相关的教程和示例代码。然后我们会将这些代码应用到一个真实世界的机器人，例如，一个可抬头、摇头的头部，或者一个照相机（如面部探测仪）。本书大部分章节并没有严格的先后阅读次序，读者可以根据自己喜欢的顺序完成本书教程。同时，这些教程也会以彼此为基础，所以到了本书的结尾部分，读者的机器人应该能够自主地导航到读者的家或者办公室，回应语音命令，甚至结合视觉和动作控制来进行面部跟踪或者在房间里跟随某个人。

在阶段 2 中，我们会接触到以下话题：

- 安装和配置 ROS（回顾）。
- 在不同层次的抽象层面控制一个可以移动的底部，从马达驱动器和车轮角度编码器开始，逐渐上升到路径计划和地图构建。
- 导航和 SLAM（即时定位与地图构建）使用激光扫描仪或者一个深度照相机（例如，微软 Kinect 或者华硕 Xtion）。
- 语音识别和合成，还有通过语音命令控制的机器人的一个应用。
- 机器人视觉，包括人脸检测和使用 OpenCV 进行颜色追踪，使用 OpenNI 进行骨架追踪，还有一个对进行 3D 视觉处理 PCL 的大致介绍。
- 结合机器人视觉和一个移动的底部创造两个应用，一个是对脸部和有颜色的物体进行跟踪，另一个是当某人在房间里走动时进行跟随。
- 使用 Dynamixel 伺服机控制一个可抬头摇头的照相机来跟踪一个移动物体。

考虑到 ROS 框架的深度和广度，我们在本书中省略了一些话题，尤其是我们并没有涉及眺

[①] 地址：http://wiki.ros.org/。
[②] 地址：http://wiki.ros.org/hydro/Installation。
[③] 地址：http://wiki.ros.org/ROS/Tutorials。
[④] 地址：http://wiki.ros.org/tf。
[⑤] 地址：http://wiki.ros.org/tf/Tutorials。
[⑥] 地址：http://answers.ros.org。

望台模拟器（Gazebo simulator①）、MoveIt②（正式称呼手臂导航③）、桌面对象操作④（tabletop object manipulation）、Ecto⑤、创建个人的 URDF 机器人模型、机器人诊断（robot diagnostics），或者任务管理器的使用（例如SMACH⑥）等内容。不过，从上面列出的话题列表可以看出，我们仍然有很多东西要学习。

---

① 地址：http://gazebosim.org/。
② 地址：http://moveit.ros.org/。
③ 地址：http://wiki.ros.org/arm_navigation。
④ 地址：http://wiki.ros.org/pr2_tabletop_manipulation_apps。
⑤ 地址：http://plasmodic.github.io/ecto/。
⑥ 地址：http://wiki.ros.org/executive_smach。

2 真实机器人和模拟机器人

虽然 ROS 可以用在多种类型的硬件上,但是并不是一定要有一个真实的机器人才能开始学习它。ROS 包括许多能在模拟环境中运行机器人的程序包,以便在真实的世界里冒险之前就可以测试你的程序。

2.1 Gazebo,Stage 和 ArbotiX 模拟器

在机器人操作系统中有许多方式可以模拟机器人。然而,最有经验的人会使用 Gazebo。首先,Gazebo 是一个功能齐全的 3D 物理模拟器,它比 ROS 出现要早,但现在已经与 ROS 良好地集成。其次,有人会使用 Stage。Stage 是一个简单一些的 2D 模拟器,它可以管理多个机器人和激光扫描仪等各种传感器。而经验没那么丰富的人会使用 Michael Ferguson 的 arbotix_python 包。这个程序包可以在一个差速传动机器人上运行一个假的模拟环境,但是没有传感器反馈或其他物理效果。我们将使用第三种方法来进行设置,因为这是最简单的一种方法,而且从我们的目的来看,我们也不需要物理效果的反馈。当然,你可以自由地探索 Gazebo 和 Stage,但是请准备好花一些时间在细节上做功课。特别是使用 Gazebo,需要具备相当高的 CPU 处理能力。

即使你真的拥有一个属于自己的机器人,在模拟器中运行本书中的例子仍然是一个不错的主意。一旦你对结果感到满意,你就可以在自己的机器人上试着运行了。

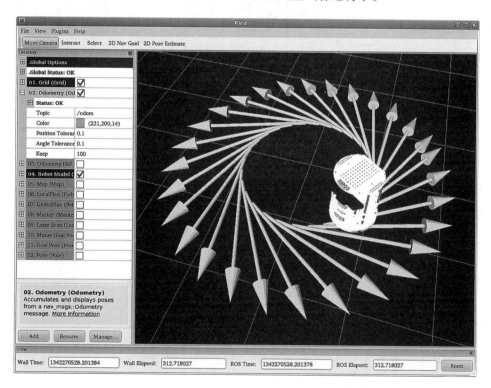

图 2-1

2.2 关于 TurtleBot，Maxwell 和 Pi 机器人的简介

就本书的目的来看，我们需要一个至少能在模拟环境中运行的机器人来测试我们的代码。ros-by-example 资料包中包含对两种测试机器人的支持：由 Melonee Wise[①] 和 Tully Foote[②] 创造的 Willow Garage TurtleBot[③]（图 2-2-a）和本书作者自己制造的名叫 Pi Robot[④]（图 2-2-b）的机器人。

Pi 的灵感来自 Michael Ferguson[⑤] 的 Maxwell[⑥]（图 2-2-c）机器人。而 Maxwell 反过来则是以佐治亚理工大学的 EL-E[⑦] 机器人为原型。如果你拥有一个你自己机器人的 URDF 模型，你可以使用它来替代上面提到的机器人。在任何情况下，我们开发的绝大部分代码都可以运行在几乎任何支持基本 ROS 消息接口的机器人上。

（a）TurtleBot 机器人　　（b）Pi 机器人　　（c）Maxwell 机器人

图 2-2

---

① 地址：http://www.meloneewise.com/index.ph。
② 地址：http://www.osrfoundation.org/people/tully-foote.html#_blank。
③ 地址：http://wiki.ros.org/TurtleBot#_blank。
④ 地址：http://www.pirobot.org/#_blank。
⑤ 地址：http://www.showusyoursensors.com/。
⑥ 地址：http://wiki.ros.org/maxwell。
⑦ 地址：http://www.ros.org/news/2010/03/robots-using-ros-georgia-techs-assistive-robots.html。

3 操作系统和 ROS 版本

ROS 可以在不同版本的 Linux、Mac OS X 运行，也可以部分地运行在微软 Windows 上。但是最方便的还是在 Ubuntu Linux 上使用，因为 Ubuntu Linux 是 OSRF 官方支持的操作系统。除此之外，Ubuntu 是免费的，而且可与其他系统共存。假如你没有使用过 Ubuntu，我们会在下一部分对于如何安装给出一些提示。

从超级计算机到 Beagleboard，ROS 都可以在上面运行。但是我们开发的很多代码会要求一些 CPU 密集型处理。所以如果你使用笔记本或者台式机来运行这本书里面的样例，你会省去很多时间和减少可能的挫败。Turtlebot, Maxwell 和 Pi Robot 是被设计用来使你能够很容易地在机器人上放置笔记本。这意味着你可以直接在笔记本上开发代码，然后在机器人上测试自主行为。你甚至可以在开发的途中，重新通过长 USB 电缆用笔记本或台式机来控制机器人。

最新的 Ubuntu 版本是 13.04（Raring），最新的 ROS 版本是 Hydro。本书代码是在 ROS Hydro 和 Ubuntu 12.04（Precise）上测试的。Ubuntu 12.04（Precise）是目前长期支持的 Ubuntu 版本。

各种版本的 ROS 可以很好地兼容在你的机器上（如果你的操作系统支持的话），但是请确保当运行本书里面的命令和代码样例时，现行版本是 Hydro。

注意： 对于连接到同一个 ROS 网络中的所有机器（包括机器人上的电脑和桌面工作站的电脑），请确保它们运行的 ROS 版本相同。因为 ROS 信息签名每一版本都有修改，不同版本之间基本无法使用对方的话题和服务。

3.1 安装 Ubuntu Linux

如果你已经在机器上安装并运行了 Ubuntu Linux，那很棒。但是如果你才开始，安装 Ubuntu 也并不困难。

最新的 Ubuntu 版本是上面提及的 13.04（Raring），但是本书基于 Ubuntu 12.04（Precise）。关于一系列与 ROS Hydro 官方兼容的 Ubuntu 版本，请查看ROS 安装指南[①]。

Ubuntu 可以被安装在一台使用 Windows 的机器上或者一台基于 Intel 的 Mac。假如你想保持原有系统完整的同时安装 Ubuntu，那么你可以在启动的时候选择操作系统。另一方面，如果你有另一台闲置的笔记本，你可以只安装 Ubuntu，专门用它来操作机器人（这样会运行得更快）。一般来说，不建议在虚拟机如 VMware 上安装 Ubuntu。尽管这是一个运行 ROS 学习指南的好方法，但是虚拟机很可能在运行图形密集型程序如 RViz 时卡住（事实上，这些程序有可能根本没办法运行起来）。

以下是一些我们在开始阶段会用到的链接：
- 在 windows 电脑上安装 Ubuntu 12.04[②]。
- 除此之外，你还可以试试Wubi Windowsinstaller[③]（请确保你选择的是 12.04 版本，因为默认版本是 12.10）。这个安装包运行在 Windows 下，它会像安装一个 Windows 应用程序

---

① 地址：http://wiki.ros.org/hydro/Installation/Ubuntu。
② 地址：https://help.ubuntu.com/12.04/installation-guide/i386/。
③ 地址：http://www.ubuntu.com/download/desktop/windows-installer。

一样安装 Ubuntu，这意味着你以后可以使用"添加/移除程序"（Windows XP）或者"程序和功能"（Windows Vista 及以上）卸载它。这是在 Windows 下安装 Ubuntu 最简单的方法，但是必须注意：①Ubuntu 磁盘空间大小可能会被限制；②你没有办法在 Linux 下休眠电脑，虽然你可以让它待机；③Linux 不能和常规安装在原始分区的程序运行一样快。
- 在一台苹果/英特尔机器[①]上双启动 Ubuntu/MacOS X。

为了让这本书专注于 ROS 本身，关于 Ubuntu Linux 的安装只简单介绍。如果你对安装还存在疑问，请上 Google 或者 Ubuntu 支持论坛查找更详细的内容。

3.2 开始使用 Linux

如果你已经是个熟练的 Linux 用户，你已经领先很多了。如果不是，在继续之前你也许想浏览一些学习教程。因为网络教程纷繁多样，你可以搜索一些关键词例如"Ubuntu 教程"来找到一些你喜欢的。但是，请记住，大部分跟 ROS 相关的工作会在命令行或某些文本编辑器进行。一个很好的开始命令行的地方是 Ubuntu 终端[②]。文本编辑器的选择在于你自己。选项包括 gedit, nano, pico, emacs, vim, Eclipse 等等。（见例子[③]）像 Eclipse 这样的程序其实是全功能的 IDEs，可被用来组织项目、测试代码、管理 SVN 和 GIT 代码资源等等。关于（更多使用不同 IDEs 的信息[④]）。

3.3 更新和升级注意事项

大部分软件开发商开始趋向于缩短发行周期。一些包如 Firefox 的更新周期为 6 周。

与此同时，升级周期的缩短会有破坏那些一天前还很好地工作的代码的趋势。总是更新版本然后修改你的代码让它重新运行起来会浪费大量时间。所以在你更新升级之前，查看一下软件修改列表，确保新版本确实有一些你真的很需要的功能，这是一个很好的办法。

Ubuntu 现在使用 6 个月的发行周期，ROS 基本上随着这个节奏更新。最近的一个对于 ROS 的开发者和使用者的调查显示大家希望有一个更长的支持周期。你可以在 ROS Wiki. Ubuntu 的发行版页面查看更多细节。

[①] 地址：https://help.ubuntu.com/community/DualBoot/MacOSX。
[②] 地址：https://help.ubuntu.com/community/UsingTheTerminal。
[③] 地址：https://help.ubuntu.com/community/Programming。
[④] 地址：http://wiki.ros.org/IDEs。

4 回顾 ROS 基础知识

4.1 安装 ROS

要在你的 Ubuntu Linux 电脑上安装 ROS，最简单快捷的方法不是编译源码，而是使用 Debian 安装包。在 Ubuntu Install of Hydro[①] 上可以找到经过良好测试的使用说明。请确认你选择的说明指南与你当前所使用的操作系统版本正确对应（例如 Ubuntu 12.04 与 13.04）。推荐安装 Desktop – Full 版本。

请注意：本书当前版本是为 ROS Hydro 所编写和测试的。

使用 Debian 安装包进行安装（而不是编译源码）的一个优势是你可以通过 Ubuntu Update Manager 获得自动更新。你也可以在 Synaptics Package Manager 或者 Ubuntu Software Center 中挑选额外的 ROS 数据包。如果你需要从源码编译某些程序包的最新版本，你可以按照下面的步骤在你自己的 ROS 目录下安装它们。

4.2 安装 rosinstall

rosinstall 工具并不是 ROS 桌面安装的一部分，所以我们需要额外获取它。如果你是按照 Hydro installation page[②] 上的全套操作说明进行安装，那么你应该已经完成这些步骤。然而，很多用户总是遗漏了最后这几步：

```
$ sudo apt - get install python - rosinstall
$ sudo rosdep init
$ rosdep update
```

最后一条命令使用普通用户模式运行即可，也即不需要 sudo 指令。

请注意：如果你在安装了 Hydro 的机器上使用 ROS 的早期版本，那么可能在同时运行较新版本的 python – rosinstall 程序包和旧的 rosinstall（由 pip 或 easy_install 安装）时会出现问题。如需查看有关如何移除旧版本的详情，请参考 answers.ros.org 上的相关答案[③]。

4.3 用 Catkin 建立 ROS 程序包

在 Groovy 之前所有版本的 ROS 都使用 rosbuild 来创建 ROS 堆和包。从 Groovy 开始，另一种名叫 catkin[④] 的建系统被引入。同时，堆被元数据包取代。由于数以百计的 rosbuild 风格数据包仍然存在，这两种构建系统在今后一段时间里仍会共同存在。然而，从 catkin 开始练习仍然是一个

[①] 地址：http://wiki.ros.org/hydro/Installation/Ubuntu#_blank。
[②] 地址：http://wiki.ros.org/hydro/Installation/Ubuntu#_blank。
[③] 地址：http://answers.ros.org/question/44186/how – do – i – solve – fuerte – overlay – creation – problem/#_blank。
[④] 地址：http://wiki.ros.org/catkin#_blank。

好方法，尤其是当你希望以 Ubuntu Debian 包的格式发布你自己的 ROS 数据包时，因为只有 catkin 包能够按照这种方式来转换和发布。

在 ROS Wiki 上有许多循序渐进的catkin 教程[①]，我们鼓励读者至少完成教程前四节。在本章内，我们只提供一些精华内容的简要总结。当然，我们也会涉及同时使用 catkin 和 rosbuild 进行工作的方法。

如果你按照 Ubuntu 的 ROS 安装指南进行操作，所有的 ROS 堆、包和元数据包都能在/opt/ros/release 目录下找到（这里的 release 是指你所使用的 ROS 发行版本名称，如/opt/ros/hydro）。在文件系统中，该路径通常为只读路径，一般仅有包管理器可以对其进行更改，所以你可能会希望在根目录创建一个私人 ROS 目录，以便能够：①安装没有 Debian 版本的第三方 ROS 包；②创建你自己的 ROS 包。

4.4 创建 catkin 工作空间

在卷一中我们将所有的 rosbuild 包储存在目录 ~/ros_workspace 中，尽管你也许已经在你的电脑上为此目录选择了一个不同的命名和位置。无论如何，catkin 包必须存放在其专属的目录下，所以首先的工作就是创建这个工作空间。按照惯例，catkin 包的目录命名一般是 catkin_ws，我们也将如此使用：

```
$ mkdir -p ~/catkin_ws/src
$ cd ~/catkin_ws/src
$ catkin_init_workspace
```

请注意我们是如何创建顶层目录 ~/catkin_ws 和子目录 src 的。同时，请留意我们是在 src 目录下运行 catkin_init_ workspace 命令的。

目前的工作空间是空的，我们运行 catkin_make 指令来创建初始目录和设置文件。catkin_make 指令总是在顶层 catkin 工作空间文件夹（而不是 src 文件夹）路径下运行：

```
$ cd ~/catkin_ws
$ catkin_make
```

请注意：建立了新的 catkin 包之后，一定要用 source 命令执行 devel/setup.bash 文件，如下：

```
$ cd ~/catkin_ws
$ source devel/setup.bash
```

这将确保 ROS 能够找到所有属于新建立的包的新消息类型和 Python 模块。

4.5 使用 catkin 的清除命令

在使用旧的 rosmake 构建系统时，你可以在顶级堆栈或数据包目录下使用如下命令来移除所

[①] 地址：http://wiki.ros.org/catkin/Tutorials#_blank。

有构建对象：

```
$ rosmake --target=clean
```

很遗憾，这一特性并不存在于 catkin 中。想要进行一次彻底清理，唯一的方法就是从所有 catkin 包中移除所有的构建对象。命令如下：

警告：请不要在 rm 命令中包括 src 目录，否则会导致所有 catkin 源文件丢失！

```
$ cd ~/catkin_ws
$ \rm -rf devel build install
```

执行上面的命令之后，你就可以像往常一样重新构建数据包：

```
$ cd ~/catkin_ws
$ catkin_make
$ source devel/setup.bash
```

4.6 重新构建单独的 catkin 包

如果你在 catkin 工作空间单独更新了一个包，并且想要重新构建它，请使用如下的 catkin_make 变化命令：

```
$ cd ~/catkin_ws
$ catkin_make --pkg package_name
```

4.7 混合使用 catkin 和 rosbuild 工作空间

如果你已经使用了一段时间的 ROS，可能你已经用旧的 rosbuild 构建系统创建了 ROS 工作空间和数据包，而不是使用 catkin。但是你仍可以继续使用这些包和 rosmake 命令，同时你也可以使用 catkin 创建新的包。

如果你已经按照前面章节的步骤进行操作，同时你的 rosbuild 工作空间目录为 ~/ros_workspace，那么运行下面的命令将允许两种构建系统同时工作：

```
$ rosws init ~/ros_workspace ~/catkin_ws/devel
```

当然，如果你在其他目录下创建了 rosbuild 或 catkin 工作空间，修改上述命令中的目录名即可。

请注意：如果你在运行上述命令时收到了下面的错误提示：

```
rosws: command not found
```

这意味着你在最初安装 ROS 的时候没有安装 rosinstall 文件（这是<u>安装教程</u>[①]的最后一步）。如果出现这种情况，使用如下命令安装 rosinstall 即可：

```
$ sudo apt-get install python-rosinstall
```

这时就可以再试着使用前面的 rosws 命令了。

这一步骤完成之后，再编辑 ~/.bashrc 文件，将文件中下面这一行：

```
source /opt/ros/hydro/setup.bash
```

修改为：

```
source ~/ros_workspace/setup.bash
```

再次说明，如果需要的话，请修改 rosbuild 工作空间的目录名称。

保存 ~/.bashrc 文件并退出文本编辑器。

运行下面的命令来激活新的混合工作空间：

```
$ source ~/ros_workspace/setup.bash
```

此时会出现新的终端窗口自动从 ~/.bashrc 文件中执行命令。

4.8 学习 ROS 官方教程

在你研究 ROS Wiki 上的初学者教程之前，我们建议你首先阅读<u>ROS 入门指南</u>[②]。在这里你可以找到 ROS 的整体介绍，以及对关键概念、库和技术设计的解释。

官方的<u>ROS 初学者教程</u>[③]是一部编写完善的教程，并且已经通过了许多 ROS 新用户的测试。因此，按照顺序学习这些教程来开始你的 ROS 初次体验是十分必要的。请一定要真正运行这些示例代码，而不能只是浏览。ROS 本身并不难，虽然它起初看上去令人觉得有些陌生，但当你越来越多地实践代码编写，它就会变得越来越简单。预计至少需要花费几天或者几周时间来学习这些教程。

当你完成了初学者教程之后，阅读<u>tf 概述</u>[④]和<u>tf 教程</u>[⑤]也是很有必要的，这会帮助你理解 ROS 如何处理不同的参考标架。例如，一个物体在摄像机图像中的位置，通常是相对于一个附加在摄像机上的标架来说的，但如果你需要知道该物体相对机器人基座的位置，那该怎么办呢？这时 ROS tf 库已经替我们做了大部分的繁重工作，因此，像这样的标架变换执行起来变得非常容易。

[①] 地址：http://wiki.ros.org/hydro/Installation/Ubuntu#_blank。
[②] 地址：http://wiki.ros.org/ROS/StartGuide#_blank。
[③] 地址：http://wiki.ros.org/ROS/Tutorials#_blank。
[④] 地址：http://wiki.ros.org/tf#_blank。
[⑤] 地址：http://wiki.ros.org/tf/Tutorials#_blank。

最后，当进入导航堆栈部分时，我们需要理解ROS动作[①]的基础知识。你可以在actionlib教程[②]中找到相关的介绍。

你会注意到这些教程提供的大部分示例代码都分别有Python版本和C++版本。本书所有的代码都使用Python编写，但如果你是一名C++程序员，也可使用C++来完成这些教程，因为原理都是相同的。

许多独立的ROS数据包都在ROS Wiki页面上提供自带的教程。我们在本书的进行过程中会根据需要引用它们，但对于现在来说，初学者教程[③]、tf教程[④]和actionlib教程[⑤]就已经足够了。

4.9 RViz：ROS 可视化工具

如果你已经使用ROS工作了一段时间，那么你应该会对ROS的全可视化工具RViz感到熟悉。但由于在标准ROS初学者教程中并没有涉及RViz，你也许还没有机会正式地了解它。幸运的是，RViz用户指南[⑥]会帮助你一步一步地了解RViz的一些特性。由于在接下来的几章中我们会大量使用RViz，请确保在进一步深入之前阅读过该指南。

有的时候RViz会对不同的显卡有所挑剔。如果RViz在启动阶段中止了，可以试着重新启动它。必要时可以多试几次（在作者自己的电脑上通常要尝试三次才能正常启动）。如果还是不行，请查看RViz故障诊断说明[⑦]获取解决方案。特别说明一下，Segfaults during startup[⑧]中的部分内容有助于解决大多数常见的问题。

4.10 在程序中使用 ROS 参数

正如你在初学者教程[⑨]中了解到的一样，ROS节点在ROS参数服务器[⑩]上储存配置参数。并且，ROS参数服务器上的配置可以被其他活动的节点读取和修改。也许你希望在自己的脚本里使用ROS参数，以便于将它们设置到你的启动文件中，或者在命令行中重写它们，亦或是通过rqt_reconfigure（旧版本中的dynamic_reconfigure）命令来修改它们（如果你添加了动态支持的话）。我们假设你已经了解如何通过rospy.get_param()函数使用ROS参数（Using Parameters in rospy[⑪]中的教程里对此有详细阐述）。

4.11 使用 rqt_reconfigure（即旧版本的 dynamic_reconfigure）来设置 ROS 参数

在调试运行程序的过程中，能够即时地调整ROS参数是非常有用的。你可能记得在服务与

---

① 地址：http://wiki.ros.org/actionlib#_blank。
② 地址：http://wiki.ros.org/actionlib/Tutorials#_blank。
③ 地址：http://wiki.ros.org/ROS/Tutorials#_blank。
④ 地址：http://wiki.ros.org/tf/Tutorials#_blank。
⑤ 地址：http://wiki.ros.org/actionlib/Tutorials#_blank。
⑥ 地址：http://ros.org/doc/hydro/api/rviz/html/user_guide/#_blank。
⑦ 地址：http://ros.org/wiki/rviz/Troubleshooting#_blank。
⑧ 地址：http://ros.org/wiki/rviz/Troubleshooting#_blank。
⑨ 地址：http://wiki.ros.org/ROS/Tutorials#_blank。
⑩ 地址：http://wiki.ros.org/Parameter%20Server#_blank。
⑪ 地址：http://wiki.ros.org/rospy_tutorials/Tutorials/Parameters#_blank。

参数教程[①]中提到过，ROS 提供了一个命令行工具 rosparam 来获取和设置参数。然而，在一个节点重新启动之前，这样的参数变换不会被该节点读取。

ROS 中的 rqt_reconfigure 包（即旧版本中的 dynamic_reconfigure）为参数服务器上参数的一个子集提供了一个便于使用的图形界面。这个界面可以使用如下的命令随时启动：

```
$ rosrun rqt_reconfigure rqt_reconfigure
```

图 4-1 展示了该图形界面的外观，此时正在配置一个连接到 Kinect 或 Xtion Pro 摄像机的 OpenNI 摄像机节点。

rqt_reconfigure 图形界面允许你动态地改变节点的参数，也就是说，不需要重新启动一个节点。然而，这里有一个限制：只有使用 rqt_reconfigure API 编程的节点在图形界面中才是可见的。这里面包括了 ROS 关键堆和包中的大部分节点，如 Navigation。但是许多第三方节点并没有使用这些 API，它们只能通过命令行工具 rosparam 加上重启节点来调整参数。

请注意：与之前版本中 dynamic_reconfigure 包不同的是，如果你在打开图形界面之后启动新的节点，rqt_reconfigure 无法动态地检测这些新的节点。要想在 rqt_reconfigure 图形界面中看到新启动的节点，需要点击窗口右上角的蓝色刷新小箭头。

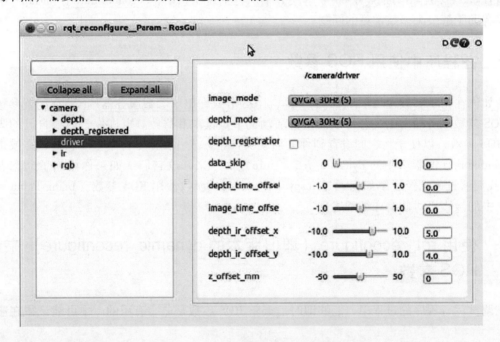

图 4-1

对你自己的节点添加 rqt_reconfigure 支持并不困难，如果你希望学习如何操作，请参考 ROS Wiki 上的 Dynamic Reconfigure 教程[②]（没错，教程仍是使用旧的 dynamic reconfigure 这个名称）。在本书之后的几章中我们将有机会使用到 reconfigure 图形界面，因此，阅读 ROS Wiki 上的 rqt_reconfigure 介绍来熟悉它的操作对你来说是一个不错的主意。

---

① 地址：http://wiki.ros.org/ROS/Tutorials/UnderstandingServicesParams#_blank。
② 地址：http://ros.org/wiki/dynamic_reconfigure/Tutorials#_blank。

4.12 机器人与桌面计算机之间联网

使用 ROS 时，一个非常典型的设置是在机器人上安装一台笔记本或单板机，然后在桌面计算机上监视它的动作。ROS 使多台机器观察同一套话题、服务和参数变得相当容易。这一点在你的机器人搭载的计算机性能并不强时尤其有用，因为它允许你在桌面计算机上运行一些如 RViz 之类需要更高处理性能的进程（像 RViz 这类程序可以迅速地耗光一台笔记本电脑的电量）。

4.12.1 时间同步

在 ROS 网络中，由于标架转换和很多消息类型都被标上了时间戳，机器之间的时间同步往往非常关键。一种使计算机保持同步状态的简单方法是在桌面计算机和机器人上同时安装 Ubuntu chrony 数据包。该数据包会保持计算机上的时钟与互联网服务器上的时钟一致，也即使每台计算机的时间都同步。

使用如下命令来安装 chrony：

```
$ sudo apt-get install chrony
```

安装完成之后，chrony 守护进程会自动启动并且开始让你的计算机与数台互联网服务器直接同步时间。

4.12.2 使用 Zeroconf 进行 ROS 联网

较新的 Ubuntu 版本已经包括对 Zeroconf[①] 的支持。这种技术允许同一子网下的不同设备通过本地主机名（而不是 IP 地址）来连接彼此。因此，如果你的机器人和桌面计算机连接到家庭或者办公室网络的同一路由器上——不论是对于用作兴趣爱好还是科研工作的机器人来说，这两种场景都非常普遍——那么你就可以使用这种方法使它们彼此连接。

使用 hostname 命令来确定你所使用设备的短名称。该命令会输出你在 Ubuntu 初始化设置过程中设置的主机名称。举个例子，如果你将你的计算机命名为"my_desktop"，那么使用 hostname 命令后输出结果会显示如下：

```
$ hostname
my_desktop
```

要想获得 Zeroconf 主机名，只需要在原主机名后面加上".local"即可。在上面的例子中，其 Zeroconf 主机名是：

```
my_desktop.local
```

接着，在机器人装载的计算机上运行 hostname 命令来获取其主机名，然后在主机名后面加上".local"得到其 Zeroconf 主机名。假设你的机器人的 Zeroconf 主机名是：

```
my_robot.local
```

---

① 地址：http://en.wikipedia.org/wiki/Zero_configuration_networking#_blank。

现在我们需要测试设备在联网中是否能够查看到彼此。

4.12.3 测试连通性

使用 ping 命令来确保你的两台电脑之间基本的连通性。在你的桌面计算机上运行如下命令：

```
$ ping my_robot.local
```

该命令会产生类似如下的结果：

```
PING my_robot.local (192.168.0.197) 56(84) bytes of data.
64 bytes from my_robot.local (192.168.0.197): icmp_req=1 ttl=64 time=1.65 ms
64 bytes from my_robot.local (192.168.0.197): icmp_req=2 ttl=64 time=0.752 ms
64 bytes from my_robot.local (192.168.0.197): icmp_req=3 ttl=64 time=1.69 ms
```

输入"Ctrl－C"来终止连测试过程。其中 icmp_req 变量记录了 ping 的次数，time 变量表示以 ms 为单位的一次往返时间。测试终止之后，你会得到类似如下的概要：

```
--- my_robot.local ping statistics ---
3 packets transmitted, 3 received, 0% packet loss, time 2001ms
rtt min/avg/max/mdev = 0.752/1.367/1.696/0.436 ms
```

通常来说，你应该得到的结果是 0% 丢包率和 5ms 以下的平均延迟时间。

现在换一个方向来测试连通性。调出机器人上的终端（或者使用 ssh，如果你清楚它已经起作用），ping 你的桌面计算机：

```
$ ping my_desktop.local
```

同样，你应该得到 0% 的丢包率和极短的往返时间。

4.12.4 设置 ROS_MASTER_URI 和 ROS_HOSTNAME 变量

在任何 ROS 网络中，一台设备会被指定为 ROS 主机，它将独自运行 roscore 进程。其他的设备必须配置 ROS_MASTER_URI 环境变量来指向 ROS 主机。同时如我们将展示的，每台计算机必须合适地配置其 ROS 主机名。

一般来说，选择哪台设备作为主机并不重要。可是对于一台完全自主机器人来说，也许你希望将机器人装载的计算机设置为主机，这样在任何情况下都不需要依赖桌面计算机了。

如果想指定机器人作为 ROS 主机，你可以将它的 ROS_HOSTNAME 设置成其 Zeroconf 名，然后运行 roscore 进程：

在机器人上：

```
$ export ROS_HOSTNAME=my_robot.local
$ roscore
```

接下来，用你的桌面计算机将其 ROS_HOSTNAME 设置为 Zeroconf 名，然后配置 ROS_MASTER_URI 环境变量来指向机器人的 Zeroconf URI。

在桌面电脑上：

```
$ export ROS_HOSTNAME = my_desktop.local
$ export ROS_MASTER_URI = http://my_robot.local:11311
```

为了检查时间同步，我们可以运行 ntpdate 命令来使桌面计算机和机器人之间的时间同步。

在桌面计算机上：

```
$ sudo ntpdate -b my_robot.local
```

如果一切进展顺利，你应该能在桌面计算机上看见 /rosout 和 /rosout_agg 话题，如下：

```
$ rostopic list
```

    /rosout
    /rosout_agg

4.12.5　打开新的终端

无论是桌面计算机还是机器人，在任何新的终端窗口里你都需要将 ROS_HOSTNAME 变量设置为该设备的 Zeroconf 名。对于新的桌面终端，你还需要设置 ROS_MASTER_URI 来指向机器人（或者更一般地说，在任何非主机计算机上，新的终端都必须设置 ROS_MASTER_URI 来指向 ROS 主机）。

如果你将在一段时间内持续使用同一套机器人和桌面计算机，你可以通过在每台电脑的 ~/.bashrc 文件末尾添加合适的出口线来节省时间。如果机器人将总是主机，可以在其 ~/.bashrc 文件末尾添加如下文本：

    export ROS_HOSTNAME = my_robot.local

然后在桌面计算机的 ~/.bashrc 文件末尾添加如下两行：

    export ROS_HOSTNAME = my_desktop.local
    export ROS_MASTER_URI = http://my_robot.local:11311

（当然，请用你自己的 Zeroconf 名替换上面的相应位置）

你也可以设置桌面计算机（而不是机器人）为 ROS 主机。在这种情况下，只需简单地调换上面例子中机器人和计算机的角色以及各自的 Zeroconf 主机名即可。

4.12.6　在两台设备上运行节点

如果你已经在机器人和桌面计算机之间设置好了 ROS 网络，你可在任意一台设备上运行 ROS 节点，而两台设备都可以获取所有的话题和服务。

虽然很多节点和启动文件可以在两台设备中的任意一台上运行，但机器人的启动文件必须总是在机器人上运行，因为这些节点提供了机器人硬件的驱动程序。这些驱动程序包括了机器人载体、摄像机、激光扫描仪或其他你可能需要用到的传感器的驱动。另一方面，由于 RViz 是一个 CPU 密集型进程，在桌面计算机上运行它是一个不错的选择；并且除此之外，你也通常会希望能在桌面计算机上监控你的机器人。

由于机器人装载的计算机往往没有键盘和显示器，你可以使用 ssh 登录到机器人，然后从桌面计算机启动驱动节点。下面是一个例子。

在桌面计算机上，使用 ssh 登录到机器人。

在桌面计算机上：

```
$ ssh my_robot.local
```

登录到机器人之后，启动 roscore 和运行机器人的启动文件。

在机器人上（通过 ssh）：

```
$ export ROS_HOSTNAME=my_robot.local
$ roscore &
$ roslaunch my_robot startup.launch
```

（如果你已经将上面命令的第一句 export 语句包括在机器人的 ~/.bashrc 文件中，可以在此将它省去）

请注意我们是如何通过在命令末尾添加 & 符号来使 roscore 进程在后台运行的。这样的操作会恢复命令提示符，以方便我们不需要开启另外的 ssh 会话就能运行机器人的启动文件。如果可能的话，可以在同一个 starup.launch 文件（该文件可以任意命名）中启动机器人所有的硬件驱动。通过这种方式你就不再需要打开额外的终端来启动其余的驱动程序了。

回到桌面计算机上，打开一个新的终端窗口，设置 ROS_MASTER_URI 变量指向机器人，然后启动 RViz：

在桌面计算机上：

```
$ export ROS_HOSTNAME=my_desktop.local
$ export ROS_MASTER_URI=http://my_robot.local:11311
$ rosrun rviz rviz -d `rospack find rbx1_nav`/nav.rviz
```

（如果你已经将上面命令的前两句 export 语句包括在桌面计算机的 ~/.bashrc 文件中，可以在此将它省去）

在这里我们以本书导航包中的一个配置文件来运行 RViz，但你也可以仅仅启动 RViz 而不使用任何配置文件。

4.12.7 通过互联网进行 ROS 联网

虽然这在本书的范围之外，但设置 ROS 节点通过互联网来进行交流的方法和上面使用 Zeroconf 的说明步骤是类似的。主要的不同在于你需要使用完全限定主机名或 IP 地址，而不是使用本地 Zeroconf 名。此外，很可能有一个或多个设备处于防火墙之下，所以有必要搭建某些形式的 VPN（如 OpenVPN[①]）。最后，由于 ROS 网络中的大多数设备都会连接到一台本地路由器（如 WiFi 接入点），你需要在路由器上建立端口转发或者是使用动态 DNS。虽然这一切只是可能存在的情况，但这些设置绝不是无足轻重的。

4.13 ROS 回顾

考虑到你学习初学者教程[②]和 tf 教程[③]已经过了一阵子了，这一节我们将回顾 ROS 的一些重要概念。ROS 中的核心实体叫作节点。节点通常是一个用 Python 或 C++ 编写的小型程序，用来执行一些相对简单的任务或进程。节点可以彼此独立地启动或停止，它们之间通过传递消息来通信。节点可以在某个话题上发布消息，或者向其他节点提供服务。

举个例子，一个发布节点可以报告装载在机器人微控制器上的传感器的数据。/head_sonar 话题上的一条值为 0.5 的消息表示传感器检测到 0.5 米外有物体存在（请记住 ROS 中使用米作为距离的度量，使用弧度作为角度的度量）。任何节点如果想了解传感器的读数，只需要订阅 /head_sonar 话题即可。订阅节点会定义一个回调函数，该函数将在有新消息发布到被订阅的话题时执行，这样订阅节点就可以使用这些数值。这种情况发生的频率取决于发布节点更新消息的频率。

节点也可以定义一个或多个服务。ROS 服务会在接收到其他节点的请求时产生某种行为或发送回复。一个简单的例子是控制 LED 开/关的服务。举一个更复杂的例子，当某个服务得到一个移动机器人的目标位置和开始动作时，该服务会返回其导航规划。

高级 ROS 节点可以订阅多个话题和服务，以有用的方式将得到的结果结合，或许还可以发布消息或者提供自己的服务。举个例子，在本书后面内容中开发的物体追踪节点，会在一组视频话题上订阅摄像机消息，然后在另一个话题上发布运动命令，机器人的基座控制器读取该命令使机器人向适当的方向运动。

4.14 ROS 应用是什么？

如果你还对 ROS 的发布/订阅架构不熟悉的话，也许用编码来使你的机器人做一些有用的事情乍一看还有些神秘。例如，当使用 C 语言对一台基于 Arduino 的机器人进行编码时，人们通常会创建单个大型的程序来控制机器人的行为。此外，程序往往会直接和硬件交流，或者至少和一个特地为你所使用的硬件而设计的库交流。

在使用 ROS 时，第一步要做的是将想要的行为分成相互独立的函数，使得这些函数可以被单独的节点处理。例如，如果你的机器人使用网络摄像机或者是像 Kinect 和 Xtion Pro 那样的深度摄像机，一个节点会连接到摄像机，发布摄影图像和深度数据中的其中一种或两种数据，使其他节点可以使用这些数据。如果你的机器人使用了可移动的基座，那么基座控制器节点会监听某个话题上的运动命令，然后控制机器人的发动机来使机器人相应地运动。无论何时想要的行为需要视觉和运动中的其中一种或两种控制，这些节点都能不经修改即可在许多不同的应用中使用。

---

① 地址：https://help.ubuntu.com/12.04/serverguide/openvpn.html#_blank。
② 地址：http://wiki.ros.org/ROS/Tutorials#_blank。
③ 地址：http://wiki.ros.org/tf/Tutorials#_blank。

我们在本书后面部分将会开发的"跟随者"应用就是一个完整应用的例子（由Tony Pratkanis[①]编写的原始 C++ 版本可以在 turtlebot_follower 包中找到）。跟随者应用的目标是通过对 TurtleBot 这样装备了 Kinect 的机器人进行编程使机器人跟随离它最近的人员。除了摄像机节点和基座控制器节点，我们还需要第三个节点来订阅摄像机话题并在运动控制话题上发布消息。"跟随者"节点必须处理图像数据（例如使用 OpenCV 或 PCL）来找到距离机器人最近的和人类似的物体，然后命令基座向合适的方向行驶。也许有人会说跟随者节点是 ROS 应用，但更精确地说，跟随者应用事实上是由上面三个共同运行的节点组成的。为了运行应用，我们将整个节点的集合作为一个组，使用一个 ROS launch[②] 文件来启动它。请记住启动文件也可以包括其他的启动文件[③]，以允许在新的应用中更加简便地重复使用现成的代码。

一旦你习惯了这种类型的编程，就会发现一些明显的优势。像我们已经提到的，很多节点不需要修改就可以在其他应用中重复使用。事实上，有些 ROS 应用差不多就是用新的方式结合启动文件和现有的节点，或者是使用不同的参数值。此外，ROS 应用中的很多节点还可以不经修改就运行在不同的机器人上。例如，TurtleBot 机器人的跟随者应用就可以运行在任何使用深度摄像机和移动基座的机器人上。这是因为 ROS 允许我们脱离底层硬件，在更为通用的消息上下功夫。

最后，ROS 是一个以网络为中心的框架。这代表只要设备之间在网络上能连接到彼此，你就可以将一个应用的节点分布在多台设备上。例如，摄像机节点和发动机控制节点需要运行在机器人装载的计算机上，而跟随者节点和 RViz 可以运行在互联网上的任何一台设备上。这样做可以在必要的时候将计算负载分布在多台计算机上。

4.15 使用 SVN、Git、Mercurial 安装数据包

有些时候你需要使用的 ROS 数据包并没有 Debian 包的形式，这时你需要从数据源安装它。代码开发人员通常使用的有三种主流的版本控制系统：SVN，Git 和 Mercurial。如何安装取决于开发者所使用的系统的类型。为了确保你的 Ubuntu 设备已经准备好可以安装这三种系统，请运行下面的安装命令：

```
$ sudo apt-get install git subversion mercurial
```

对于这三种系统来说，有两种操作是在大部分时间会用到的。第一种操作用来首次检出软件，而第二种用来获取将来可用的更新。由于这些命令在三种系统上各不相同，我们将依次来查看。

4.15.1 SVN

假设你希望检出的 SVN 源位于 http：//repository/svn/package_name 上。需要运行命令执行首次检出，并在你的个人 catkin 目录下构建包（如有必要，将第一步命令改为切换到 catkin 的 source 目录的真实位置）。运行的命令为：

[①] 地址：http://www.formicite.com/#_blank。
[②] 地址：http://wiki.ros.org/roslaunch/XML#_blank。
[③] 地址：http://wiki.ros.org/roslaunch/XML/include#_blank。

```
$ cd ~/catkin_ws/src
$ svn checkout http://repository/svn/package_name
$ cd ~/catkin_ws
$ catkin_make
$ source devel/setup.bash
```

之后若要更新包，请运行以下命令：

```
$ cd ~/catkin_ws/src/package_name
$ svn update
$ cd ~/catkin_ws
$ catkin_make
$ source devel/setup.bash
```

4.15.2　Git

假设你希望检出的 Git 源位于 git://repository/package_name。需要运行命令执行首次检出，并在你的个人 catkin 目录下构建包（如有必要，将第一步命令改为切换到 catkin 的 source 目录的真实位置）。运行的命令为：

```
$ cd ~/catkin_ws/src
$ git clone git://repository/package_name
$ cd ~/catkin_ws
$ catkin_make
$ source devel/setup.bash
```

之后若要更新包，请运行以下命令：

```
$ cd ~/catkin_ws/src/package_name
$ git pull
$ cd ~/catkin_ws
$ catkin_make
$ source devel/setup.bash
```

4.15.3　Mercurial

假设你希望检出的 Mercurial 源位于 http://repository/package_name。需要运行命令执行首次检出，并在你的个人 catkin 目录下构建包（如有必要，将第一步命令改为切换到 catkin 的 source 目录的真实位置）。运行的命令为：

```
$ cd ~/catkin_ws/src
$ hg clone http://repository/package_name
$ cd ~/catkin_ws
$ catkin_make
$ source devel/setup.bash
```

[为什么 Mercurial 使用 hg 作为主命令名？原因是这样的：Hg 是元素周期表中 Mercury（汞，译者注）元素的符号]

之后若要更新包，请运行以下命令：

```
$ cd ~/catkin_ws/src/package_name
$ hg update
$ cd ~/catkin_ws
$ catkin_make
$ source devel/setup.bash
```

4.16 从个人 catkin 目录移除数据包

要想移除安装在个人 catkin 目录下的包，首先需要移除整个包的 source 目录或者将它移动到 ROS_PACKAGE_PATH 路径以外的地方。例如，要想移除 ~/catkin_ws/src 目录下一个名叫 my_catkin_package 的包，运行如下的命令：

```
$ cd ~/catkin_ws/src
$ \rm -rf my_catkin_package
```

你还需要移除所有的 catkin 构建对象。遗憾的是，并没有一种（简单的）方法能只对你移除的某个数据包生效——你需要移除所有的数据包的所有构建对象，然后重新运行 catkin_make。

警告：请不要在下面的 rm 命令中包括 src 目录，否则你会丢失所有的个人 catkin 源文件！

```
$ cd ~/catkin_ws
$ \rm -rf devel build install
$ catkin_make
$ source devel/setup.bash
```

你可以使用 roscd 命令来测试某个数据包是否被移除：

```
$ roscd my_ros_package
```

如果成功移除，上面的命令应该输出如下结果：

```
roscd: No such package 'my_ros_package'
```

4.17 如何寻找第三方 ROS 数据包

有些时候关于 ROS 最难了解的就是其他开发者提供了什么。举个例子，假如你对在 Arduino 机器人上运行 ROS 感兴趣，并且想知道是否有其他人已经创建了一个 ROS 包来完成这项工作，有下面 4 种搜索的方法你可以使用。

4.17.1 搜索 ROS Wiki

ROS Wiki[1] 包含一个 ROS 包和堆的可搜索索引。如果开发者创建了某个 ROS 软件并希望和其他人共享，他们往往会向 ros-users 邮件列表发布公告和存储库的链接。如果他们同时在 ROS Wiki 上创建了文档，那么在发布公告不久之后该数据包就会出现在索引搜索中。

最终的结果，你往往仅仅通过在 ROS Wiki 上进行关键词搜索就能找到想要的东西。回到上面的 Arduino 机器人的例子，如果我们在搜索框中输入 "Arduino"（请去除引号），那么会得到指向两个数据包的链接：rosserial_arduino[2] 和 ros_arduino_bridge[3]。

4.17.2 使用 roslocate 命令

如果你清楚想要寻找的包的准确名称，并且希望找到该包的 URL 地址，那么可以使用 roslocate 命令（该命令只有在你按照之前的描述安装了 rosinstall 之后才可用）。例如，为了找到 ROS Groovy 中 ros_arduino_bridge 包的地址，运行下面的命令：

```
$ roslocate uri ros_arduino_bridge
```

这条命令应该产生如下的结果：

```
Using ROS_DISTRO: hydro
Not found via rosdistro - falling back to information provided by rosdoc
https://github.com/hbrobotics/ros_arduino_bridge.git
```

这表示我们可以使用 git 命令安装该包到我们的个人 catkin 目录：

```
$ cd ~/catkin_ws/src
$ git clone git://github.com/hbrobotics/ros_arduino_bridge.git
$ cd ~/catkin_ws
$ catkin_make
$ source devel/setup.bash
```

请注意：从 ROS Groovy 开始，只有当数据包维护人员将你当前使用的 ROS 版本的包或堆提交到检索程序之后，roslocate 命令才会返回相应的结果。如果该包只在之前的发行版本（例如，Electric 或 Fuerte）中建立了索引，那么你会得到类似下面的结果：

---

[1] 地址：http://wiki.ros.org/#_blank。
[2] 地址：http://wiki.ros.org/rosserial_arduino#_blank。
[3] 地址：http://wiki.ros.org/ros_arduino_bridge#_blank。

```
$ roslocate uri cob_people_perception
```

```
error contacting http://ros.org/doc/groovy/api/cob_people_perception/stack.yaml:
HTTP Error 404: Not Found
error contacting http://ros.org/doc/groovy/api/cob_people_perception/manifest.yaml:
HTTP Error 404: Not Found
cannot locate information about cob_people_perception
```

尝试使用 roslocate 命令的 --distro 选项来查看 cob_people_perception 包是否在 Electric（在此处用 Electric 举例）中建立了索引：

```
$ roslocate uri --distro=electric cob_people_perception
```

该命令会得到如下的结果：

```
Not found via rosdistro - falling back to information provided by rosdoc https://github.com/ipa320/cob_people_perception.git
```

4.17.3 浏览 ROS 软件索引

点击 ROS Wiki 每个页面上端的横幅中的 Browse Software[1]，可以浏览 Wiki 上完整的 ROS 包、堆和存储库列表。

4.17.4 使用 Google 搜索

如果其他的方法都失败了，你还可以尝试常规的 Google 搜索。例如，搜索 "ROS face recognition package[2]" 就会得到一个指向面部识别数据包的链接。

4.18 获取更多关于 ROS 的帮助

有几种获取额外帮助的来源。可能的最好出发点就是 ROS Wiki 的主页[3]。如前面部分描述的，请一定要利用页面右上角的搜索框。

如果你在 Wiki 上无法找到需要的帮助，可以尝试 ROS 问答论坛[4]。问答站点是一个获取帮助的好地方。你可以浏览问题列表，搜索关键词，查看基于标签分类的不同话题，甚至可以在一个话题更新时收到 E-mail 通知。但是，请一定在发布新问题之前先搜索已有的问题列表避免重复提问。

接着，你可以搜索下列 ROS 邮件列表档案。

- ros-users[5]：用于搜索一般的 ROS 新闻和公告。

---

[1] 地址：http://www.ros.org/browse/list.php#_blank。
[2] 地址：http://wiki.ros.org/face_recognition。
[3] 地址：http://wiki.ros.org/#_blank。
[4] 地址：http://answers.ros.org/。
[5] 地址：http://code.ros.org/lurker/list/ros-users.html#_blank。

- ros – kinect①：用于搜索 Kinect 相关问题。
- pcl – users②：用于搜索 PCL 相关问题

注意：请不要使用 ros – users 邮件列表发布有关使用 ROS 或者调试数据包等问题。使用 ROS ANSWERS③ 来提问。

如果你希望订阅这些列表中的一个或多个，请使用下面列出的合适链接：

- ros – users④
- ros – kinect⑤
- pcl_users⑥

---

① 地址：http://kinect – with – ros.976505.n3.nabble.com/#_blank。
② 地址：http://www.pcl – users.org。
③ 地址：http://answers.ros.org/。
④ 地址：https://code.ros.org/mailman/listinfo/ros – users#_blank。
⑤ 地址：https://code.ros.org/mailman/listinfo/ros – kinect#_blank。
⑥ 地址：http://pointclouds.org/mailman/listinfo/pcl – users#_blank。

5 安装 ros-by-example 代码

5.1 安装必备组件

在安装 ros-by-example 代码之前，如果我们先安装大部分以后会用到的 ROS 包（package）的话，后续可以节省一些时间［在本书中如需安装某单个包（package），安装指导同样会给出］。简单地复制/粘贴以下命令（不包括 $ 符号）进终端用于安装我们所需的 Debian 包（package）。在每行命令的末尾的 \ 字符让整个代码块对于 Linux 来说是作为一整行进行复制/粘贴的：

```
$ sudo apt-get install ros-hydro-turtlebot-* \
ros-hydro-openni-camera ros-hydro-openni-launch \
ros-hydro-openni-tracker ros-hydro-laser-* \
ros-hydro-audio-common ros-hydro-joystick-drivers \
ros-hydro-orocos-kdl ros-hydro-python-orocos-kdl \
ros-hydro-dynamixel-motor-* ros-hydro-pocketsphinx \
gstreamer0.10-pocketsphinx python-setuptools python-rosinstall \
ros-hydro-opencv2 ros-hydro-vision-opencv \
ros-hydro-depthimage-to-laserscan ros-hydro-arbotix-* \
git subversion mercurial
```

5.2 复制 Hydro ros-by-example 代码资源

重要：如果你已经为 ROS Electric，Fuerte 或者 Groovy 版本安装了先前版本的 ros-by-example 代码资源，请用以下 Hydro 版本指令覆盖原来的安装。注意前三个版本的所有 ros-by-example 代码使用的是 rosbuild 系统，而 Hydro 版本现在使用的是 catkin。如果这是你第一次安装 ros-by-example 代码，你可以跳过前两个部分，直接阅读 5.2.3。

5.2.1 从 Electric 或者 Fuerte 版本升级

ROS Electric 和 Fuerte 版本的 ros-by-example 包（package）是作为一个叫作 rbx_vol_1 的 SVN 代码资源发布在谷歌代码上的。可以从目录 ~/ros_workspace 删除这个旧的堆栈，如果你对代码已经做了某些修改而又不想失去这些修改的话，可以在安装新的代码资源之前，把旧的 rbx_vol_1 目录移出你的 ROS_PACKAGE_PATH。

5.2.2 从 Groovy 版本升级

ROS Groovy 和 Hydro 的 ros-by-example 包（package）是在 Github 上作为一个叫作 rbx1 的 Git 代码资源发布的。默认分支是 groovy-devel，它是代码资源的 rosbuild 版，在本书 Groovy 版本中使用过。对于 ROS Hydro，你应该使用代码资源 hydro-devel 分支，它被转化成了更新的 catkin 构建系统。这意味着你需要将代码安装在你的 ~/catkin_ws/src 目录，而不是 ~/ros_workspace 目录。

如果你已经使用过 rbx1 代码的 Groovy 版本，可以从 ~/ros_workspace 目录里删掉旧的代码资源，如果你已经做了某些不想失去的修改，在安装新的代码资源之前，可以把旧的 rbx1 目录移出 ROS_PACKAGE_PATH。

5.2.3 复制 Hydro 的 rbx1 代码资源

如要复制 Hydro 的 rbx1 代码资源，请跟随以下步骤：

```
$ cd ~/catkin_ws/src
$ git clone https://github.com/pirobot/rbx1.git
$ cd rbx1
$ git checkout hydro-devel
$ cd ~/catkin_ws
$ catkin_make
$ source ~/catkin_ws/devel/setup.bash
```

注意 1：上面的第四条命令（git checkout hydro – devel）非常关键——这是你选择代码资源 Hydro 分支的地方（默认情况下，考虑到那些还在使用 Groovy 版本的人，clone 命令会找出 Groovy 分支）。

注意 2：上面命令的最后一行应该被添加到你的 ~/.bashrc 文件结尾。这保证了无论何时你开启一个新终端，catkin 包（package）都会被被添加进你的 ROS_PACKAGE_PATH。如果你会混合运行 rosbuild 和 catkin 的包（package），请参考第 4 章 4.7 中构建 ~/.bashrc 文件的方法来使得两种包（package）都可以被找到。

如果 ROS – By – Example 的代码在晚些时候更新了，你可以把更新后的版本和本地保存的代码资源用以下命令合并：

```
$ cd ~/catkin_ws/src/rbx1
$ git pull
$ cd ~/catkin_ws
$ catkin_make
$ source devel/setup.bash
```

紧跟最新：如果你想了解更多关于新书和本书中代码的更新情况，请加入 ros-by-example 谷歌群组①。

所有的 ROS By Example 包（package）都以 rbx1 开头。如果要列出所有包（package），进入 rbx1 元包的父文件夹，使用 Linux ls 命令：

```
$ roscd rbx1
$ cd ..
$ ls -F
```

---

① 地址：https://groups.google.com/forum/#!forum/ros-by-example。

我们应该会看到以下列出的信息：

```
rbx1/        rbx1_bringup/       rbx1_dynamixels/    rbx1_nav/    rbx1_vision/
rbx1_apps/   rbx1_description/   rbx1_experimental/  rbx1_speech/ README.md
```

贯穿本书，我们会使用 roscd 命令来从一个包（package）进入到另一个包（package）。例如，要进入到 rbx1_speech 包（package），请使用下面的命令：

```
$ roscd rbx1_speech
```

你可以在任意目录下运行这个命令，ROS 都会找到这个包（package）。

重要：如果你使用两台电脑来控制或监控你的机器人，例如一个笔记本在机器人上，同时桌面上还有另一台电脑，请确保在两台机器上都复制和构建了 rbx1 代码资源的 Hydro 分支。

5.3 关于本书的代码列表

考虑到那些更愿意看纸质版而不是 PDF 版，或者除了 PDF 版也需要纸质版的人，大部分示例程序在被全部列出的同时也分解成了一行一行以供分析。在每一个示例脚本的最上方有一个链接，链接到 ROS By Example 代码资源里的该文件在线版本。如果你使用的是本书 PDF 版本，点击该链接你就能看到排版很好并用颜色标注得当的该程序版本。请注意，在线版本的行数和书上的版本并不相同，因为书面版本会省略掉多余的注释来节省空间，并使得阅读更加方便。当然，一旦你从 ROS By Example 代码资源库中下载了代码，你就可以在你喜欢的编辑器里调出文件的本地副本。

对于大部分编程代码，解决问题的办法不只一个。示例程序也不例外，如果你可以想出一个更好的方法来完成目标，那很好。ROS By Example 代码资源里的代码仅仅只是作为一个引导，不能代表对于某给定任务使用 ROS 唯一或者最佳的方法。

6 安装 ArbotiX 模拟器

为了在一个模拟的机器人上测试我们的代码，我们会使用 Michael Ferguson 提供的 ArbotiX 包（package）里面的 arbotix_python 模拟器。

6.1 安装模拟器

为了在你个人的 ROS 目录下安装模拟器，请运行以下命令：

```
$ sudo apt-get install ros-hydro-arbotix-*
```

注意：请确保移除了所有你可能安装的更早版本的 arbotix 堆栈（stack），这些堆栈可能在使用本书的 Electric 和 Fuerte 版本时用 SVN 安装过。

最后，请运行以下命令：

```
$ rospack profile
```

6.2 测试模拟器

为了确保所有部件都能工作，首先确保 roscore 处于运行中，然后输入以下命令启动 TurtleBot：

```
$ roslaunch rbx1_bringup fake_turtlebot.launch
```

如果一切正常，应该得到以下启动信息：

```
process[arbotix-1]: started with pid [4896]
process[robot_state_publisher-2]: started with pid [4897]
[INFO] [WallTime: 1338681385.068539] ArbotiX being simulated.
[INFO] [WallTime: 1338681385.111492] Started DiffController
(base_controller). Geometry: 0.26m wide, 4100.0 ticks/m.
```

如果要改为使用 Pi 机器人模型，请运行以下代码：

```
$ roslaunch rbx1_bringup fake_pi_robot.launch
```

下一步，调出 RViz 以便我们可以看到运行中的模拟机器人：

```
$ rosrun rviz rviz -d `rospack find rbx1_nav`/sim.rviz
```

[注意我们是如何一起使用 Linux 反撇号(`)操作符和 rospack find 命令来定位 rbx1_nav 包(package),而没有打出整个路径]

如果一切顺利,你应该可以在 RViz 里看见 TurtleBot(或者 Pi 机器人)。默认视角是自顶向下。如要改变这个视角,请点击 RViz 里的 Panels 菜单并选择 Views 菜单项。

如果要测试该模拟,打开另一个终端窗口或标签,运行以下命令,理论上会使得模拟机器人按照逆时针圆圈方向运动:

```
$ rostopic pub -r 10 /cmd_vel geometry_msgs/Twist '{linear: {x: 0.2, y: 0, z: 0}, angular: {x: 0, y: 0, z: 0.5}}'
```

RViz 的视角看起来如图 6-1 所示(图 6-1 是用鼠标滚轮缩小过的)。

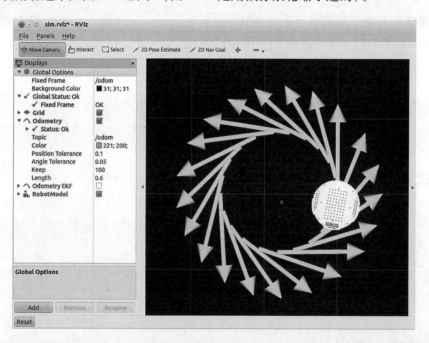

图 6-1

如需停止旋转,请在同样的终端里输入"Ctrl - C",然后发布空的 Twist 消息:

```
$ rostopic pub -1 /cmd_vel geometry_msgs/Twist '{}'
```

6.3 在模拟器上运行你自己的机器人

如果你有一个你自己机器人的 URDF[①] 模型,你可以用它代替 TurtleBot 或者 Pi 机器人在 Ar-

---

① 地址:http://wiki.ros.org/urdf/Tutorials。

botiX 模拟器上运行。首先，复制一份 fake TurtleBot launch 文件：

```
$ roscd rbx1_bringup/launch
$ cp fake_turtlebot.launch fake_my_robot.launch
```

然后在你喜欢的编辑器里调出你的启动文件。一开始它看起来会是这样：

```
<launch>
  <param name="/use_sim_time" value="false" />

  <!-- Load the URDF/Xacro model of our robot -->
  <arg name="urdf_file" default="$(find xacro)/xacro.py '$(find rbx1_description)/urdf/turtlebot.urdf.xacro'" />

  <param name="robot_description" command="$(arg urdf_file)" />

  <node name="arbotix" pkg="arbotix_python" type="arbotix_driver" output="screen">
      <rosparam file="$(find rbx1_bringup)/config/fake_turtlebot_arbotix.yaml" command="load" />
      <param name="sim" value="true"/>
  </node>

  <node name="robot_state_publisher" pkg="robot_state_publisher" type="state_publisher">
      <param name="publish_frequency" type="double" value="20.0" />
  </node>

</launch>
```

正如你看的这样，URDF 模型在接近文件顶部的位置被载入。简单地替换包（package）和路径的名字，使它们指向你自己的 URDF/Xacro 文件。你可以保持大部分余下的启动文件不变。结果看起来会像这样：

```
<launch>
  <!-- Load the URDF/Xacro model of our robot -->
  <arg name="urdf_file" default="$(find xacro)/xacro.py '$(find YOUR_package_NAME)/YOUR_URDF_PATH'" />

  <param name="robot_description" command="$(arg urdf_file)" />

  <node name="arbotix" pkg="arbotix_python" type="arbotix_driver" output="screen">
```

```xml
    <rosparam file="$(find rbx1_bringup)/config/fake_turtlebot_arbotix.yaml" command="load" />
    <param name="sim" value="true"/>
  </node>

  <node name="robot_state_publisher" pkg="robot_state_publisher" type="state_publisher">
    <param name="publish_frequency" type="double" value="20.0" />
  </node>
</launch>
```

如果你的机器人有一个胳膊或者一个可抬头摇头的头部，你可以用 fake_pi_robot.launch 文件作为模板来开始。

7 控制移动底座

本章我们将会学习如何控制底座移动。我们在这里使用的底座是通过一对差速驱动轮子和一个被动转动的轮子来保持平衡的,如图7-1所示。ROS还可以被用来控制全方向移动底座,控制飞行机器人或者水下交通工具,不过陆地上行走的差速驱动机器人比较适合初学者。

7.1 单位长度和坐标系

给机器人传送指令前,我们需要复习ROS使用的单位长度和坐标系惯例。

在参照框架(reference frame)中工作时,请记住在ROS确定坐标轴方向使用的是如图7-2所示的右手系。食指指向 x 轴正方向,中指指向 y 轴正方向,而拇指指向 z 轴正方向。旋转的方向是由右图所示的右手法则来定义的:右手握拳拇指指向某一坐标轴的正方向,其他手指卷曲的方向则是旋转的正方向。对于使用ROS的移动机器人, x 轴指向前方, y 轴指向左方,而 z 轴指向上方。根据右手法则(从机器人的上方往下看),当机器人绕 z 轴做正向旋转时是在逆时针旋转,而做反向旋转时是在顺时针旋转。

ROS系统使用公制作为计量系统,线速度通常使用米/秒(m/s)来作为单位,而角速度通常使用弧度/秒(rad/s)来作为单位。对于室内机器人来说0.5m/s(约等于1.1mph)的线速度是比较快的速度,而1.0rad/s相当于6秒旋转1圈或者每分钟旋转10圈。当你不确定该设定什么速度时,请用较慢的速度启动并慢慢提升速度。对于室内机器人,我通常会让它的最大线速度保持在0.2m/s或以下。

图7-1

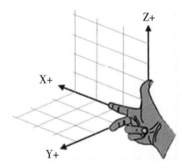

图7-2

图7-3

7.2 运动控制的分层

控制一个机器人运动可以在运动控制系统中许多不同的层中实现,ROS在不同的层中都有提供相应的方法。从对发动机的直接控制,到路径规划和SLAM(Simultaneous Localization and Mapping,实时定位和地图绘制),不同的层代表着不同程度的抽象。

7.2.1 发动机、轮子和编码器

大多数differential drive robots在运行ROS时都会在发动机和轮子上使用编码器。一个编码器每转一圈会触发固定数量的ticks(通常会有几百或者几千个),从而记录对应轮子转了多少圈。

加上预先知道的轮子的直径和轮子之间的距离，编码器就可以把记录的数据转化成用 m 来表示的轮子行驶的距离，或者用 rad 表示的轮子转动的角度。而要计算速度时，只需简单地把上述测量得到的数据除以测量的时长。

这种收集内部运动数据的方法被称作测程法（odometry），在 ROS 中我们会经常用到这种方法，如果你的编码器足够精确可靠，测程法会很有用。然而，我们还可以通过其他途径来获取轮子的数据。比如说，最初版本的 TurtleBot 在测量机器人的旋转运动数据时使用了单轴陀螺仪来提供额外的数据，因为 iRobot Create 的编码器在旋转运动测量时是出了名的不精确。

你需要记住的一个重要的事实是，不管你使用了多少不同来源的测量数据，机器人在现实世界中的位置和速度理论上（实际上也很有可能）与测程法提供的数据是有偏差的。而这种偏差的程度则取决于当前环境的条件与测量数据来源的可靠性。

7.2.2 发动机控制器和驱动程序

在最底层的运动控制，我们需要为发动机控制器提供一个驱动程序。发动机控制器得到内部组件的测量数据，如编码器的 ticks 每秒被触发了多少次，或者当前速度与最大速度的比率，然后控制轮子达到目标速度。ROS 的核心包并不包括对某一特定发动机控制器的驱动程序，除了 Willow Garage PR2 和 TurtleBot。然而，有许多来自第三方的 ROS 开发者发布了一些面向其他更热门的发动机控制器和机器人的驱动程序，比如 Arduino[①]，ArbotiX[②]，Serializer[③]，Element[④]，LEGO ® NXT[⑤] 和 Rovio[⑥]（可以查询 Robots Using ROS[⑦] 获得关于平台兼容性的完整列表）。

7.2.3 ROS 基控制器

在进入下一层进行了更多的抽象后，机器人的目标速度就可以使用与现实世界一样的计量单位来表示了，如 m/s 或 rad/s。另外，采用一些 PID 控制的形式也是非常普遍的。PID 表示 Proportional Integral Derivative，这样命名是由于控制算法会根据三个值——轮子当前实际速度和理论速度的差，速度对于时间的导数和积分——来纠正轮子的速度。你可以通过 Wikipedia[⑧] 来了解更多关于 PID 的知识。对于本书的目的而言，我们只需要简单地知道，控制器可以使机器人更好地按照我们的要求进行移动。

驱动程序和 PID 控制器通常都会被整合在同一个叫基控制器（base controller）的 ROS 节点中。基控制器需要在一台与发动机控制器直连的计算机上运行，而且在启动一个机器人时，它通常是第一个被运载的节点。很多基控制器可以在 Gazebo 上进行模拟，包括 TurtleBot[⑨]，PR2[⑩] 和 Erratic[⑪]。

基控制器通常在/odom 话题下发布测量数据，并在/cmd_vel 话题下监听运动指令。与此同时，控制器节点通常（但不总是）发布一个从/odom 框架到基框架——/base_link 或者 base_foot-

---

① 地址：http://wiki.ros.org/ros_arduino_bridge。
② 地址：http://wiki.ros.org/arbotix。
③ 地址：http://wiki.ros.org/serializer。
④ 地址：http://wiki.ros.org/element。
⑤ 地址：http://wiki.ros.org/Robots/NXT。
⑥ 地址：http://wiki.ros.org/rovio。
⑦ 地址：http://wiki.ros.org/Robots。
⑧ 地址：http://en.wikipedia.org/wiki/PID_controller。
⑨ 地址：http://wiki.ros.org/turtlebot_simulator。
⑩ 地址：http://wiki.ros.org/pr2_simulator/Tutorials。
⑪ 地址：http://wiki.ros.org/erratic_robot。

print 的转换。我们在这里强调"不总是"是因为有一些如 TurtleBot 的机器人是使用 robot_pose_ekf① 包去整合轮子与陀螺仪的数据，从而得到对机器人位置和方向更精确的估算。在这种情况下，是由 robot_pose_ekf 节点发布从/odom 到/base_footprint 的转换（robot_pose_ekf 包实现了一个 Extended Kalman Filter，你可以阅读上述的 Wiki 页面来了解）。

当我们有了一个基控制器，ROS 提供了基于命令行或者使用 ROS 节点的工具时，我们就可以发布一些具有更高抽象层次的指令。在当前的抽象层次中，我们使用什么硬件去实现基控制器并不重要。我们编程时可以把注意力集中在机器人在现实世界中的目标线速度或角速度，这样的代码通过 ROS 的接口后可以在任意的基控制器上运行。

7.2.4　使用 ROS 中 move_base 包的基于框架的运动

在下一层的抽象中，ROS 提供了 move_base② 包，它使我们可以为某一个机器人对应某一参照框架设定目标位置和方向。然后 move_base 包会尝试让机器人避开障碍物并移动到目标位置。move_base 包将进行一个十分复杂的路径规划，它在为机器人选择路径时，结合了测量数据，局部和全局代价地图。它还根据我们在配置文件中设定的最小和最大速度，自动地调整线速度、角速度和加速度。

7.2.5　使用 ROS 的 gmapping 包和 amcl 包的 SLAM

在更高的抽象层次中，ROS 让我们的机器人可以使用 SLAM 的 gmapping③ 包来绘制一张它所在环境的地图。地图的绘制最好是用激光扫描仪，但用 Kinect 或者 Xtion 的深度照相机来模拟激光扫描仪也是可以的。如果你拥有一台 TurtleBot，你在它的栈中可以找到所有你在进行 SLAM 时所需要的工具。

当地图绘制完成时，ROS 中的 amcl④ 包（自适应蒙特卡罗定位，adaptive Monte Carlo localization）就可以通过机器人当前的扫描和测量数据来自动定位。这使得操作者可以随意点击地图上的某一点，让机器人自己躲避障碍物找到去目的地的路径［查阅 Sebastian Thrun 在 Udacity 的人工智能（Artificial Intelligence⑤）课程，这是对 SLAM 背后涉及的数学的一个极好的介绍］。

7.2.6　语义目标

最后，在最高层次的抽象中，运动目标是用有语义的句子表达的，如"帮我去厨房拿点啤酒过来"，或者简单地表达为"拿点啤酒过来"。在这种情况下，语义目标要被翻译并处理成一系列动作。有些动作要求机器人移动到特定的位置，而每个目标位置会被传到定位与路径规划层来实现。这个目标已经超出了本卷的内容。当然，有很多 ROS 包可以帮助我们实现这个目标，包括 smach⑥ 包、executive_teer⑦ 包、worldmodel⑧ 包、semantic_framer⑨ 包和 knowrob⑩ 包。

---

① 地址：http://ros.org/wiki/robot_pose_ekf。
② 地址：http://wiki.ros.org/move_base。
③ 地址：http://wiki.ros.org/gmapping。
④ 地址：http://wiki.ros.org/amcl。
⑤ 地址：http://www.udacity.com/overview/Course/cs373/CourseRev/apr2012。
⑥ 地址：http://wiki.ros.org/executive_smach。
⑦ 地址：http://wiki.ros.org/executive_teer。
⑧ 地址：http://wiki.ros.org/worldmodel。
⑨ 地址：http://ros.org/wiki/semantic_framer。
⑩ 地址：http://wiki.ros.org/knowrob。

7.2.7 总结

总而言之，我们的运动控制的层次如图 7-3 所示。

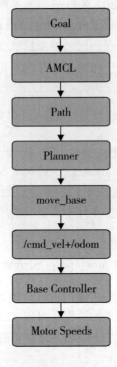

图 7-3

在本章与后面的章节中，我们会学习如何运用不同层次的运动控制。在我们理解由 move_base 包、gmapping 包和 amcl 包提供的强大特性前，我们需要从更基础的内容开始讲。

7.3 ROS 中 Twist 消息和轮子转动

ROS 使用 Twist[①] 消息类型（见下文细节）发布运动指令给基控制器。虽然，我们可以给一个话题随意地命名，但是我们通常会把这个话题命名为/cmd_vel，作为 "command velocities" 的缩写。基控制器节点订阅/cmd_vel 话题，然后把 Twist 消息翻译转换成发动机信号，从而使轮子转动。

运行以下命令去看一个 Twist 消息的组成：

```
$ rosmsg show geometry_msgs/Twist
```

执行命令后会得到以下输出：

```
geometry_msgs/Vector3 linear
  float64 x
  float64 y
```

---

① 地址：http://www.ros.org/doc/api/geometry_msgs/html/msg/Twist.html。

```
    float64 z
geometry_msgs/Vector3 angular
    float64 x
    float64 y
    float64 z
```

如你所见,一个 Twist 消息由两个类型为 Vector3 的子消息组成,其中一个子消息是用 x、y、z 来描述线速度,而另外一个子消息则用 x、y、z 来描述角速度。线速度使用 m/s 作为单位,而角速度则用 rad/s(1rad 约等于 57°)作为单位。

对于一个在二维平面(比如地面)上运动的差速驱动机器人,我们只需要用到线速度的 x 部分和角速度的 z 部分。这是因为这种机器人只能前进和后退,并只能绕垂直于平面的坐标轴旋转。换句话说,线速度的 y 和 z 部分恒为零(机器人不能横着走或者上下走),而角速度的 x 和 y 部分也恒为零,因为机器人不能绕着这些轴旋转。全方向移动的机器人就会用到线速度的 y 部分,而飞行机器人或者水下机器人就有可能用到上述全部六个变量。

7.3.1 Twist 消息的例子

假设我们想让机器人以 0.1m/s 的速度向前走。这时 Twist 消息中的线速度变量分别为 $x=0.1$,$y=0$,$z=0$,而角速度变量分别为 $x=0$,$y=0$,$z=0$。如果你想在命令行中表示这个 Twist 消息,它会是以下的形式:

```
'{linear:{x:0.1,y:0,z:0},angular:{x:0,y:0,z:0}}'
```

注意一下我们是怎样用大括号区分一个子消息,并用冒号、逗号和空格(空格是必不可少的)来分开变量名和值。我们需要大量输入来使用这种表示方式,因此实际上我们很少用这种方式来控制机器人。我们稍后能看到,可以使用其他 ROS 节点把 Twist 消息传给机器人。

如果想让机器人以 1.0rad/s 的角速度逆时针旋转,需要用到的 Twist 消息如下所示:

```
'{linear:{x:0,y:0,z:0},angular:{x:0,y:0,z:1.0}}'
```

如果我们把上述两个消息合并在一起,机器人将会在向前移动的同时向左旋转,对应的 Twist 消息为:

```
'{linear:{x:0.1,y:0,z:0},angular:{x:0,y:0,z:1.0}}'
```

角速度的 z 与线速度的比值越大,机器人转弯就转得越急。

7.3.2 用 RViz 监视机器人运动

在尝试不同的 Twist 命令和运动控制脚本的过程中,我们将使用 RViz 来把机器人的运动可视化。回忆在 RViz 用户指南[1]里面提到的,我们可以沿路使用 Odometry Display[2] 类型去跟踪机器人的方位(坐标与方向)。机器人的每一个方位状态是用一个箭头来表示的,这个箭头指向机器人在这个坐标时所面对的方向。请注意这个状态反映的是机器人的测量数据,它与机器人在现实世界的状态是有差距的,有时候差距还很大。然而,如果机器人经过校准并在相对坚硬的地面上行

---

[1] 地址:http://wiki.ros.org/rviz/UserGuide。
[2] 地址:http://wiki.ros.org/rviz/DisplayTypes/Odometry。

动,运行时的测量数据通常会足够让我们粗略地了解机器人正在做什么。再者,当我们在 ArbotiX 模拟器无现实物理影响的模拟器中运行机器人,获得的数据将会非常准确。

接下来我们尝试使用 ArbotiX 模拟器去运行几个例子。首先用以下命令启动一个模拟的 TurtleBot:

```
$ roslaunch rbx1_bringup fake_turtlebot.launch
```

在另一个终端,用设置好的 Odometry Display 配置文件启动 RViz:

```
$ rosrun rviz rviz -d `rospack find rbx1_nav`/sim.rviz
```

最后,再启动一个终端窗口,发布以下 Twist 消息,使机器人顺时针转圈:

```
$ rostopic pub -r 10 /cmd_vel geometry_msgs/Twist '{linear: {x: 0.1, y: 0, z: 0}, angular: {x: 0, y: 0, z: -0.5}}'
```

我们可以通过设定参数 -r,以 10Hz 的频率发布 Twist 消息。一些机器人和 TurtleBot 一样,要求运动指令不间断地发出,不然机器人就会停止运动,这是一个好的安全特性。然而,在运行 ArbotiX 模拟器的时候,这个参数并不是必需的,当然加上了也没有问题。

如果正常运行,在 RViz 看到的运行结果会如图 7-4 所示。

需要注意的是,我们把 Odometry Display 配置中的 Keep 参数设置为 100,这说明我们想显示在最早的箭头消失前最新的 100 个箭头。而 Position Tolerance(单位为 m)和 Angle Tolerance(单位为 rad)两个参数可以让你控制多久显示一个新的箭头。

点击 Reset 按钮,或者先取消选择 Odometry Display 旁边的选项框然后再选上,都可以在任意一点去掉已经显示的箭头。

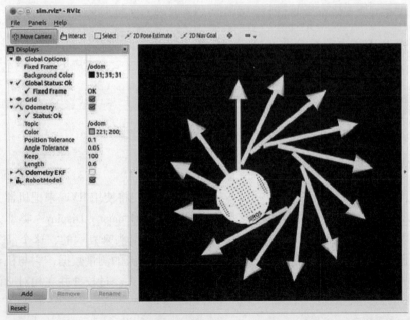

图 7-4

在同一个窗口按下"Ctrl – C",然后发布一条空的 Twist 消息,可以让机器人停止旋转:

```
$ rostopic pub -1 /cmd_vel geometry_msgs/Twist '{}'
```

现在让我们进行第二个例子。在 RViz 里点击 Reset 按钮,去掉显示的 odometry arrows。以下两条命令(通过分号隔开)会让机器人向前走 3 秒钟(– 1 选项表示该消息只发布一次),然后不停止地作逆时针旋转:

```
$ rostopic pub -1 /cmd_vel geometry_msgs/Twist '{linear: {x: 0.2, y: 0, z: 0}, angular: {x: 0, y: 0, z: 0}}'; rostopic pub -r 10 /cmd_vel geometry_msgs/Twist '{linear: {x: 0.2, y: 0, z: 0}, angular: {x: 0, y: 0, z: 0.5}}'
```

在同一个窗口按下"Ctrl – C",然后发布一个空的 Twist 消息,可以让机器人停下来:

```
$ rostopic pub -1 /cmd_vel geometry_msgs/Twist '{}'
```

在一个现实中的机器人尝试 Twist 消息之前,我们要花一点时间介绍校准的问题。

7.4 对你的机器人进行测量校准

如果你没有机器人,那么可以直接跳过这一部分的内容。如果你有一台原版的 TurtleBot(用 iRobot Create 作为底座),那么确保使用自动校准过程(calibration routine[①])为你的机器人设置角速度修正系数(angular correction factors)。你还可以用这一部分内容的第一步去设置线速度修正系数(linear correction factors)。需要注意的是,无论在什么情况下,你都需要用不同的校准参数去适应不同类型的地面,比如地毯地面和硬木地面。设定这些参数最简便的方法,就是使用为不同地面设定好的配置文件。

如果你使用的是自建的机器人,你要有自己的校准方法。如果已经有了自己的校准方法,你可以放心地略过本部分内容;否则,就继续阅读下去。

在执行校准程序时,确保在命令行里调用了 Orocos kinematics 包:

```
$ sudo apt -get install ros -hydro -orocos -kdl ros -hydro -python -orocos -kdl
```

rbx1_nav 包有两个校准脚本:calibrate_linear.py 和 calibrate_angular.py。第一个脚本通过监视/odom 话题,让机器人向前移动 1 米,然后当测量得到的距离在目标地点的 1 厘米时让它停下。你可以通过编辑脚本或者用 rqt_reconfigure 来调整目标距离和移动速度。第二个脚本也是通过监视/odom 话题,让机器人旋转 360 度。我们会在接下来的两部分内容中描述如何根据运行结果来调整 PID 参数。

---

① 地址:http://wiki.ros.org/turtlebot_calibration/Tutorials/Calibrate%20Odometry%20and%20Gyro。

7.4.1 线速度校准

首先确保你的机器人前面有足够大的空间——至少预留 2 米来执行默认距离为 1 米的测试。在地上放一条至少 1 米长的卷尺，让卷尺的一端对齐机器人某个显著的标志。旋转机器人使它面向的方向与卷尺平行。

接着，用适合当前环境的启动文件启动机器人的基控制器。对于使用 iRobot Create 的 TurtleBot 来说，需要用 ssh 命令连接机器人上的计算机并运行：

```
$ roslaunch rbx1_bringup turtlebot_minimal_create.launch
```

接着，运行线速度校准节点：

```
$ rosrun rbx1_nav calibrate_linear.py
```

最后，运行 rqt_reconfigure：

```
$ rosrun rqt_reconfigure rqt_reconfigure
```

在 rqt_reconfigure 窗口中选择 calibrate_linear 节点（如果你发现 calibrate_linear 不在列表上，点击 GUI 界面右上角的蓝色刷新键）。点击在 start_test 旁边的勾选框来开始测试（如果机器人没有开始运动，取消选择并重新勾选）。这时你的机器人应该会向前移动大概 1 米。要得到修正系数，执行以下几步：

- 用卷尺测量并记录下机器人的实际移动距离。
- 用实际移动距离除以目标距离，并记录下这个比值。
- 回到 rqt_reconfigure 的 GUI 界面，用参数 odom_linear_scale_correction 乘以上一步得到的比值所得的乘积更新这个参数。
- 把机器人放回卷尺的起始端，在 rqt_reconfigure 窗口中勾选 start_test 选框，重复测试。
- 不断重复测试，直到你得到满意的结果。在 1 米的距离中精确到 1 厘米大概就是足够好的结果了。

当你得到最终的修正系数后，你需要用恰当的启动文件把它应用到你的机器人的基控制器中。对于 TurtleBot，你需要添加以下内容到你的 turtlebot.launch 文件中：

```
<param name = "turtlebot_node/odom_linear_scale_correction" value = "X" />
```

其中"X"代表你的修正系数。

如果你的机器人使用 ArbotiX 作为基控制器，编辑你的 YAML 配置文件，用参数 ticks_meter 除以修正系数来更新 ticks_meter 这个参数。

在最后的检查中，执行机器人应该使用了新的修正系数的启动文件。然后在参数 odom_linear_correction 设为 1.0 的情况下，执行 calibrate_linear.py 脚本。你的机器人现在应该可以在不做任何其他修改的情况下向前走 1.0 米了。

7.4.2 角速度校准

如果你使用的是基于 iRobot Create 的 TurtleBot，不要使用以下的方法，请使用 TurtleBot 的自动校准过程（calibration procedure[①]）。

在这部分测试中，你的机器人只会在一个固定的位置上旋转，所以不用担心空间的问题。在地面上放置一个标志物（比如一段卷尺）对齐机器人正面的中点。我们将会让机器人旋转 360 度，然后看看它与标志物的距离。

用合适的启动文件启动你的机器人基控制器。对于一个原装的 TurtleBot（使用 iRobot Create 底座），使用 ssh 命令连接机器人的计算机，并执行以下命令：

```
$ roslaunch rbx1_bringup turtlebot_minimal_create.launch
```

接着，运行角速度校准节点：

```
$ rosrun rbx1_nav calibrate_angular.py
```

最后，运行 rqt_reconfigure：

```
$ rosrun rqt_reconfigure rqt_reconfigure
```

返回到 rqt_reconfigure 窗口并选择 calibrate_angular 节点（如果你发现 calibrate_angular 不在列表上，点击 GUI 界面右上角的蓝色刷新键）。点击在 start_test 旁边的勾选框来开始测试（如果机器人没有开始运动，取消选择并重新勾选）。这时你的机器人应该旋转约 360 度。不需要担心机器人旋转超过或者不够一圈，因为我们会接着进行调整。执行以下步骤去获得校正系数：

- 如果实际旋转不足 360 度，目测机器人旋转的角度，并以这个结果来填写 rqt_reconfigure 窗口中的 odom_angular_scale_correction 的值。如果机器人看起来旋转了一圈的 85%，就输入 0.85。如果机器人旋转了一圈又 5%，就输入 1.05。
- 让机器人正面中点对齐标志物，并点击 rqt_reconfigure 窗口中的 start_test 选框来重复测试。
- 在一次测试中，机器人的旋转越接近一圈越好。如果不足一圈，就稍微减小参数 odom_angular_scale_correction 的值后重试。如果超过一圈，就稍微增加这个值后重试。
- 重复上述步骤直到得到满意的结果。

你能否得到最终的校正系数取决于你的基控制器的 PID 参数是否准确。对于一个使用 Arbot-iX 基控制器的机器人，你需要编辑 YAML 配置文件，用参数 base_width 除以你的校正系数来更新参数 base_width。

测试的最后，用更新了校正系数的启动文件启动你的机器人。接着把 calibration_angular.py 脚本中的 odom_angular_scale_correction 设为 1.0 后运行脚本。你的机器人现在应该可以在不用进一步调整的情况下刚好旋转一圈。

[①] 地址：http://wiki.ros.org/turtlebot_calibration/Tutorials/Calibrate%20Odometry%20and%20Gyro

7.5 发送 Twist 消息给机器人

如果你有一个 TurtleBot 或者其他通过监听/cmd_vel 话题来获得运动指令的机器人,你可以尝试在现实世界中运用 Twist 消息。你需要保证每次都以很小的线速度或者角速度让机器人开始运动。一开始的时候可以让机器人只是旋转,以防它突然飞越整个房间并毁坏你的家具。

首先,通电并用恰当的启动文件启动你的机器人。如果你有原版的 TurtleBot(用 iRobot Create 作为底座),通过 ssh 连接到机器人的计算机并执行以下命令:

```
$ roslaunch rbx1_bringup turtlebot_minimal_create.launch
```

如果你有包含了校准参数的启动文件,则运行这个文件。上述命令用到的启动文件包含了我自己的校准参数,它使我的 TurtleBot 可以在地毯上正常运行。你很有可能需要根据机器人运行的地面对你的机器人进行调整。使用之前介绍过的校准过程来设置最适合机器人运行的参数。

接着执行以下命令,让机器人以 1.0rad/s(约 6 秒一圈)的速度逆时针原地旋转:

```
$ rostopic pub -r 10 /cmd_vel geometry_msgs/Twist '{linear: {x: 0, y: 0, z: 0}, angular: {x: 0, y: 0, z: 1.0}}'
```

你可以在 TurtleBot(在其他终端使用 ssh 连接后)或者其他已经建立好 ROS 网络的工作站中执行这个命令。

按下"Ctrl-C"让机器人停止运动。如果有必要,可以发布一条空的 Twist 消息:

```
$ rostopic pub -1 /cmd_vel geometry_msgs/Twist '{}'
```

(对于 TurtleBot 来说,一按下"Ctrl-C"它就会停止运动)

然后,确保机器人面前有足够空间,运行以下命令,让机器人以 0.1m/s(约 4 英寸/秒或者 3 秒/英尺)的速度向前移动:

```
$ rostopic pub -r 10 /cmd_vel geometry_msgs/Twist '{linear: {x: 0.1, y: 0, z: 0}, angular: {x: 0, y: 0, z: 0}}'
```

按下"Ctrl-C"让机器人停止运动。如果有必要,可以发布一条空的 Twist 消息:

```
$ rostopic pub -1 /cmd_vel geometry_msgs/Twist '{}'
```

如果你对运行的结果感到满意,可以尝试一下其他线速度的 x 和角速度的 z 的组合。比如以下的命令就可以使机器人顺时针绕圈行走:

```
$ rostopic pub -r 10 /cmd_vel geometry_msgs/Twist '{linear: {x: 0.15, y: 0, z: 0}, angular: {x: 0, y: 0, z: -0.4}}'
```

按下"Ctrl – C"让机器人停止运动。如果有必要,可以发布一条空的 Twist 消息:

```
$ rostopic pub -1 /cmd_vel geometry_msgs/Twist '{}'
```

正如我们之前提及的,虽然从命令行直接发布 Twist 消息到机器人上对于调试和测试都很有用,但是我们并不是经常这样做。我们通常会通过编程,以一些有趣的方法从控制机器人行为的 ROS 节点发布这些消息。接下来让我们了解一下这个方法。

7.6 从 ROS 节点发布 Twist 消息

我们已经尝试了从命令行控制机器人运动,但是在大多数时间,我们会依靠 ROS 节点来发布恰当的 Twist 消息。举个简单的例子,假设我们想编程使机器人向前移动 1.0 米,旋转 180 度,然后返回开始的位置。我们会尝试用不同的方法来完成这个任务,这些方法很好地表现了 ROS 不同层次的运动控制。

7.6.1 通过定时和定速估计距离和角度

我们第一个尝试是用定时的 Twist 命令去让机器人花一定时间向前移动一定的距离,旋转 180 度后,然后以相同的速度进行相同时长的向前移动,不出意外的话它会回到开始的位置。最后我们会让机器人旋转 180 度回到最初的方向。

这段脚本可以在子目录 rbx1_nav/nodes 下的 timed_out_and_back.py 中找到。在阅读代码前,可以在 ArbotiX 模拟器上尝试运行一下。

7.6.2 在 ArbotiX 模拟器上进行计时前进并返回运动

为了保证模拟的 TurtleBot 会回到开始的位置,按下"Ctrl – C"让模拟的 TurtleBot 中正在运行的启动文件停止运行,然后用以下命令让它重新运行:

```
$ roslaunch rbx1_bringup fake_turtlebot.launch
```

(如果你愿意的话,可以用对应 Pi Robot 或者你自己的机器人的文件替换掉 fake_turtlebot.launch。这并不会使结果有差别)

如果 RViz 并不是正在运行,那么就让它开始运行:

```
$ rosrun rviz rviz -d `rospack find rbx1_nav`/sim.rviz
```

或者按下 Reset 按钮删除掉在上一部分留下的 Odometry 箭头。

最后,运行 timed_out_and_back.py 节点:

```
$ rosrun rbx1_nav timed_out_and_back.py
```

不出意外的话，RViz 会显示你的机器人执行前进并返回策略，最后的结果看起来会如图 7 – 5 所示：

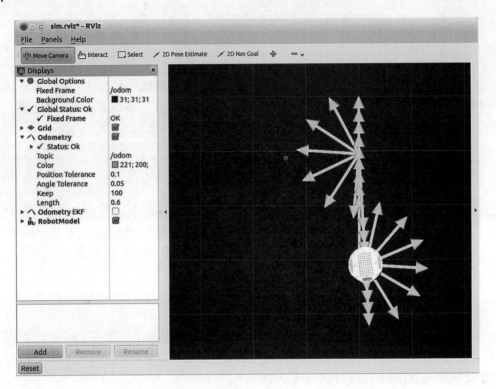

图 7 – 5

大箭头表示的是，机器人（模拟的）本身的测量数据反映的在运行轨迹上每一点机器人的位置和方向。我们将会在后续部分学习如何利用这些测量信息。

目前为止，在理想的模拟器上的一切表现都非常好。但是尝试在真实的机器人上运行之前，让我们看一下代码。

7.6.3 计时前进并返回运动的脚本

以下是计时前进并返回节点的完整脚本。（代码链接：timed_out – and – back. py[①]）在全部展示后，我们会把它分成几小段。

```
3. #!/usr/bin/env python
5. import rospy
6. from geometry_msgs.msg import Twist
7. from math import pi
8.
```

---

① 地址：https://github.com/pirobot/rbx1/blob/hydro – devel/rbx1_nav/nodes/timed_out_and_back.py。

```
9.  class OutAndBack():
10.     def __init__(self):
11.         # Give the node a name
12.         rospy.init_node('out_and_back', anonymous=False)
13.
14.         # Set rospy to execute a shutdown function when exiting
15.         rospy.on_shutdown(self.shutdown)
16.
17.         # Publisher to control the robot's speed
18.         self.cmd_vel = rospy.Publisher('/cmd_vel', Twist)
19.
20.         # How fast will we update the robot's movement?
21.         rate = 50
22.
23.         # Set the equivalent ROS rate variable
24.         r = rospy.Rate(rate)
25.
26.         # Set the forward linear speed to 0.2 meters per second
27.         linear_speed = 0.2
28.
29.         # Set the travel distance to 1.0 meters
30.         goal_distance = 1.0
31.
32.         # How long should it take us to get there?
33.         linear_duration = goal_distance / linear_speed
34.
35.         # Set the rotation speed to 1.0 radians per second
36.         angular_speed = 1.0
37.
38.         # Set the rotation angle to Pi radians (180 degrees)
39.         goal_angle = pi
40.
41.         # How long should it take to rotate?
42.         angular_duration = goal_angle / angular_speed
43.
44.         # Loop through the two legs of the trip
45.         for i in range(2):
46.             # Initialize the movement command
47.             move_cmd = Twist()
48.
49.             # Set the forward speed
50.             move_cmd.linear.x = linear_speed
51.
52.             # Move forward for a time to go 1 meter
53.             ticks = int(linear_duration * rate)
```

```
54.
55.            for t in range(ticks):
56.                self.cmd_vel.publish(move_cmd)
57.                r.sleep()
58.
59.            # Stop the robot before the rotation
60.            move_cmd = Twist()
61.            self.cmd_vel.publish(move_cmd)
62.            rospy.sleep(1)
63.
64.            # Now rotate left roughly 180 degrees
65.
66.            # Set the angular speed
67.            move_cmd.angular.z = angular_speed

69.            # Rotate for a time to go 180 degrees
70.            ticks = int(goal_angle *rate)
71.
72.            for t in range(ticks):
73.                self.cmd_vel.publish(move_cmd)
74.                r.sleep()
75.
76.            # Stop the robot before the next leg
77.            move_cmd = Twist()
78.            self.cmd_vel.publish(move_cmd)
79.            rospy.sleep(1)
80.
81.        # Stop the robot
82.        self.cmd_vel.publish(Twist())
83.
84.    def shutdown(self):
85.        # Always stop the robot when shutting down the node.
86.        rospy.loginfo("Stopping the robot...")
87.        self.cmd_vel.publish(Twist())
88.        rospy.sleep(1)
89.
90. if __name__ == '__main__':
91.     try:
92.         OutAndBack()
93.     except:
94.         rospy.loginfo("Out-and-Back node terminated.")
```

这是我们的第一个脚本,让我们从头一行一行看下去:

```
1    #!/usr/bin/env python
2
3    import rospy
```

如果你阅读了 ROS Beginner Tutorials in Python，你会知道所有 ROS 节点都是以这两句开头。第一行确保了这个脚本会被看作 Python 程序脚本，而第二行引用 ROS 的核心 Python 库。

```
1    from geometry_msgs.msg import Twist
2    from math import pi
```

这里我们引用了其他一些我们在脚本中需要用到的组件。在当前的例子中，我们需要用到 ROS 的 geometry_msgs 包中的 Twist 消息类型，和 Python 的 math 模块中的常数 pi。请注意一个常见的引用错误，即忘记在你的包中的 package.xml 文件中写上必要的 ROS <run_depend>。在当前的例子中，我们的 package.xml 文件必须要有这行才能正确从 geometry_msgs.msg 中引用 Twist：

    <run_depend>geometry_msgs</run_depend>

```
1    class OutAndBack():
2        def __init__(self):
```

这里 ROS 节点主要部分的开头把它自己定义成了一个 Python 类，并加上一行标准的类初始化。

```
1        # Give the node a name
2        rospy.init_node('out_and_back', anonymous=False)
3
4        # Set rospy to execute a shutdown function when exiting
5        rospy.on_shutdown(self.shutdown)
```

每个 ROS 节点都被要求调用 rospy.init_node()，我们也可以设置一个回调函数 on_shutdown()，这样我们就可以在脚本结束的时候，比如用户按下"Ctrl - C"的时候，进行必要的清理操作。对于一个移动机器人，最重要的清理操作就是让机器人停下来。我们可以在后面的脚本中看如何做到这点。

```
1        # Publisher to control the robot's speed
2        self.cmd_vel = rospy.Publisher('/cmd_vel', Twist)
3
4        # How fast will we update the robot's movement?
5        rate = 50
6
7        # Set the equivalent ROS rate variable
8        r = rospy.Rate(rate)
```

这里我们定义了我们用来发布 Twist 命令给/cmd_vel 话题的 ROS 发布者。我们还可以设定以什么频率更新机器人的运动——在这个例子中我们设定的是每秒 50 次。

```
1    # Set the forward linear speed to 0.2 meters per second
2    linear_speed = 0.2
3
4    # Set the travel distance to 1.0 meters
5    goal_distance = 1.0
6
7    # How long should it take us to get there?
8    linear_duration = linear_distance /linear_speed
```

我们以相对安全的 0.2 米/秒的速度初始化前进速度,并把目标距离设定为 1.0 米。接着我们计算运动需要用多长的时间。

```
1    # Set the rotation speed to 1.0 radians per second
2    angular_speed = 1.0
3
4    # Set the rotation angle to Pi radians (180 degrees)
5    goal_angle = pi
6
7    # How long should it take to rotate?
8    angular_duration = angular_distance /angular_speed
```

相似的,我们设定旋转速度为 1.0 弧度/秒,目标角度为 180 度或 Pi 弧度。

```
1    # Loop through the two legs of the trip
2    for i in range(2):
3        # Initialize the movement command
4        move_cmd = Twist()
5
6        # Set the forward speed
7        move_cmd.linear.x = linear_speed
8
9        # Move forward for a time to go the desired distance
10       ticks = int(linear_duration *rate)
11
12       for t in range(ticks):
13           self.cmd_vel.publish(move_cmd)
14           r.sleep()
```

正是这里的循环使机器人运动起来——每循环一次就运动一段。因为一些机器人要求不断发布 Twist 消息来使它持续运动,所以为了让机器人以 linear_speed 米/秒的速度向前移动 linear_distance 米，我们需要在恰当的时长内每 1/rate 秒发布一次 move_cmd 消息。语句 r. sleep () 是 rospy. sleep（1/rate）的简单写法，因为我们把变量赋值为 r = rospy. Rate（rate）。

```
1            # Now rotate left roughly 180 degrees
2
3            # Set the angular speed
4            move_cmd.angular.z = angular_speed
5
6            # Rotate for a time to go 180 degrees
7            ticks = int(goal_angle *rate)
8
9            for t in range(ticks):
10                self.cmd_vel.publish(move_cmd)
11                r.sleep()
```

在循环的第二部分，我们让机器人在恰当时间段内（在这个例子中为 Pi 秒）以 angular_speed 弧度/秒的速度旋转，最终一共旋转 180 度。

```
1        # Stop the robot.
2        self.cmd_vel.publish(Twist())
```

当机器人完成整个计时前进并返回的过程后，我们发布一条空的 Twist 消息（所有项都设为 0）让它停止运动。

```
1    def shutdown(self):
2        # Always stop the robot when shutting down the node.
3        rospy.loginfo("Stopping the robot...")
4        self.cmd_vel.publish(Twist())
5        rospy.sleep(1)
```

这个是我们的停机回调函数。如果脚本因为任何原因停止运行，我们就会通过发布一条空的 Twist 消息去停止机器人。

```
1  if __name__ == '__main__':
2    try:
3        OutAndBack()
4    except rospy.ROSInterruptException:
5        rospy.loginfo("Out-and-Back node terminated.")
```

最后这段是运行一段 Python 脚本的标准程序块。我们实例化 OutAndBack 类来使脚本（和机器人）运行。

7.6.4　用现实的机器人执行计时前进并返回

如果你有一个机器人，如 TurtleBot，你可以尝试在现实世界运行 timed_out_and_back.py 脚本。记住你只是用了时间和速度来估算距离和角度。可以预见，机器人因为惯性，运行的结果与在 ArbotiX 模拟器上的结果有所出入（在模拟器中我们并没有建立物理模型）。

首先，停止所有正在运行的模拟器。接着，确保你的机器人有足够的空间活动——前方至少 1.5 米且左右两边各 1 米。然后就可以运行你的机器人的启动文件了。如果你有一个原版的 TurtleBot（用 iRobot Create 作为底座），通过 ssh 连接到机器人的计算机并执行以下命令：

```
$ roslaunch rbx1_bringup turtlebot_minimal_create.launch
```

或者可以运行你创建并且存有你的校准参数的启动文件。

你还可以使用一个辅助脚本，让你可以在 RViz 中看到 TurtleBot 的组合测量框架（下一部分将会进行更清楚的介绍）。如果你不是使用 TurtleBot，你可以略过这一步。运行在另外一个连接到 TurtleBot 的计算机的 ssh 终端中的这个启动文件：

```
$ roslaunch rbx1_bringup odom_ekf.launch
```

接着我们将会配置 RViz 来显示组合测量数据（编码器 + 陀螺仪），而不仅仅是显示编码器数据的/odom。如果你在前面的测试中使用过 RViz 了，你可以简单地取消选择 Odometry display 选项，并选择 Odometry EKF display 选项，然后略过下面的步骤。

如果 RViz 还没有运行，在你的工作站中使用 nav_ekf 配置文件运行它。这个配置文件只是简单地预先选择/odom_ekf 话题来显示组合测量数据：

```
$ rosrun rviz rviz -d `rospack find rbx1_nav`/nav_ekf.rviz
```

这个配置文件和先前的配置文件的唯一区别是，现在是在/odom_ekf 话题中显示组合测量数据，而不仅仅是在/odom_ekf 话题上发布来自轮子编码器的数据。你可以同时选择两种显示模式来比较它们的差别。

最后，我们像之前做的那样运行计时前进并返回脚本。注意脚本本身是不会关心我们是在模拟器还是真实的机器人上运行的。它仅仅是发布 Twist 消息到/cmd_vel 话题，供任何一个监听者使用。这一个例子向我们展示了在运动控制层次中，ROS 如何让我们把较低层次的操作抽象化。你可以在你的工作站或者在用 ssh 连接上的机器人计算机上运行下面的命令：

```
$ rosrun rbx1_nav timed_out_and_back.py
```

图 7-6 是我自己的 TurtleBot 在地毯上的运行结果：

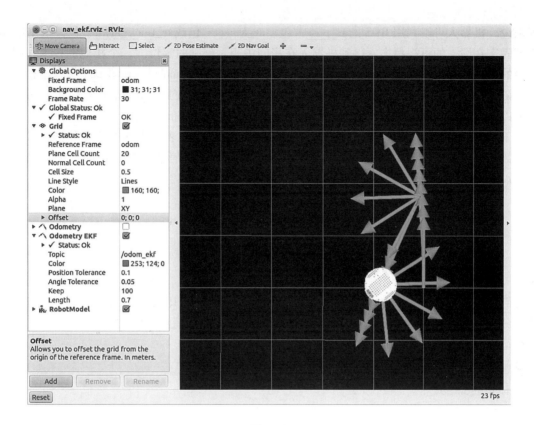

图 7-6

正如你在图 7-6 上看到的，机器人并没有在离开始的位置很近的地方停止运动。首先，它在旋转之前没有行走足够长的距离（这里的方格边长为 0.5 米）。其次，它在返回前也没有旋转足够 180 度。结果是机器人在开始位置左边 0.5 米，面向错误的方向停下来了。

幸运的是，解决这个问题所需要的数据就在我们面前。图中的大箭头表示机器人内部测量所得的位置和方向。换句话说，机器人"知道"它自己搞错了，但是在我们的脚本中并没有使用机器人返回的测量数据。当这些测量数据与现实的运动并不匹配时，如果我们利用上这些数据将会获得更好的结果。

7.7 我们到了吗？根据测量来到达目的距离

当我们让我们的机器人以一定的速度移动或者旋转时，我们是怎样知道机器人确实如我们所要求地去做了？比方说，如果我们发布一条 Twist 消息要求机器人以 0.2 米/秒的速度向前移动，我们怎样知道事实上机器人不是以 0.18 米/秒的速度来运动呢？我们又是如何知道两个轮子实际上是以相同的速度运动呢？

正如我们在前几章解释的那样，机器人的基处理器节点利用测程法和 PID 控制来把运动要求转化成现实世界的速度。这个过程的精确度和可靠性依赖于机器人内部的感应器、校准过程的精确度和周围环境的条件（比如某些地面会使轮子轻微地打滑，从而打乱编码器的计数和移动距离之间的对应关系）。

机器人通过对外部的测量获得自己的位置和方向，是可以对机器人的内部测量进行补充的。

举例来说，机器人可以利用 ROS 的 ar_pose[1] 包、ar_kinect[2] 包或 ar_track_alvar[3] 包，根据诸如基准线等固定在墙上的可视标志，得到机器人在房间中相对精确的定位。一个相似的技术利用的是环境中的可视的标识来做定位，而不是人工标志物（ccny_rgbd_tools[4], rgbdslam[5]）。还有一些包（laser_scan_matcher[6]）使用激光扫描来定位。室外机器人通常使用 GPS[7] 来估算位置，而室内机器人可以使用其他主动定位技术，如 Evolution Robotics 的 NorthStar 系统。

鉴于本书的目标，我们将会用"测量"（Odometry）这个词表示内部的位置数据。然而，不管测量数据从何而来，ROS 都提供了一个消息类型来存储这些信息，即 nav_msgs/Odometry。一个 Odometry 消息的缩写版定义如下所示：

```
Header header
string child_frame_id
geometry_msgs/PoseWithCovariance pose
geometry_msgs/TwistWithCovariance twist
```

我们可以看到一个 Odometry 消息是由一个 Header、一个标识符为 child_frame_id 的 string 以及两个分别名为 PoseWithCovariance 和 TwistWithCovariance 的子消息组成。

运行以下命令，查看扩充后的定义：

```
$ rosmsg show nav_msgs/Odometry
```

然后应该看到以下的输出：

```
Header header
  uint32 seq
  time stamp
  string frame_id
string child_frame_id
geometry_msgs/PoseWithCovariance pose
  geometry_msgs/Pose pose
    geometry_msgs/Point position
      float64 x
      float64 y
      float64 z
    geometry_msgs/Quaternion orientation
      float64 x
      float64 y
      float64 z
      float64 w
```

---

[1] 地址：http://wiki.ros.org/ar_pose。
[2] 地址：http://wiki.ros.org/ar_kinect。
[3] 地址：http://wiki.ros.org/ar_track_alvar。
[4] 地址：http://wiki.ros.org/ccny_rgbd_tools。
[5] 地址：http://wiki.ros.org/rgbdslam。
[6] 地址：http://wiki.ros.org/laser_scan_matcher。
[7] 地址：http://wiki.ros.org/robot_pose_ekf/Tutorials/AddingGpsSensor。

```
    float64[36] covariance
  geometry_msgs/TwistWithCovariance twist
    geometry_msgs/Twist twist
      geometry_msgs/Vector3 linear
        float64 x
        float64 y
        float64 z
      geometry_msgs/Vector3 angular
        float64 x
        float64 y
        float64 z
    float64[36] covariance
```

正如我们所见，PoseWithCovariance 子消息记录了机器人的位置和方向，而 TwistWithCovariance 子消息告诉了我们线速度和角速度。covariance 矩阵为位置 pose 和速度 twist 补充了不同的测量的不确定性。

Header 和 child_frame_id 定义了我们用来测量距离和角度的框架。它同时为每一个消息提供了一个时间戳，让我们知道在何时何地。ROS 在测量中约定俗成地用/odom 作为父框架的 id，而用/base_link（或/base_footprint）作为子框架的 id。框架/base_link 代表的是现实中的机器人，而/odom 则是由测量数据中平移与旋转定义的。这些变换是相对于/odom 框架来移动机器人的。如果我们在 RViz 上显示模拟机器人，并设置固定到/odom 框架，机器人的位置表示的是机器人"觉得"它相对于开始位置的坐标。

7.8 使用测程法前进并返回

既然我们已经了解 ROS 中的测量信息是怎样表示的，我们就可以让我们的机器人在计时前进并返回中移动得更精确了。我们不再需要基于时间和速度来猜测距离和角度，下一个脚本将会通过转换自/odom 和/base_link 框架之间的测量信息，监视机器人的位置和方向。

在 rbx1_nav/nodes 目录下的新文件名为 odom_out_and_back.py。在阅读代码之前，我们比较一下在模拟器和现实世界中的机器人的运行结果。

7.8.1 在 ArbotiX 模拟器上基于测量的前进返回

如果模拟的机器人正在运行，按下"Ctrl－C"结束模拟，重新开始读取测量信息。接着重新启动模拟的机器人，运行 RViz，然后如下运行 odom_out_and_back.py 脚本：

```
$ roslaunch rbx1_bringup fake_turtlebot.launch
$ rosrun rviz rviz -d `rospack find rbx1_nav`/sim.rviz
$ rosrun rbx1_nav odom_out_and_back.py
```

一个典型的结果如图 7-7 所示。

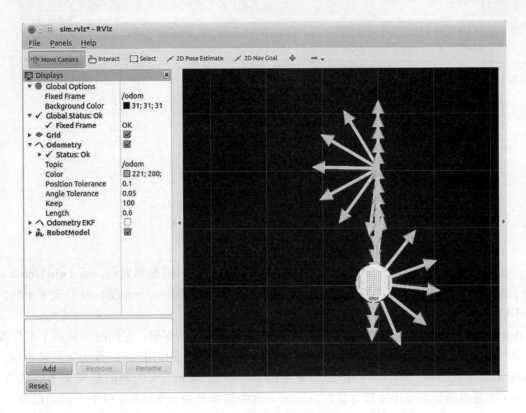

图 7-7

如你所见,在一个理想的,不考虑现实环境影响的模拟器中,使用测量后的结果是几乎完美的。这并不是出乎意料的。那么我们在现实的机器人上实验会得到什么结果呢?

7.8.2 在现实的机器人上基于测量的前进返回

如果你有一个 TurtleBot 或者其他兼容 ROS 的机器人,你就可以在现实世界中尝试基于测量的前进返回脚本。

首先确保你终止了所有正在运行的模拟程序。接着运行你的机器人启动文件。对于 TurtleBot,你应该运行命令:

```
$ roslaunch rbx1_bringup turtlebot_minimal_create.launch
```

(如果你创建了一个存有你的校准参数的启动文件,你也可以用你自己的启动文件)

确保你的机器人有足够的活动空间——至少前面 1.5 米和左右两边各 1 米。

如果你正在使用 TurtleBot,运行 odom_ekf.py 脚本(在 rbx1_bringup 包中),然后就能在 RViz 中看到 TurtleBot 的组合测量数据框架。如果你使用的不是 TurtleBot,则可以略过这一步骤。这个启动文件要在 TurtleBot 的计算机上运行:

```
$ roslaunch rbx1_bringup odom_ekf.launch
```

如果你在前面的测试中已经运行了 RViz,可以简单地取消选择 Odometry display 选项,然后选择 Odometry EKF display 选项,并略过接下来的步骤。

如果 RViz 并没有运行，使用 nav_ekf 配置文件，在你的工作站中运行它。这个配置文件只是简单地预先选择了/odom_ekf 话题来显示组合测量数据：

```
$ rosrun rviz rviz -d `rospack find rbx1_nav`/nav_ekf.rviz
```

最后，像我们以前做的那样在模拟器中启动基于测量的前进返回脚本。你可以在你的工作站或者用 ssh 连接上的机器人计算机上运行以下命令：

```
$ rosrun rbx1_nav odom_out_and_back.py
```

如图 7-8 所示是我自己的 TurtleBot 在地毯上运行的结果。

正如你在图 7-8 所见，这个结果比计时前进并返回的情况好多了。事实上，在现实世界中的结果比在 RViz 中显示的更好（请记住在 RViz 中的测量箭头并不完全与现实世界中机器人的位置与方向一致）。在某些特定的运行下，机器人停止的位置距离开始位置的距离小于 1cm，而且距离正确的方向只有几度。当然，为了得到这么好的结果，你要花费一点时间，像之前描述的那样，仔细地校准你的机器人的测量系统。

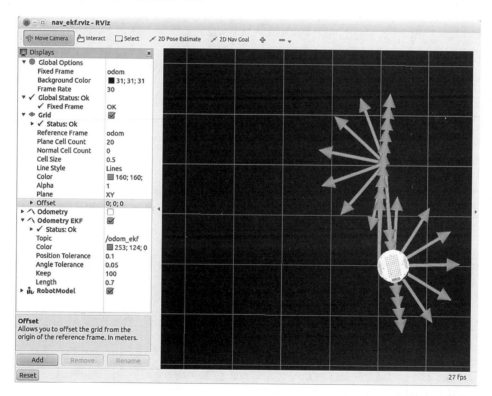

图 7-8

7.8.3 基于测量的前进返回脚本

以下展示的是完整的基于测量的前进返回脚本。内嵌的注释使得代码能做到相当程度的自解释，但是我们仍会详细地讲解几行关键的代码。

```python
1   #!/usr/bin/env python
2
3   import rospy
4   from geometry_msgs.msg import Twist, Point, Quaternion
5   import tf
6   from rbx1_nav.transform_utils import quat_to_angle, normalize_angle
7   from math import radians, copysign, sqrt, pow, pi
8
9   class OutAndBack():
10      def __init__(self):
11          # Give the node a name
12          rospy.init_node('out_and_back', anonymous=False)

14          # Set rospy to execute a shutdown function when exiting
15          rospy.on_shutdown(self.shutdown)

17          # Publisher to control the robot's speed
18          self.cmd_vel = rospy.Publisher('/cmd_vel', Twist)
19
20          # How fast will we update the robot's movement?
21          rate = 20
22
23          # Set the equivalent ROS rate variable
24          r = rospy.Rate(rate)
25
26          # Set the forward linear speed to 0.2 meters per second
27          linear_speed = 0.2
28
29          # Set the travel distance in meters
30          goal_distance = 1.0

32          # Set the rotation speed in radians per second
33          angular_speed = 1.0
34
35          # Set the angular tolerance in degrees converted to radians
36          angular_tolerance = radians(2.5)
37
38          # Set the rotation angle to Pi radians (180 degrees)
39          goal_angle = pi

41          # Initialize the tf listener
42          self.tf_listener = tf.TransformListener()
43
44          # Give tf some time to fill its buffer
45          rospy.sleep(2)
```

```
46
47      # Set the odom frame
48      self.odom_frame = '/odom'
49
50      # Find out if the robot uses /base_link or /base_footprint
51      try:
52          self.tf_listener.waitForTransform(self.odom_frame, '/base_footprint', rospy.Time(), rospy.Duration(1.0))
53          self.base_frame = '/base_footprint'
54      except (tf.Exception, tf.ConnectivityException, tf.LookupException):
55          try:
56              self.tf_listener.waitForTransform(self.odom_frame, '/base_link', rospy.Time(), rospy.Duration(1.0))
57              self.base_frame = '/base_link'
58          except (tf.Exception, tf.ConnectivityException, tf.LookupException):
59              rospy.loginfo("Cannot find transform between /odom and /base_link or /base_footprint")
60              rospy.signal_shutdown("tf Exception")
61
62      # Initialize the position variable as a Point type
63      position = Point()
64
65      # Loop once for each leg of the trip
66      for i in range(2):
67          # Initialize the movement command
68          move_cmd = Twist()
69
70          # Set the movement command to forward motion
71          move_cmd.linear.x = linear_speed
72
73          # Get the starting position values
74          (position, rotation) = self.get_odom()
75
76          x_start = position.x
77          y_start = position.y
78
79          # Keep track of the distance traveled
80          distance = 0
81
82          # Enter the loop to move along a side
83          while distance < goal_distance and not rospy.is_shutdown():
84              # Publish the Twist message and sleep 1 cycle
85              self.cmd_vel.publish(move_cmd)
86
87              r.sleep()
```

```
88
89              # Get the current position
90              (position, rotation) = self.get_odom()
91
92              # Compute the Euclidean distance from the start
93              distance = sqrt(pow((position.x - x_start), 2) +
94                              pow((position.y - y_start), 2))

96              # Stop the robot before the rotation
97              move_cmd = Twist()
98              self.cmd_vel.publish(move_cmd)
99              rospy.sleep(1)
100
101              # Set the movement command to a rotation
102              move_cmd.angular.z = angular_speed
103
104         # Track the last angle measured
105         last_angle = rotation
106
107         # Track how far we have turned
108         turn_angle = 0
109
110         while abs(turn_angle + angular_tolerance) < abs(goal_angle) and not rospy.is_shutdown():
111             # Publish the Twist message and sleep 1 cycle
112             self.cmd_vel.publish(move_cmd)
113             r.sleep()
114
115             # Get the current rotation
116             (position, rotation) = self.get_odom()
117
118             # Compute the amount of rotation since the last loop
119             delta_angle = normalize_angle(rotation - last_angle)
120
121             # Add to the running total
122             turn_angle += delta_angle
123             last_angle = rotation
124
125             # Stop the robot before the next leg
126             move_cmd = Twist()
127         self.cmd_vel.publish(move_cmd)
128         rospy.sleep(1)
129
130         # Stop the robot for good
131         self.cmd_vel.publish(Twist())
```

```
132
133    def get_odom(self):
134        # Get the current transform between the odom and base frames
135        try:
136            (trans, rot)  = self.tf_listener.lookupTransform(self.odom_frame, self.base_frame, rospy.Time(0))
137        except (tf.Exception, tf.ConnectivityException, tf.LookupException):
138            rospy.loginfo("TF Exception")
139            return
140
141        return (Point(*trans), quat_to_angle(Quaternion(*rot)))
142
143    def shutdown(self):
144        # Always stop the robot when shutting down the node.
145        rospy.loginfo("Stopping the robot...")
146        self.cmd_vel.publish(Twist())
147        rospy.sleep(1)
148
149 if __name__ == '__main__':
150    try:
151        OutAndBack()
152    except:
153        rospy.loginfo("Out-and-Back node terminated.")
```

让我们看看这脚本中关键的几行。

```
1  from geometry_msgs.msg import Twist, Point, Quaternion
2  import tf
3  from rbx1_nav.transform_utils import quat_to_angle, normalize_angle
```

我们需要从 geometry_msgs 包引用数据类型 Twist，Point 和 Quaternion。我们还需要用到 tf 库来监听框架/odom 和框架/base_link（或/base_footprint）之间的转换。库 transform_utils 是一个可以在 rbx1_nav/src/rbx1_nav 目录下找到的小模块，它包含了一些从 TurtleBot 包中借来的好用的函数。函数 quat_to_angle 会在函数 normalize_angle 去掉 180 度和 -180 度、0 度和 360 度的二义性时，将一个四元数转换成欧拉角（偏航角）。

```
1      # Set the angular tolerance in degrees converted to radians
2      angular_tolerance = radians(2.5)
```

在这里我们定义了在旋转时用的 angular_torlerance（角度偏差容忍度）。这样做的原因是在现实的机器人上，即使是微小的角度偏差都会使机器人极大地偏离下一个目的地。从经验来说，偏差容忍度设定在 2.5 度之内是可以接受的。

```
1       # Initialize the tf listener
2       self.tf_listener = tf.TransformListener()
3
4       # Give tf some time to fill its buffer
5       rospy.sleep(2)
6
7       # Set the odom frame
8       self.odom_frame = '/odom'
9
10      # Find out if the robot uses /base_link or /base_footprint
11      try:
12          self.tf_listener.waitForTransform(self.odom_frame, '/base_footprint', rospy.Time(), rospy.Duration(1.0))
13          self.base_frame = '/base_footprint'
14      except (tf.Exception, tf.ConnectivityException, tf.LookupException):
15          try:
16              self.tf_listener.waitForTransform(self.odom_frame, '/base_link', rospy.Time(), rospy.Duration(1.0))
17              self.base_frame = '/base_link'
18          except (tf.Exception, tf.ConnectivityException, tf.LookupException):
19              rospy.loginfo("Cannot find transform between /odom and /base_link or /base_footprint")
20              rospy.signal_shutdown("tf Exception")
```

接着我们创建一个 TransformListener 对象来监听框架之间的转换。注意 tf 需要一点时间去填满监听器缓存，所以我们增加了调用 rospy. sleep（2）。为了获得机器人的位置和方向，我们需要在/odom 框架和/base_footprint 框架（TurtleBot 使用）或/base_link 框架（Pi Robot 和 Maxwell 使用）之间进行转换。首先我们尝试使用/base_footprint 框架，如果我们找不到它，则尝试/base_link 框架。尝试的结果会存储在变量 self. base_frame 中，并在后续的脚本中使用。

```
1       for i in range(2):
2           # Initialize the movement command
3           move_cmd = Twist()
```

在计时前进并返回的脚本中，我们循环使运动分成了两段：先让机器人前进 1 米，然后旋转 180 度。

```
1       (position, rotation) = self.get_odom()
2
3       x_start = position.x
4       y_start = position.y
```

在开始每一段运动时，我们用函数 get_odom（）记录下开始的位置和方向。接着看下去就会明白它是怎么运作的。

```
1   def get_odom(self):
2       # Get the current transform between the odom and base frames
3       try:
4           (trans, rot) = self.tf_listener.lookupTransform(self.odom_frame,
            self.base_frame, rospy.Time(0))
5       except (tf.Exception, tf.ConnectivityException, tf.LookupException):
6           rospy.loginfo("TF Exception")
7           return
8
9       return (Point(*trans), quat_to_angle(Quaternion(*rot)))
```

函数 get_odom () 先利用 tf_listener 对象去查找现在测量和基框架之间的转换。如果查找出现问题，我们就抛出异常。否则，我们返回一个 Point 表示位移和一个 Quaternion 表示角度。在 trans 和 rot 变量前的 * 在 Python 中表示传递给函数一个包含不止一个数字的列表，我们这么做是因为 trans 是一个包含 x、y、z 坐标的列表，rot 是一个包含 x、y、z、w 四元数的列表。

现在回头看看脚本的核心部分：

```
1            # Keep track of the distance traveled
2            distance = 0
3
4            # Enter the loop to move along a side
5            while distance < goal_distance and not rospy.is_shutdown():
6                # Publish the Twist message and sleep 1 cycle
7                self.cmd_vel.publish(move_cmd)
8
9                r.sleep()
10
11               # Get the current position
12               (position, rotation) = self.get_odom()
13
14               # Compute the Euclidean distance from the start
15               distance = sqrt(pow((position.x - x_start), 2) +
16                              pow((position.y - y_start), 2))
```

这是一个让机器人不断向前直到走了 1.0 米的循环。

```
1        # Track how far we have turned
2        turn_angle = 0
3
4        while abs(turn_angle + angular_tolerance) < abs(goal_angle) and not
         rospy.is_shutdown():
```

```
5        # Publish the Twist message and sleep for 1 cycle
6        self.cmd_vel.publish(move_cmd)
7        r.sleep()
8
9        # Get the current rotation
10       (position, rotation) = self.get_odom()
11
12       # Compute the amount of rotation since the last loop
13       delta_angle = normalize_angle(rotation - last_angle)
14
15       # Add to the running total
16       turn_angle += delta_angle
17       last_angle = rotation
```

而这是一个在我们在脚本开头设定角度偏差容忍度下，让机器人旋转180度的循环。

7.8.4 话题/odom 与框架/odom 的对比

读者可能会问为什么我们在前几个脚本中用 TransformListener 去访问测量信息，而不是通过订阅/odom 话题呢。原因是发布在/odom 话题的数据不总是全部的数据。例如，TurtleBot 使用一个单轴陀螺仪去对机器人的旋转进行额外的估算。这些数据是在 robot_pose_ekf 节点（该节点在 TurtleBot 的启动文件中启动）和来自轮子的编码器的数据进行合并，然后一起对旋转进行比单一数据源更精确的估算。

然而，robot_pose_ekf 节点并不会把数据重新发布回/odom 话题，/odom 话题是保留给轮子的编码器数据的。相反的，robot_pose_ekf 节点把数据发布在/odom_combined 话题中。此外，数据不是作为 Odometry 消息发布，而是作为 PoseWithCovarianceStamped 消息发布。然而，从/odom 框架到/base_link 的转换提供了我们需要的信息。因此，总体来说用 tf 来监听在/odom 框架和/base_link（或/base_footprint）框架的转换，比只依赖/odom 消息话题更安全。

在目录 rbx1_bringup/nodes 下的 odom_ekf.py 会在/odom_combined 话题中发布 PoseWithCovarianceStamped 消息，正如在/odom_ekf 话题上发布的 Odometry 类型消息。这使得我们可以在 RViz 上同时查看/odom 话题和/odom_ekf 话题，并比较 TurtleBot 在只测量轮子时和加上陀螺仪数据时的区别。

7.9 使用测量走正方形

在基于测量的前进后退脚本中，我们通过/odom 框架和/base_link（或/base_footprint）框架间的 tf 转换来监听机器人的位置和方向。然而，这次我们会尝试让机器人根据四个顶点来走正方形。在运行结束时，我们可以看看机器人距离开始位置和方向多远。我们先从模拟器开始，然后再尝试使用现实的机器人。

7.9.1 在 ArbotiX 模拟器中走正方形

如果模拟的机器人正在运行，按下"Ctrl－C"结束模拟，重新开始读取测量信息。接着重新启动模拟的机器人，运行 RViz，然后如下运行 nav_square.py 脚本：

```
$ roslaunch rbx1_bringup fake_turtlebot.launch
$ rosrun rviz rviz -d `rospack find rbx1_nav`/sim.rviz
$ rosrun rbx1_nav nav_square.py
```

一个典型的结果如图 7-9 所示：

一如既往的，测量箭头表示机器人在沿途各点面向的方向。如你所见，机器人所走的正方形并不是完全平行于网格线，但是结果也不错。

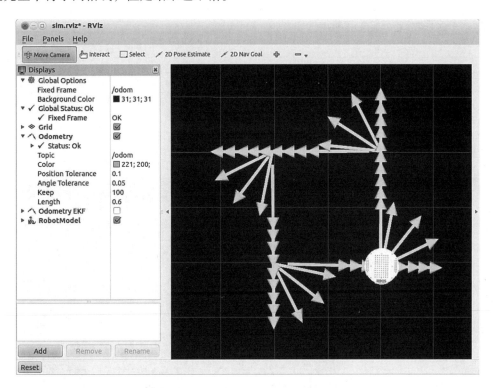

图 7-9

7.9.2 让现实的机器人走正方形

如果你有一个机器人，尝试运行 nav_square 脚本，然后看看它在现实世界中的运行结果如何。首先终止所有正在运行的模拟机器人，然后运行你的机器人的启动文件。对于 TurtleBot 来说，你需要执行以下命令：

```
$ roslaunch rbx1_bringup turtlebot_minimal_create.launch
```

（如果你创建了一个存有你的校准参数的启动文件，你也可以用你自己的启动文件）

确保你的机器人有足够的空间活动——至少面前和左右两边各 1.5 米。

如果你使用的是 TurtleBot，你需要运行 odom_ekf.py 脚本，然后可以在 RViz 中看到 TurtleBot 的组合测量框架。如果你使用的不是 TurtleBot，你可以略过这一步。启动文件需要在 TurtleBot 的计算机上执行：

```
$ roslaunch rbx1_bringup odom_ekf.launch
```

如果你的工作站上还运行着 RViz，终止运行并使用 ekf 配置文件重新启动它。或者，你可以简单地取消选择 Odometry display 选项并选择 Odometry EKF display 选项。

```
$ rosrun rviz rviz -d `rospack find rbx1_nav`/nav_ekf.rviz
```

最后，重新运行 nav_square 脚本：

```
$ rosrun rbx1_nav nav_square.py
```

在地毯上使用我自己的 TurtleBot 的结果如图 7-10 所示。

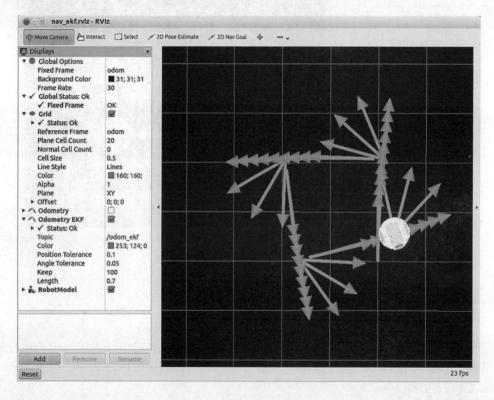

图 7-10

如图 7-10 所示，结果并不算太坏。在现实世界中，机器人停止时距离开始位置 11cm 远，距离初始方向 15 度。但是，如果我们不把机器人放回原来开始位置，就开始再次运行脚本，以一个错误的方向开始运动必然会造成整个轨迹的偏移。

7.9.3 脚本 nav_square.py

脚本 nav_square.py 和我们之前阅读过的基于测量的前进后退脚本基本上一样，所以我们在这里就不展示这个脚本了。这个脚本唯一不同的地方是，我们现在把整个运动过程分成了四段，每一段运动机器人会向前走 1 米并旋转 90 度，而不是运动两段，每一段向前走 1 米并旋转 180

度。你可以通过下面链接阅读代码，或者阅读 rbx1_nav/nodes 目录下的代码（代码链接：nav_square.py[①]）。

7.9.4　Dead Reckoning 造成的问题

在导航过程中只依赖内部的运动数据，而不参照任何外部的标识，这种做法被称作 dead reckoning。任何只依靠 dead reckoning 的机器人运行一段时间后最终都会完全迷路。造成这个问题的根本原因是，在测量中即使是极小的误差，也会随着运行时间的增加而累积起来。例如，一个机器人向前移动 3 米前只有 1 度的方向误差。在运动结束后，机器人就已经累积了超过 5cm 的位置误差了。由于机器人并不知道它距离目标位置 5cm，下一次的移动在开始之前就已经存在这个误差了。

幸运的是，研究机器人的学者们在很久之前就已经研究多种方法，往机器人导航中结合地标或者其他外部的标识，我们在 SLAM 的章节中也会用 ROS 做同样的事情。

7.10　遥控你的机器人

让你的机器人可以被手动控制总是一个好的想法，特别是在测试新的代码的时候。我们可以看到，机器人的基控制器订阅了/cmd_vel 话题并把所有的 Twist 消息映射成了发动机信号。如果我们可以用一些遥控设备，诸如操纵杆或者游戏手柄来发布 Twist 消息到/cmd_vel 话题，我们就可以遥控机器人了（这也是另外一个说明 ROS 让我们可以抽象底层硬件操作的好例子）。

幸运的是，turtlebot_teleop 包已经包含了遥控节点帮助我们使用键盘、操纵杆或者 PS3 手柄。首先，确认你已经安装了需要用到的 ROS 包：

```
$ sudo apt-get install ros-hydro-joystick-drivers \
  ros-hydro-turtlebot-apps
```

在遥控一个现实中的机器人之前，先在 ArbotiX 模拟器上尝试一下。启动一个模拟的 TurtleBot，如果它尚未启动的话：

```
$ roslaunch rbx1_bringup fake_turtlebot.launch
```

启动 RViz，如果它尚未启动的话：

```
$ rosrun rviz rviz -d `rospack find rbx1_nav`/sim.rviz
```

现在让我们尝试用键盘或者操纵杆来遥控模拟的机器人。

7.10.1　使用键盘

在 turtle_teleop 包中有一个名为 keyboard_teleop.launch 的文件，它已经被复制到了 rbx1_nav/

[①] 地址：https://github.com/pirobot/rbx1/blob/hydro-devel/rbx1_nav/nodes/nav_square.py。

launch 目录，我们可以修改其中几个参数。用以下命令来运行复制的启动文件：

```
$ roslaunch rbx1_nav keyboard_teleop.launch
```

你应该会在屏幕上看到以下说明：

```
Control Your TurtleBot!
---------------------------
Moving around:
   u    i    o
   j    k    l
   m    ,    .

q/z : increase/decrease max speeds by 10%
w/x : increase/decrease only linear speed by 10%
e/c : increase/decrease only angular speed by 10%
anything else : stop

CTRL-C to quit
```

让你的光标停留在遥控终端窗口，然后输入字母 i。你应该会看到在 RViz 中的 TurtleBot 向前移动了。尝试一下其他键，确保每个键都能运行。

阅读一下 rbx1_nav/launch 目录下的 keyboard_teleop.launch 文件，你会发现键盘遥控节点有两个参数：scale_linear 和 scale_angular。这两个参数分别决定了机器人默认的线速度和角速度。首次在现实的机器人中进行遥控测试时，最好把这些值都设置成比默认值小，这样可以使机器人移动得慢一点。不幸的是，在写作本书时，在 turtlebot_teleop 包中有一个 bug 使得这两个参数不能被 keyboard_teleop 节点读取，所以现在我们只能接受默认值了。

7.10.2　使用 Logitech 游戏摇杆

如果你有一个操纵杆或游戏摇杆，你可以使用在 turtlebot_teleop 包中的 joystick_teleop.launch 文件。我们已经在本地目录 rbx1_nav/launch 下保留一份本地副本，这样我们就可以编辑各种参数来满足我们的需要了。接下来的描述专门针对 Logitech 的无线游戏摇杆。

执行以下命令来启动一个遥控摇杆的节点：

```
$ roslaunch rbx1_nav joystick_teleop.launch
```

如果你得到一个如下的错误：

[ERROR] [1332893303.227744871]: Couldn't open joystick /dev/input/js0. Will retry every second.

则说明你的操纵杆或摇杆没有连接到 USB 上，或者是它没有被 Ubuntu 识别出来。如果你没有收到任何错误信息，则按下"dead man"按钮（见注意）并尝试移动操纵杆或摇杆左边的切换键。

注意：如果你使用的是 Logitech 的游戏摇杆，在机器人对左切换键作出反应前，你必须先按着食指对应的按钮不放（这个按钮被称作"dead man"按钮），因为一旦你放开它机器人就会停止移动。

你可以通过编辑 joystick_teleop.launch 文件来改变线速度和角速度的单位比例大小。你还可以把其他按键设定为 dead man 按钮。想知道每个按钮所对应的数字，可以尝试运行 jstest 程序：

```
$ sudo apt-get install joystick
$ jstest /dev/input/js0
```

然后按下不同的按钮，通过看屏幕底端的对应不同按钮的数字从"off"状态转换成了"on"状态。按下"Ctrl-C"来退出测试屏幕。

7.10.3 使用 ArbotiX 控制器图形界面

由 Michael Ferguson 创作的 arbotix 包包含了一个很好的图形界面来遥控机器人。你可以用这个命令启动这些接口：

```
$ arbotix_gui
```

你应该会看到一个如图 7-11 所示的窗口出现。

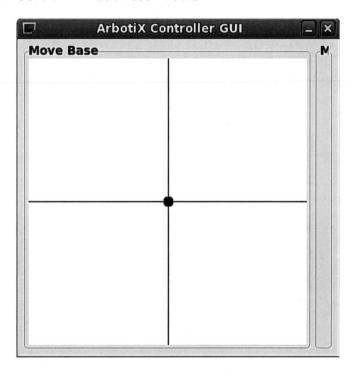

图 7-11

用鼠标一直按着红点去让你的机器人（现实的或模拟的）移动。接着移动红点到你想让机器人移动的方向。注意不要移动太远，机器人的速度是由红点到原点的距离决定的。如果你使用的是 Pi Robot 模拟器，你将会看到如图 7-12 所示的用来控制机械臂关节的装置。

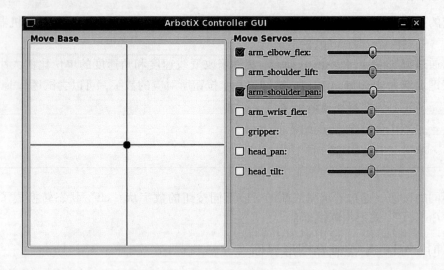

图 7-12

选择系统名称旁边的选项框，操作滑块来移动模拟器中的关节。

7.10.4 用交互标识遥控 TurtleBot

在 TurtleBot 的栈中包含了一个很酷炫的交互标识包，它可以让你通过在 RViz 中拖拽来让现实中的机器人移动。阅读在 Wiki 页面上的 turtlebot_interactive_markers[1] 说明查看如何使用这个特性。

7.10.5 编写你自己的遥控节点

请参阅 ROS Wiki 上的 utorial on the ROS Wiki[2] 查看如何为 PS3 游戏手柄编写自己的遥控节点。

---

[1] 地址：http://ros.org/wiki/turtlebot_interactive_markers/Tutorials/UsingTurtlebotInteractiveMarkers。
[2] 地址：http://wiki.ros.org/ps3joy/Tutorials/WritingTeleopNode。

8 导航、路径规划和 SLAM

前面已经讲解过如何控制一个差速驱动机器人的基础，现在我们可以开始尝试 ROS 的一个更强大的特性，那就是实时定位与绘制地图（Simultaneous Localization and Mapping，SLAM）。

一个支持 SLAM 的机器人可以为一个未知的环境绘制地图，并实时地定位自己在地图上的位置。直到最近，唯一可靠的 SLAM 方法就是用相当昂贵的激光扫描仪来收集数据。但在 Microsoft Kinect 和 Asus Xtion 摄像头面世后，通过摄像头获得的三维点云（point cloud）来生成模拟激光扫描仪是更经济的 SLAM 实现方法（请查阅 depthimage_to_laserscan① 包和 kinect_2d_scanner② 包中的两种方法）。而 TurtleBot 是已经配置好去完成这个任务。如果你有一个 TurtleBot，你可以考虑直接去参考 ROS 的 Wiki 上关于 TurtleBot SLAM 的指南③。

另外一个比较经济的是 Neato XV–11 真空清洁机器人，它有一个 360 度的激光扫描仪。事实上，由于 Michael Ferguson 开发了 ROS 的 neato_robot④ 栈，你可以在 XV–11 上运行完整的导航栈（Navigation Stack）。

本章我们将会涉及三个基本的 ROS 包，它们组成了导航栈的核心：

- 用于让机器人在指定的框架内移动到目标位置的 move_base⑤ 包。
- 用于根据从激光扫描仪获得的数据（或从深度摄像头获得的模拟激光数据）来绘制地图的 gmapping⑥ 包。
- 用于在现有的地图中定位的 amcl⑦ 包。

当这部分结束的时候，我们将可以命令一个机器人移动到地图中的任何一个或一系列位置，同时避开障碍物。在进行更深入的探讨前，强烈建议读者去阅读 ROS 的 Wiki 上的导航机器人起步指南（Navigation Robot Setup⑧）。这个指南很好地提供了对 ROS 导航栈的概述。完整地阅读导航指南（Navigation Tutorials⑨）有助于我们更好地理解。而对于 SLAM 底下运用到的数学知识，Sebastian Thrun 在 Udacity 的人工智能（Artificial Intelligence⑩）在线课程提供了很好的介绍。

8.1 使用 move_base 包进行路径规划和障碍物躲避

在上一章，我们写了一个脚本去让机器人走正方形。在那个脚本中，我们通过监听/odom 框架和/base_link（或/base_footprint）框架之间的 tf 转换，跟踪机器人移动的距离和旋转的角度。ROS 提供了 move_base⑪ 包来用一种更漂亮的方法来完成同样的事情［请阅读 move_base 包的 Wi-

---

① 地址：http://wiki.ros.org/depthimage_to_laserscan。
② 地址：http://wiki.ros.org/kinect_2d_scanner。
③ 地址：http://wiki.ros.org/turtlebot_navigation/Tutorials/Build%20a%20map%20with%20SLAM。
④ 地址：http://ros.org/wiki/neato_robot。
⑤ 地址：http://wiki.ros.org/move_base。
⑥ 地址：http://wiki.ros.org/gmapping。
⑦ 地址：http://wiki.ros.org/amcl。
⑧ 地址：http://wiki.ros.org/navigation/Tutorials/RobotSetup。
⑨ 地址：http://wiki.ros.org/navigation/Tutorials。
⑩ 地址：http://www.udacity.com/overview/Course/cs373/CourseRev/apr2012。
⑪ 地址：http://wiki.ros.org/move_base。

ki 页面并获得对此完整的解释,其中包括了一张表示该包各个组成部分的图(diagram[1])]。

move_base 包实现了一个完成指定导航目标的 ROS 行为[2]。你应该通过阅读 ROS 的 Wiki 上的 actionlib 指南[3],熟悉 ROS 行为的基础知识。在机器人实现目标的过程中,行为是有反馈机制的。这意味着我们不再需要自己去通过 odometry 话题来判断我们是否已经达到目的地了。

move_base 包包含了 base_local_planner[4],在为机器人寻路的时候,base_local_planner 结合了从全局和本地地图得到的距离测量数据。基于全局地图的路径规划是在机器人向下一个目的地出发前开始的,这个过程会考虑到已知的障碍物和被标记成"未知"的区域。要使机器人实际动起来,本地路径规划模块会监听着传回来的传感器数据,并选择合适的线速度和角速度来让机器人走完全局路径规划上的当前段。我们将会看到本地的路径规划模块是如何随着时间推移而不断作出调整的。

8.1.1 用 move_base 包指定导航目标

用 move_base 包指定导航目标前,我们要提供机器人在指定的框架下的目标方位(位置和方向)。move_base 包是使用 MoveBaseActionGoal[5] 消息类型来指定目标的。执行以下命令来看这个消息的定义:

```
$ rosmsg show MoveBaseActionGoal
```

接着应该会出现以下输出:

```
Header header
  uint32 seq
  time stamp
  string frame_id
actionlib_msgs/GoalID goal_id
  time stamp
  string id
move_base_msgs/MoveBaseGoal goal
  geometry_msgs/PoseStamped target_pose
    Header header
      uint32 seq
      time stamp
      string frame_id
    geometry_msgs/Pose pose
      geometry_msgs/Point position
        float64 x
        float64 y
        float64 z
```

---

[1] 地址:http://wiki.ros.org/actionlib。
[2] 地址:http://wiki.ros.org/actionlib。
[3] 地址:http://wiki.ros.org/actionlib/Tutorials。
[4] 地址:http://wiki.ros.org/base_local_planner。
[5] 地址:http://www.ros.org/doc/api/move_base_msgs/html/msg/MoveBaseActionGoal.html。

```
    geometry_msgs/Quaternion orientation
        float64 x
        float64 y
        float64 z
        float64 w
```

如你所见，目标由一个包含一个 frame_id 的 ROS 标准 header、一个 goal_id 和一个 PoseStamped[①] 消息类型的 goal 组成。而 PoseStamped 消息类型是由一个 header 和一个包含了一个 position 和一个 orientation 的 pose 组成。

而一个完整的 MoveBaseActionGoal 消息看上去会有一点复杂，在实际应用中我们指定 move4base 目标时只需要设定某几个项就可以了。

8.1.2　为路径规划设定参数

在 move_base 节点运行前需要四个配置文件。这些文件定义了一系列相关参数，包括越过障碍物的代价、机器人的半径、路径规划时要考虑未来多长的路、我们想让机器人以多快的速度移动等等。这四个配置文件可以在 rbx1_nav 包的 config 子目录下找到，它们分别是：

```
base_local_planner_params.yaml
costmap_common_params.yaml
global_costmap_params.yaml
local_costmap_params.yaml
```

我们将会讲述这里面的一些参数，特别是你在调整你的机器人时会经常用到的那些参数。如果要学会所有参数的设置，请查阅 ROS Wiki 页面上导航机器人起步（Navigation Robot Setup[②]）以及关于 costmap_2d[③] 和 base_local_planner[④] 参数部分的 Wiki 页面。

8.1.2.1　base_local_planner_params.yaml

下面列举了 rbx1_nav/config/turtlebot 目录下的 base_local_planner_params.yaml 参数以及设定的值，TurtleBot 和 Pi Robot 在这样的设定下运行得相当好（在 ArbotiX 模拟器中很好地运行的数据可以在 rbx1_nav/config/fake 目录下找到）。

- controller_frequency：3.0 ——每多少秒我们需要更新一次路径规划？把这个值设得太高会使性能不足的 CPU 过载。对于一台普通的计算机来说，设定为 3 到 5 就可以运行得相当不错。
- max_vel_x：0.3 ——机器人的最大线速度，单位是米/秒。对于室内机器人来说 0.5 就已经很快了，所以保守地选择设为 0.3。
- min_vel_x：0.05 ——机器人的最小线速度。
- max_rotation_vel：1.0 ——机器人的最大旋转速度，单位是弧度/秒。不要把这个值设得太高，不然机器人会错过它的目标方向。
- min_in_place_vel_theta：0.5 ——机器人的最小原地旋转速度，单位是弧度/秒。
- escape_vel：-0.1 ——机器人逃离时的速度，单位是米/秒。请注意这个值必须设为负

---

① 地址：http://www.ros.org/doc/api/geometry_msgs/html/msg/PoseStamped.html。
② 地址：http://wiki.ros.org/navigation/Tutorials/RobotSetup。
③ 地址：http://wiki.ros.org/costmap_2d#Parameters。
④ 地址：http://wiki.ros.org/base_local_planner#Parameters。

数，这样机器人才能反向移动。
- acc_lim_x：2.5 ——在 x 方向上的最大线加速度。
- acc_lim_y：0.0 ——在 y 方向上的最大线加速度。对于差速驱动（非完整驱动）机器人，我们设为0，这样机器人就只能在 x 方向上线性运动（和旋转）了。
- acc_lim_theta：3.2 ——最大角加速度。
- holonomic_robot：false ——除非你有一个全方向驱动机器人，否则一律设为 false。
- yaw_goal_tolerance：0.1 ——至多距离目标方向的误差（单位为弧度）是多少？把这个值设得太小的话可能会导致机器人在目标附近徘徊。
- xy_goal_tolerance：0.1 ——至多距离目标位置的误差（单位为米）是多少？如果把值设得太小，你的机器人可能会不断地在目标位置附近作调整。注意：不要把最大误差设定得比地图的分辨率还小（下一部分会讲到），否则机器人会永不停息地在目标附近徘徊但永远到不了目标位置。
- pdist_scale：0.8 ——全局路径规划和到达目的位置之间的权重。这个参数比 gdist_scale 大时，机器人更倾向于考虑全局路径规划。
- gdist_scale：0.4 ——到达目的位置和全局路径规划之间的权重。这个参数比 pdist_scale 大时，机器人会更考虑到达目标位置，而不管这段路在全局路径规划中是否是必须的。
- occdist_scale：0.1 ——避开障碍物的权重。
- sim_time：规划时需要考虑未来多长时间（单位为秒）呢？这个参数和下一个参数（dwa）一起极大地影响机器人往目标移动的路径。
- dwa：true ——在模拟未来的轨迹时是否用动态窗口方法（Dynamic Window Approach）。参阅本地规划基础概述（Base Local Planner Overview[①]）获得更多细节。

8.1.2.2 costmap_common_params.yaml

这个文件中只有两个参数是需要你立刻为你的机器人调整的：
- robot_radius：0.165 ——对一个圆形的机器人来说，这是机器人的半径，单位是米；对一个非圆形的机器人来说，你可以用接下来说到的 footprint 参数。这里用到的值是 TurtleBot 的原始数据。
- footprint：[[x0,y0],[x1,y1],[x2,y2],[x3,y3],etc] ——在列表中的每一个坐标代表机器人的边上的一点，机器人的中心设为 [0,0]。测量单位是米。这在机器人周长上的点要不按照顺时针排列，要不按照逆时针排列。
- inflateon_radius：0.3 ——地图上的障碍物的半径，单位为米。如果你的机器人不能很好地通过窄门或其他狭窄的地方，则稍微减小这个值。相反的，如果机器人不断地撞到东西，则尝试增大这个值。

8.1.2.3 global_costmap_params.yaml

这个文件中有一些参数，你需要根据机器人 CPU 的计算能力和你的工作站与机器人之间的网络情况来实验得到。
- global_frame：/map ——对于全局代价地图，我们用 map 框架来作为 global 框架。
- robot_base_frame：/base_footprint ——这个通常不是/base_link 就是/base_footprint。对于 TurtleBot 应设为/base_footprint。
- update_frequency：1.0 ——根据传感器数据，全局地图更新的频率，单位为赫兹。这个数值越大，你的计算机的 CPU 负担会越重。特别对于全局地图，通常会设定一个相对较

[①] 地址：http://wiki.ros.org/base_local_planner#Overview。

小、在 1.0 到 5.0 之间的值。
- publish_frequency：0 ——对于静态的全局地图来说，不需要不断发布。
- static_map：true ——这个参数和下一个参数通常会设为相反的值。全局地图通常是静态的，因此我们通常会把这个参数设为 true。
- rolling_window：false ——当我们把这个参数设为 false 时，全局地图不会在机器人移动的时候更新。
- transform_tolerance：1.0 ——指定在 tf 树中框架之间的转换的最大延时，单位为秒。对于典型的工作站和机器人之间的无线网络来说，与 1.0 秒同一级别的都可以工作得很好。

8.1.2.4 local_costmap_params.yaml

有几个本地代价地图的参数需要考虑一下。
- global_frame：/odom ——对于本地代价地图来说，我们使用 odometry 框架来作为 global 框架。
- robot_base_frame：/base_footprint ——这个通常不是/base_link 就是/base_footprint。对于 TurtleBot 应设为/base_footprint。
- update_frequency：3.0 ——根据传感器数据，本地地图更新的频率，单位为次/秒。对于很慢的计算机，你可能需要减小这个值。
- publish_frequency：1.0 ——我们想更新已经发布出去的本地地图，所以我们会把这个值设为非零。一秒一次应该足够了，除非你的机器人要移动得更快。
- static_map：false ——这个参数和下一个参数通常会设为相反的值。当本地地图需要根据传感器数据动态更新的时候，我们通常会把这个参数设为 false。
- rolling_window：true ——下面的几个参数定义了本地地图更新用的滑动窗口。
- width：6.0 ——滑动地图的 x 维长度是多少米。
- height：6.0 ——滑动地图的 y 维长度是多少米。
- resolution：0.01 ——滑动地图的分辨率，单位为米。这个参数应该与 YAML 文件设置的地图分辨率匹配（在后续部分会解释）。
- transform_tolerance：1.0 ——指定在 tf 树框架之间的转换，或可能会暂时中止的地图绘制过程中两者的最大延时，单位为秒。在一台速度较快、直连到机器人的计算机上，把这个值设定为 1.0 就能很好地工作了。但是在通过无线网络连接的较慢计算机上，这个延时容忍参数需要增大。当容忍度太低的时候，你将会在屏幕上看到这样的信息：

[WARN] [1339438850.439571557]: Costmap2DROS transform timeout. Current time: 1339438850.4395, global_pose stamp: 1339438850.3107, tolerance: 0.0001

如果你正在一台计算机而不是在机器人的计算机上运行 move_base 节点，以上的警告信息也可能意味着工作站和机器人两台机器的时钟不同步。回忆一下之前在网络部分提及的，你可以用 ntpdate 命令去进行时钟同步。可以回头参考那一章的内容，或者参考 ROS Wiki 上网络起步（Network Setup[①]）页面。

8.2 在 ArbotiX 模拟器测试 move_base

move_base 节点需要一张周围环境的地图，但是当我们只是想去测试 move_base 的行为接口

---

① 地址：http://wiki.ros.org/Robots/TurtleBot/Network%20Setup。

时，这张地图只需要是一个空白的方框。在后面的部分我们会学习如何创建并使用真实的地图。rbx1_nav 包包含了一个叫 blank_map.pgm 的空白地图，它位于 maps 子目录并且对应的文件名为 blank_map.yaml。运行 move_base 节点和空白地图的启动文件是 launch 子目录下的 fake_move_base_blank_map.launch。现在让我们阅读一下这个文件：

```
<launch>
  <!-- Run the map server with a blank map -->
  <node name="map_server" pkg="map_server" type="map_server" args="$(find rbx1_nav)/maps/blank_map.yaml"/>

  <!-- Launch move_base and load all navigation parameters -->
  <include file="$(find rbx1_nav)/launch/fake_move_base.launch"/>

  <!-- Run a static transform between /odom and /map -->
  <node pkg="tf" type="static_transform_publisher" name="odom_map_broadcaster" args="0 0 0 0 0 0 /odom /map 100"/>
</launch>
```

启动文件里的注释可以帮助我们理解正在做什么。首先，我们使用空白地图运行 ROS 的 map_server 节点。请注意一张地图是在它的 .yaml 文件中被描述的，包括了地图的尺寸和分辨率。接着，我们引用 fake_move_base.launch 文件（后面有解释）启动 move_base 节点并载入所有在模拟器上运行正常所需要的配置参数。最后，由于我们使用的是空白地图并且我们的模拟机器人没有传感器，这个机器人不能够通过扫描数据来定位。相反的，我们只是用一个静态的变换把机器人的 odometry 框架和 map 框架绑定在一起，这本质上就是假设测量是完美的。

现在让我们看看 fake_move_base.launch 文件：

```
<launch>
  <node pkg="move_base" type="move_base" respawn="false" name="move_base" output="screen">
    <rosparam file="$(find rbx1_nav)/config/fake/costmap_common_params.yaml" command="load" ns="global_costmap" />
    <rosparam file="$(find rbx1_nav)/config/fake/costmap_common_params.yaml" command="load" ns="local_costmap" />
    <rosparam file="$(find rbx1_nav)/config/fake/local_costmap_params.yaml" command="load" />
    <rosparam file="$(find rbx1_nav)/config/fake/global_costmap_params.yaml" command="load" />
    <rosparam file="$(find rbx1_nav)/config/fake/base_local_planner_params.yaml" command="load" />
  </node>
</launch>
```

8 导航，路径规划和 SLAM

启动文件调用 rosparam 五次，载入我们先前提及的参数文件，并启动了 move_base 节点。载入 costmap_common_params.yaml 文件两次的目的是为了设置 global_costmap 和 local_costmap 两个命名空间中共有的参数。这个目标可以通过在每一行使用正确的"ns"属性来达到。

为了在模拟器上实验，首先要启动 ArbotiX 模拟器：

```
$ roslaunch rbx1_bringup fake_turtlebot.launch
```

（根据你想用的模拟机器人来修改命令）

执行以下命令，以空白地图启动 move_base 节点：

```
$ roslaunch rbx1_nav fake_move_base_blank_map.launch
```

你应该看到类似的一系列消息：

```
process[map_server-1]: started with pid [304]
process[move_base-2]: started with pid [319]
process[odom_map_broadcaster-3]: started with pid [334]
[ INFO] [1386339148.328543477]: Loading from pre-hydro parameter style
[ INFO] [1386339148.358918577]: Using plugin "static_layer"
[ INFO] [1386339148.465150309]: Requesting the map...
[ INFO] [1386339148.667043125]: Resizing costmap to 600 X 600 at 0.010000 m/pix
[ INFO] [1386339148.766803526]: Received a 600 X 600 map at 0.010000 m/pix
[ INFO] [1386339148.775537537]: Using plugin "obstacle_layer"
[ INFO] [1386339148.777476200]:     Subscribed to Topics:
[ INFO] [1386339148.792662154]: Using plugin "footprint_layer"
[ INFO] [1386339148.802180784]: Using plugin "inflation_layer"
[ INFO] [1386339149.014790405]: Loading from pre-hydro parameter style
[ INFO] [1386339149.033272052]: Using plugin "obstacle_layer"
[ INFO] [1386339149.136896985]:     Subscribed to Topics:
[ INFO] [1386339149.159491227]: Using plugin "footprint_layer"
[ INFO] [1386339149.167455772]: Using plugin "inflation_layer"
[ INFO] [1386339149.312802700]: Created local_planner base_local_planner/TrajectoryPlannerROS
[ INFO] [1386339149.333349679]: Sim period is set to 0.33
[ INFO] [1386339150.117016385]: odom received!
```

上面加粗了的那行说明了我们的参数文件并没有使用 Hydro 新的地图分层特性。由于我们现在并不十分需要分层的地图，我们可以用和 Groovy 上用的一样的地图，move_base 将会在向下兼容的模式下运行。

如果你尚未运行 RViz，用导航配置文件启动它：

```
$ rosrun rviz rviz -d `rospack find rbx1_nav`/nav.rviz
```

我们现在已经准备好用 move_base 行为而不是简单的 Twist 消息来控制机器人的运动了。我们让机器人向前移动 1.0 米来测试一下。由于我们的机器人在 /map 框架和 /base_frame 框架中都是在（0, 0, 0）坐标开始运动的，我们可以使用两者中任意一个去表示这个运动。然而，由于第一次运动不能让机器人准确地到达目标位置和方向，接下来的一系列基于 /base_link 的目标将会开始累积误差。因此，我们最好还是一直基于 /map 框架设定目标。参照先前列举的 move_base 目标消息的语法，我们要执行的命令是：

```
$ rostopic pub /move_base_simple/goal geometry_msgs/PoseStamped \'{ header: { frame_id: "map" }, pose: { position: { x: 1.0, y: 0, z: 0 }, orientation: { x: 0, y: 0, z: 0, w: 1 } } }'
```

你应该会看到在 RViz 中机器人向前移动了 1.0 米（在目标位置有一个绿色大箭头）。请注意在以上的命令中，方向是用一个四元数表示的，而（0, 0, 0, 1）表示一个单位旋转。

要使机器人回到开始位置，首先按下"Ctrl－C"停止上一个命令。接着发送在 map 框架下坐标（0, 0, 0），让机器人移动：

```
$ rostopic pub /move_base_simple/goal geometry_msgs/PoseStamped \'{ header: { frame_id: "map" }, pose: { position: { x: 0, y: 0, z: 0 }, orientation: { x: 0, y: 0, z: 0, w: 1 } } }'
```

执行命令后，RViz 中景象如图 8-1 所示。

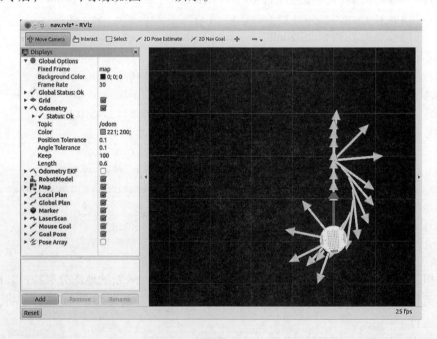

图 8-1

注意：机器人有可能在回去的时候向左转，而不如上图所示。这就犹如抛硬币，最后的方向取决于第一个目标的方位。

在机器人移动时，一条小绿线（当 Odometry 箭头显示的时候可能会看不见）表示的是机器人从开始位置到目标位置的全局路径规划。一条短一点的红线表示的是本地规划的轨迹，在机器人往目的地途中比前者更新频率更高。

使用 RViz 左边的 Displays 面板中的显示选项，可以关闭全局和本地规划路径的显示。你还可以对每一个显示选择恰当的值，让路径的颜色改变。为了更清楚地看见全局和本地路径，先关闭 Odometry 目的位置和鼠标位置的显示，然后重新启动上面两个 move_base 命令。

你将会注意到在本例子中，本地的轨迹是离一条直线全局路径相当远的弧线。部分的原因是这个地图里没有障碍物，因此选择了一条光滑的轨道。这也反映了我们对参数 pdist_scale（0.4），gdist_scale（0.8）和机器人的最大线速度（max_vel_x）的选择。为了让机器人更贴近全局路径，我们可以用 rqt_reconfigure 动态地增加 pdist_scale 参数（或减小 max_vel_x），而不需要重新启动所有正在运行的节点。

打开另外一个终端窗口，尝试启动 rqt_reconfigure：

```
$ rosrun rqt_reconfigure rqt_reconfigure
```

打开 move_base 组并选择 ROS 的 TrajectoryPlanner 节点，把 pdist_scale 参数设置为大一点的值如 2.5，并保持 gdist_scale 在 0.8。接着关闭 RViz 中的 Odometry 箭头（如果仍然在显示），重新运行两个 move_base 命令，看看效果。你应该可以看到现在机器人的路线更接近全局路径（绿色）。为了使轨迹更接近一些，可以通过把 max_vel_x 参数从 0.5 降低，如降低到 0.2，来降低机器人的速度。

8.2.1　在 RViz 通过点击导航

我们还可以用鼠标来指定目标方位。如果你是用上面提及的 nav.rviz 文件启动 RViz，你就已经可以这样做了。但如果你没有看到 RViz 屏幕右方的 Tool Properties 窗口，点击 Panels 菜单并选择 Tool Properties。这时将会有一个窗口弹出，如图 8-2 所示。

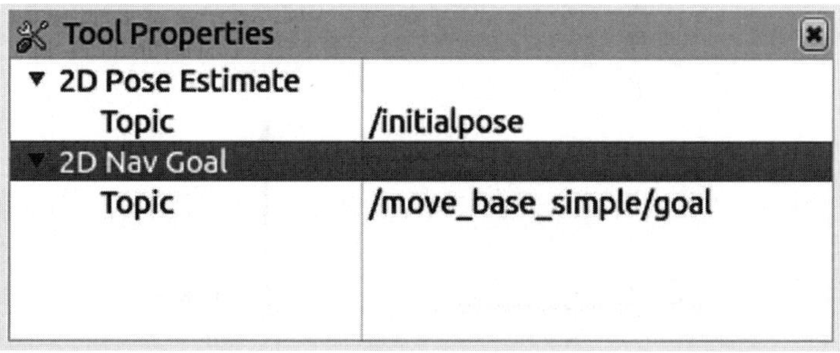

图 8-2

在 2D Nav Goal 分类下，话题在列表中的名称应该为 /move_base_simple/goal。如果不是，在对应项输入话题的名称。

如果你要作出一些改变，点击 RViz 里的 File 菜单并选择 Save Config。当你完成这步后，可以点击 Tool Properties 窗口右上方的 "×" 来关闭。

在这些准备工作完成后，就可以用鼠标来移动机器人了。点击 Reset 按钮来清除所有剩下的 odometry 箭头。接着在 RViz 窗口上方点击 2D Nav Goal 按钮。然后点击鼠标并拖动到网格中你想让机器人去的地方。如果你在按下鼠标后稍微移动一下，就会出现一个绿色的大箭头。旋转这个箭头来表示机器人的目标方向。现在松开鼠标，move_base 应该会开始指引机器人走向目标。尝试设置不同的目标，观察全局路径和本地路径的变化。正如之前的部分说的，你还可以启动 rqt_reconfigure 来改变 pdist_scale 参数和 gdist_scale 参数的相对关系或者 max_vel_x 来使本地路径和全局路径发生变化。

如果你看一下用来启动 RViz 的终端窗口，你会看到一系列 [INFO] 信息，输出了你用鼠标标定的方位（位置和方向）。你可以在地图上写下特定的一系列坐标，这些信息是很有用的，后面我们可以用它们来作为机器人的目标位置。

8.2.2　RViz 的导航显示类型

正如你在之前的 RViz 屏幕截图中看到的，我们使用的 nav.rviz 配置文件包含了很多用于导航的显示类型。除了 Odometry 和 Robot Model 显示外，还有 Map, Local Plan 和 Global Plan, Laser Scan, Inflated Obstacle, Goal Pose（包括用鼠标来设置目标）和 Markers（我们稍后会在讨论定位时谈到 Pose Array）。

完整的在 ROS 用到的显示类型列表可以在 ROS 的 Wiki 上的指南中找到，名称为用导航栈启动 rviz（Using rviz with the Navigation Stack[①]）。这个指南包含了一个很好的视频，如果你是一个 RViz 或者 ROS 导航的新手，那就必须看一看。注意，在本书写作的时候，视频用的 RViz 是 Hydro 的早期版本，所以看上去会有一些不同。

8.2.3　用 move_base 导航走正方形

现在我们可以用 move_base 而不是简单的 Twist 消息来让机器人走正方形。在节点的子目录下的 move_base_square.py 脚本就是做这个工作。这个脚本简单地让机器人走到四个目标方位，每个目标方位就是正方形的一个角。图 8-3 是用箭头表示四个目标方位。

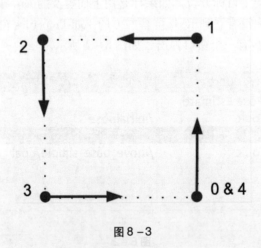

图 8-3

请记住，ROS 中"方位"指的是位置和方向。

为了确保我们有一个清空了的背景，通过按下"Ctrl-C"来终止之前在所有终端窗口运行的启动文件。然后像以往一样启动模拟的 TurtleBot 和 move_base 节点：

```
$ roslaunch rbx1_bringup fake_turtlebot.launch
```

---

① 地址：http://wiki.ros.org/navigation/Tutorials/Using%20rviz%20with%20the%20Navigation%20Stack。

在另一个终端中：

```
$ roslaunch rbx1_nav fake_move_base_blank_map.launch
```

确保你是用 nav.rviz 配置文件启动 RViz：

```
$ rosrun rviz rviz -d `rospack find rbx1_nav`/nav.rviz
```

如果你已经运行了 RViz，点击 Reset 清除所有剩下的 Odometry 箭头。

最后，运行 move_base_square.py 脚本：

```
$ rosrun rbx1_nav move_base_square.py
```

当脚本执行完时，在 RViz 中的景象如图 8-4 所示。

那个小正方形表示我们想经过的四个角（图中第一个正方形被隐藏在机器人下面了）。如你所见，正方形轨迹并不算太差，虽然我们只指定了四个顶点的方位。通过调整本地路径规划参数，或者设定除了四个角之外的中间目标，都可以使轨迹更完美。但 move_base 的目的并不是跟随一条精确的路径，而是到达任意目的地的同时避开障碍物，从而它可以使机器人在房子或者办公室运动得很好且不撞上东西，这些我们都将会在下一部分看到。

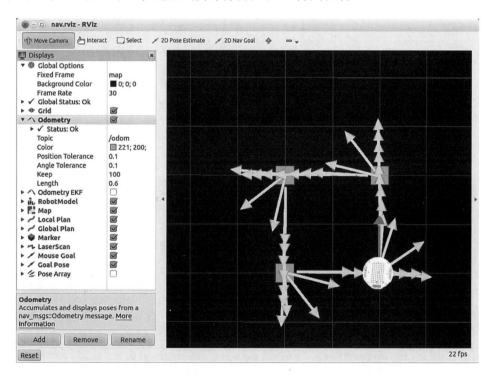

图 8-4

现在我们来看一下代码（代码连接：move_base_square.py[1]）：

```python
95. #!/usr/bin/env python
96.
97. import rospy
98. import actionlib
99. from actionlib_msgs.msg import *
100. from geometry_msgs.msg import Pose, Point, Quaternion, Twist
101. from move_base_msgs.msg import MoveBaseAction, MoveBaseGoal
102. from tf.transformations import quaternion_from_euler
103. from visualization_msgs.msg import Marker
104. from math import radians, pi

106. class MoveBaseSquare():
107.     def __init__(self):
108.         rospy.init_node('nav_test', anonymous=False)
109.
110.         rospy.on_shutdown(self.shutdown)
111.
112.         # How big is the square we want the robot to navigate?
113.         square_size = rospy.get_param("~square_size", 1.0) # meters
114.
115.         # Create a list to hold the target quaternions (orientations)
116.         quaternions = list()
117.
118.         # First define the corner orientations as Euler angles
119.         euler_angles = (pi/2, pi, 3*pi/2, 0)
120.
121.         # Then convert the angles to quaternions
122.         for angle in euler_angles:
123.             q_angle = quaternion_from_euler(0, 0, angle, axes='sxyz')
124.             q = Quaternion(*q_angle)
125.             quaternions.append(q)
126.
127.         # Create a list to hold the waypoint poses
128.         waypoints = list()
129.
130.         # Append each of the four waypoints to the list. Each waypoint
131.         # is a pose consisting of a position and orientation in the map frame.
132.         waypoints.append(Pose(Point(square_size, 0.0, 0.0), quaternions[0]))
133.         waypoints.append(Pose(Point(square_size, square_size, 0.0), quaternions[1]))
```

---

[1] 地址：https://github.com/pirobot/rbx1/blob/hydro-devel/rbx1_nav/nodes/move_base_square.py。

```
134.        waypoints.append(Pose(Point(0.0, square_size, 0.0), quaternions[2]))
135.        waypoints.append(Pose(Point(0.0, 0.0, 0.0), quaternions[3]))
136.
137.        # Initialize the visualization markers for RViz
138.        self.init_markers()
139.
140.        # Set a visualization marker at each waypoint
141.        for waypoint in waypoints:
142.            p = Point()
143.            p = waypoint.position
144.            self.markers.points.append(p)
145.
146.        # Publisher to manually control the robot (e.g. to stop it)
147.        self.cmd_vel_pub = rospy.Publisher('cmd_vel', Twist)
148.
149.        # Subscribe to the move_base action server
150.        self.move_base = actionlib.SimpleActionClient("move_base", MoveBaseAction)
151.
152.        rospy.loginfo("Waiting for move_base action server...")
153.
154.        # Wait 60 seconds for the action server to become available
155.        self.move_base.wait_for_server(rospy.Duration(60))
156.
157.        rospy.loginfo("Connected to move base server")
158.        rospy.loginfo("Starting navigation test")
159.
160.        # Initialize a counter to track waypoints
161.        i = 0
162.
163.        # Cycle through the four waypoints
164.        while i < 4 and not rospy.is_shutdown():
165.            # Update the marker display
166.            self.marker_pub.publish(self.markers)
167.
168.            # Initialize the waypoint goal
169.            goal = MoveBaseGoal()
170.
171.            # Use the map frame to define goal poses
172.            goal.target_pose.header.frame_id = 'map'
173.
174.            # Set the time stamp to "now"
175.            goal.target_pose.header.stamp = rospy.Time.now()
176.
177.            # Set the goal pose to the i-th waypoint
178.            goal.target_pose.pose = waypoints[i]
```

```python
179.
180.            # Start the robot moving toward the goal
181.            self.move(goal)
182.
183.            i += 1
184.
185.    def move(self, goal):
186.        # Send the goal pose to the MoveBaseAction server
187.        self.move_base.send_goal(goal)
188.
189.        # Allow 1 minute to get there
190.        finished_within_time = self.move_base.wait_for_result(rospy.Duration(60))
191.
192.        # If we don't get there in time, abort the goal
193.        if not finished_within_time:
194.            self.move_base.cancel_goal()
195.            rospy.loginfo("Timed out achieving goal")
196.        else:
197.            # We made it!
198.            state = self.move_base.get_state()
199.            if state == GoalStatus.SUCCEEDED:
200.                rospy.loginfo("Goal succeeded!")
201.
202.    def init_markers(self):
203.        # Set up our waypoint markers
204.        marker_scale = 0.15
205.        marker_lifetime = 0 # 0 is forever
206.        marker_ns = 'waypoints'
207.        marker_id = 0
208.        marker_color = {'r': 1.0, 'g': 0.0, 'b': 0.0, 'a': 1.0}
209.
210.        # Define a marker publisher.
211.        self.marker_pub = rospy.Publisher('waypoint_markers', Marker)
212.
213.        # Initialize the marker points list.
214.        self.markers = Marker()
215.        self.markers.ns = marker_ns
216.        self.markers.id = marker_id
217.        self.markers.type = Marker.CUBE_LIST
218.        self.markers.action = Marker.ADD
219.        self.markers.lifetime = rospy.Duration(marker_lifetime)
220.        self.markers.scale.x = marker_scale
221.        self.markers.scale.y = marker_scale
222.        self.markers.color.r = marker_color['r']
223.        self.markers.color.g = marker_color['g']
```

```
224.        self.markers.color.b = marker_color['b']
225.        self.markers.color.a = marker_color['a']
226.
227.        self.markers.header.frame_id = 'map'
228.        self.markers.header.stamp = rospy.Time.now()
229.        self.markers.points = list()

231.    def shutdown(self):
232.        rospy.loginfo("Stopping the robot...")
233.        # Cancel any active goals
234.        self.move_base.cancel_goal()
235.        rospy.sleep(2)
236.        # Stop the robot
237.        self.cmd_vel_pub.publish(Twist())
238.        rospy.sleep(1)

240. if __name__ == '__main__':
241.    try:
242.        MoveBaseSquare()
243.    except rospy.ROSInterruptException:
244.        rospy.loginfo("Navigation test finished.")
```

现在我们来看一下脚本的关键几行。

```
1.      # First define the corner orientations as Euler angles
2.      euler_angles = (pi/2, pi, 3*pi/2, 0)
3.
4.      # Then convert the angles to quaternions
5.      for angle in euler_angles:
6.          q_angle = quaternion_from_euler(0, 0, angle, axes='sxyz')
7.          q = Quaternion(*q_angle)
8.          quaternions.append(q)
```

这里我们定义了在正方形四个角的目标方向，先用在地图上容易可视化的欧拉角表示，然后转换成四元数。

```
1.      waypoints.append(Pose(Point(square_size, 0.0, 0.0), quaternions[0]))
2.      waypoints.append(Pose(Point(square_size, square_size, 0.0), quaternions[1]))
3.      waypoints.append(Pose(Point(0.0, square_size, 0.0), quaternions[2]))
4.      waypoints.append(Pose(Point(0.0, 0.0, 0.0), quaternions[3]))
```

接着我们组合了四个角的坐标和方向，创建了四个目标方位。

```
1.    # Initialize the visualization markers for RViz
2.    self.init_markers()
3.
4.    # Set a visualization marker at each waypoint
5.    for waypoint in waypoints:
6.        p = Point()
7.        p = waypoint.position
8.        self.markers.points.append(p)
```

在 RViz 设置可视的标识是本卷没有覆盖到的内容,但是这是相当简单明了的,而且在很多指南[①]中也能找到。这个脚本在每个目标角上放置了一个红色正方形,在脚本结尾定义的 self. init_markers () 函数设定了标识的形状、大小和颜色。我们接着就要把四个标识加入一个以后会用到的列表里。

```
1.    self.move_base = actionlib.SimpleActionClient("move_base", MoveBaseAction)
```

这里我们定义了 SimpleActionClient,它将会发送目标到 move_base 行为服务器。

```
1.    self.move_base.wait_for_server(rospy.Duration(60))
```

在开始发送目标前,我们要等到 move_base 行为服务器可用。我们在判定超时前会等待 60 秒。

```
1.    # Cycle through each waypoint
2.    while i < 4 and not rospy.is_shutdown():
3.        # Update the marker display
4.        self.marker_pub.publish(self.markers)
5.
6.        # Initialize the waypoint goal
7.        goal = MoveBaseGoal()
8.
9.        # Use the map frame to define goal poses
10.       goal.target_pose.header.frame_id = 'map'
11.
12.       # Set the time stamp to "now"
13.       goal.target_pose.header.stamp = rospy.Time.now()
14.
15.       # Set the goal pose to the i-th waypoint
16.       goal.target_pose.pose = waypoints[i]
17.
```

---

① 地址:http://wiki.ros.org/rviz/Tutorials。

```
18.         # Start the robot moving toward the goal
19.         self.move(goal)
20.
21.         i += 1
```

我们接着进入主循环，循环到达四个目标点。首先，我们发布表示四个目标方位的标识（这在每次循环中都要做到，使得它们在机器人移动过程中一直可视）。接着，我们把 goal 变量初始化为一个 MoveBaseGoal 行为类型。然后我们把目标 frame_id 设为 map 框架，把时间戳设为当前时间。最后，我们把目标方位设为当前的方位，并把目标发送给 move_base 行为服务器，这里用的是接下来会讲到的辅助函数 move ()。

```
1.  def move(self, goal):
2.      # Send the goal pose to the MoveBaseAction server
3.      self.move_base.send_goal(goal)
4.
5.      # Allow 1 minute to get there
6.      finished_within_time = self.move_base.wait_for_result(rospy.Duration(60))
7.
8.      # If we don't get there in time, abort the goal
9.      if not finished_within_time:
10.         self.move_base.cancel_goal()
11.         rospy.loginfo("Timed out achieving goal")
12.     else:
13.         # We made it!
14.         state = self.move_base.get_state()
15.         if state == GoalStatus.SUCCEEDED:
16.             rospy.loginfo("Goal succeeded!")
```

辅助函数 move () 把一个目标作为输入，并把它发送到 MoveBaseAction 服务器，接着用 60 秒等待机器人到达那里。一个成功或失败信息将会在屏幕上显示。请注意，比起先前的 nav_square.py 脚本直接使用 Twist 消息，用这个方法编程简单很多。特别是我们不再需要直接监听测量数据了，因为 move_base 行为服务器为我们接管了这件事情。

8.2.4 避开模拟障碍物

move_base 的一个更强大的功能是避开障碍物并到达目的地。障碍物可以是当前地图上固定的一部分（比如说一堵墙），也可以是动态出现的，例如有人在机器人前面行走。基本的本地路径规划会实时重新计算使机器人远离这些物体且到达它的目的地。

为了展示这个过程，我们会载入一张有一对障碍物在机器人前进的路上的地图。接着我们会重新运行 move_base_square.py 脚本去看本地的路径规划能不能找到一条路绕过障碍物并让机器人到达四个目的地点。

首先在对应的窗口按下"Ctrl－C"来停止所有正在运行的模拟机器人和先前的 fake_move_base_blank_map.launch 文件。接着执行以下命令：

```
$ roslaunch rbx1_bringup fake_turtlebot.launch
```

然后是:

```
$ rosparam delete /move_base
```

和:

```
$ roslaunch rbx1_nav fake_move_base_map_with_obstacles.launch
```

第一个命令清除了所有现有的 move_base 参数,这个做法比停止并重启 roscore 要温和一些。而第二个命令连同一张地图和一对在地图中心附近的障碍物启动了 move_base 节点。

如果你正在运行 RViz,关闭它并重新在 nav_obstacles.rviz 配置文件下启动:

```
$ rosrun rviz rviz -d `rospack find rbx1_nav`/nav_obstacles.rviz
```

当 move_base 节点正在运行时,你可以看到 RViz 中的障碍物,点击 Reset 按钮刷新显示,然后执行 move_base_square.py 脚本:

```
$ rosrun rbx1_nav move_base_square.py
```

当脚本执行完成后,在 RViz 中的景象如图 8-5 所示。

障碍物是用水平的黄色长条表示,而在障碍物周围用多种颜色表示的椭圆形区域则是膨胀半径(0.3 米),作为安全的缓冲区。如你所见,模拟的机器人毫无难度地到达目的地并避开了障碍物。更好的是,在正方形沿路第三个角的地方(左下角),底座的本地路径规划选择了在两个障碍物之间的道路,这条路比在外边绕路要短。

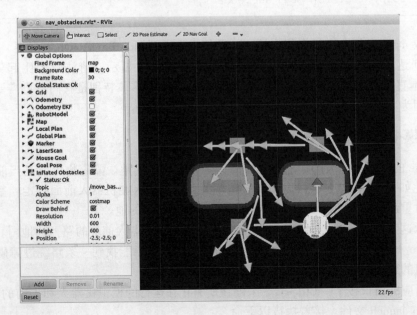

图 8-5

在模拟的过程中,你会注意到一条绿色细线,它表示的是为了到达下一个目的地的全局路径规划。而在机器人前面短一点的红线是本地路径规划的路线,它可以更快地适应局部的条件。由于我们没有模拟任何传感器,实际上机器人就像是盲走的,只依赖静态地图和它的(模拟的)测量数据。

为了让机器人绕过这些位置接近的障碍物,我们需要改变几个在使用空白地图时的导航参数。当你看 rbx1_nav/launch 目录下的 fake_move_base_map_with_obstacles.launch 文件时,你会发现它启动 move_base 节点时引用了另外一个启动文件 fake_move_base_obstacles.launch。这个文件基本上和我们在前面的部分用到的 fake_move_base.launch 一样,除了加了一行来重写几个导航参数。这个启动文件如下:

```
<launch>
  <node pkg="move_base" type="move_base" respawn="false" name="move_base" output="screen">
    <rosparam file="$(find rbx1_nav)/config/fake/costmap_common_params.yaml" command="load" ns="global_costmap" />
    <rosparam file="$(find rbx1_nav)/config/fake/costmap_common_params.yaml" command="load" ns="local_costmap" />
    <rosparam file="$(find rbx1_nav)/config/fake/local_costmap_params.yaml" command="load" />
    <rosparam file="$(find rbx1_nav)/config/fake/global_costmap_params.yaml" command="load" />
    <rosparam file="$(find rbx1_nav)/config/fake/base_local_planner_params.yaml" command="load" />
    **<rosparam file="$(find rbx1_nav)/config/nav_obstacles_params.yaml" command="load" />**
  </node>
</launch>
```

关键的行已经加粗了,启动文件读入了 nav_obstacles_params.yaml 文件中的参数。而这个文件则如下:

```
TrajectoryPlannerROS:
    max_vel_x: 0.3
    pdist_scale: 0.8
    gdist_scale: 0.4
```

如你所见,这个文件包含了一些我们在 base_local_planner_params.yaml 文件中用到的参数,但改变这些参数设定来更好地避开障碍物。特别是我们把最大速度从 0.5m/s 降到 0.3m/s,并且在原来保持 pdist_scale 和 gdist_scale 之间的比例关系的基础上,增加更多的权重给规划好的道路。我们本可以简单地创建一个全新的 base_local_planner_params.yaml 文件,并作几个修改,但现在的做法在主文件中保留大部分参数的值,而只需要按照需求重写一小段参数设置。

8.2.5 在显示障碍物时手动设置导航目标

现在,在有障碍物的情况下,你还是可以像我们之前那样用鼠标设定导航目标。首先点击在

RViz 窗口上方的 2D Nav Goal 按钮，接着点击地图上某个位置，就像以前那样操作。如果把目标位置设定在障碍物里或者离障碍物很近，底座本地路径规划则会停止到达那个地方的尝试（一个终止信息也会在你启动 fake_move_base_map_with_obstacles.launch 文件的终端窗口出现）。就像平常一样，当你想清除屏幕上的标识时，点击 Reset 按钮。

8.3 在现实的机器人上运行 move_base

如果你有一个兼容 ROS 的机器人，并且它有移动底座，你就可以尝试在现实世界运行 move_base_square.py 脚本。如果你用的是原版的 TurtleBot（使用 iRobot Create 底座），你大概可以避免去设置 rbx1_nav/config/turtletbot 目录下的 move_base 配置了。否则，你可能需要修改几个参数来更好地匹配你的机器人。阅读 ROS Wiki 上的导航调节指南（Navigation Tuning Guide[①]），那是对调节导航参数的很好的介绍。

8.3.1 没有障碍物的情况下测试 move_base

为了确保我们在全新的环境下进行，按下"Ctrl – C"来终止所有正在运行的 ROS 启动文件或者节点，包括 roscore。然后重新启动 roscore 并让你的机器人准备好。

确保你的机器人有足够的空间去沿着正方形行走（如果你喜欢，你可以在脚本中把边长改短）。当你准备好时，启动必要的启动文件去连接你的机器人。对于原版的 TurtleBot（使用 iRobot Create 底座）运行：

```
$ roslaunch rbx1_bringup turtlebot_minimal_create.launch
```

（或者用你自己的启动文件，如果你创建了一个新的文件来存储你自己的校准参数）

如果你正在使用 TurtleBot，你可能还需要运行 odom_ekf.py 脚本来使你可以在 RViz 中看到 TurtleBot 合并的 odometry 框架。如果你用的不是 TurtleBot 可以略过这步。这个启动文件应该要在 TurtleBot 的计算机上运行：

```
$ roslaunch rbx1_bringup odom_ekf.launch
```

接着，启动带空白地图的 move_base 节点。注意：这个启动文件和我们用来启动模拟机器人的那个启动文件是不同的文件。这个特定的启动文件载入一组导航参数，这些参数在原版的 TurtleBot 上运作得相当好。

```
$ roslaunch rbx1_nav tb_move_base_blank_map.launch
```

现在在你的工作站用 nav 配置文件启动 RViz。你大概会想在自己的计算机而不是 TurtleBot 的计算机上运行它：

[①] 地址：http://wiki.ros.org/navigation/Tutorials/Navigation%20Tuning%20Guide。

```
$ rosrun rviz rviz -d `rospack find rbx1_nav`/nav.rviz
```

最后，运行 move_base_square.py 脚本。你可以在机器人的计算机或你自己的计算机上运行：

```
$ rosrun rbx1_nav move_base_square.py
```

如果一切正常，你的机器人应该会从正方形的一个角走到另一个角，直到它回到开始位置然后停下来。

图 8-6 显示了我自己的 TurtleBot 在地毯上运行时的结果。

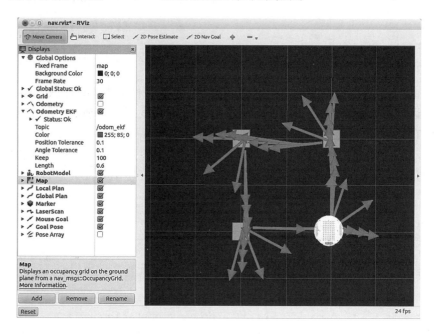

图 8-6

在现实世界中，机器人从开始位置走了 27cm 并大概有 5 度的偏差。

8.3.2 把深度摄像头作为模拟激光避开障碍物

我们最后一个测试是用深度摄像头，如 Kinect 或 Xtion Pro，模仿激光扫描仪来检测障碍物，从而使 move_base 在指引机器人到达目的地时规划一条绕开它们的路径。如果你看了 rbx1_nav/config/turtletbot 目录下的 costmap_common_params 参数文件，你会发现下面两行：

```
observation_sources: scan
  scan: {data_type: LaserScan, topic: /scan, marking: true, clearing: true, expected_update_rate: 0}
```

第一行告诉底座的本地路径规划去从一个叫 "scan" 的源获取传感器数据，而第二行说明源 "scan" 是 LaserScan 类型的，并且它在/scan 话题上发布数据。设定 marking 和 clearing 为 true，说明当机器人在附近移动时，激光数据可以用来把本地代价地图上的区域标记成被占据或者空白。

而 expected_update_rate 决定了我们应该多久从扫描仪读一次数据。当值为 0 时则允许读取间隔为无限长，且无论在有或者没有激活的激光扫描仪的情况下，都允许我们使用导航栈。然而，如果你用一个这里描述的激光扫描仪或模拟激光来操作你的机器人，最好是把这个值设为一些如0.3 的值，使导航栈在激光扫描仪停止时会停止机器人。

如果你使用的是原版的 TurtleBot，可跟随以下步骤操作。如果你没有正在运行的机器人组件，则启动它们：

```
$ roslaunch rbx1_bringup turtlebot_minimal_create.launch
```

（或者用你自己的启动文件，如果你创建了一个新的文件来存储你自己的校准参数）

确保你的 Kinect 或 Xtion 通过 USB 连接到了机器人，接着登录到 TurtleBot 的计算机并执行：

```
$ roslaunch rbx1_bringup fake_laser.launch
```

首先 fake_laser.launch 文件会执行 openni_driver.launch 文件来为 Kinect 或 Asus 摄像头启动组件。接着它会运行一个 depthimage_to_laserscan[1] 节点来把深度图像转换成等价的激光扫描消息，这个消息会发布到 /scan 话题。

接着，启动 TurtleBot 带有空白地图的 move_base 节点。注意：这个启动文件和我们用来启动模拟机器人的是不同的。这个特定的文件载入一组导航参数，使 TurtleBot 运行得相当好。

```
$ roslaunch rbx1_nav tb_move_base_blank_map.launch
```

如果你已经运行了 RViz，关闭它并用 nav_obstacles.rviz 配置文件重启：

```
$ rosrun rviz rviz -d `rospack find rbx1_nav`/nav_obstacles.rviz
```

假设至少一个物体在摄像头的范围内，你可以看到激光扫描仪出现在 RViz 中。我们在 RViz 用的配置文件（nav_obstacles.rviz）包含了 Laser Scan 显示，它默认设置在 /scan 话题。你可以通过向下滚动 RViz 左边的 Displays 面板来验证。在激光扫描仪周围的浅蓝色部分是因为 Inflated Obstacles 显示，它订阅了 /move_base/local_costmap/costmap 话题并反映我们在 common_costmap_params.yaml 设置的膨胀半径参数来在障碍物周围提供安全缓冲区。

我们现在可以去测试机器人怎样在移动到目的地途中避开障碍物了。选择一个离机器人几米的点，并如我们先前做的那样，用鼠标在 RViz 设定 2D Nav Goal。当机器人移向目标时，你走到机器人正在走的路上的前方几英尺处。当你进入（模拟的）激光扫描仪的视角，机器人就会转向并绕过你，然后继续往目标位置走去。

根据你的机器人的电脑速度的不同，机器人可能会离你的脚相当近，即使膨胀半径为 0.5。有两个可能的原因造成这个结果。其一是 Kinect 或 Xtion 摄像头的视角太窄——大约 57 度。因此当机器人开始绕过障碍物时，物体迅速地脱离视线，路径规划就会开始重新向目标走去。其二，RGB-D 摄像头对 50cm（大约 2 英尺）以内的物体是无法看见的。这意味着即便障碍物在

---

[1] 地址：http://wiki.ros.org/depthimage_to_laserscan。

机器人正前方，也可能完全不被看到。一个现实的激光扫描仪，如 Hokuyo 或在 Neato XV-11 上用的那个，是有着更广的视角（240 度～360 度）并且可以感应到几厘米内的物体。

8.4 用 gmapping 包创建地图

既然知道如何使用 move_base 了，我们就可以用机器人所在环境的真实地图来替换掉空白地图了。在 ROS 中，地图只是一张位图，用来表示网格被占据的情况，其中白色像素点代表没有被占据的网格，黑色像素点代表障碍物，而灰色像素点代表"未知"。因此你可以用任意的图像处理程序，自己画一张地图，或者使用别人创建好的地图。然而，如果你的机器人配有激光扫描仪和深度摄像头，那么它可以在目标的范围行动时创建自己的地图。如果你的机器人没有这些硬件，你可以用在 rbx1_nav/maps 中的测试地图。在这种情况下，你可能想略过本部分，直接阅读下一章关于用已有的地图进行定位的内容。

ROS 的 gmapping[①] 包包含了 slam_gmapping 节点，这个节点会把从激光扫描仪和测量中得到的数据整合到一张 occupancy map 中。常用的策略是首先通过遥控让机器人在一个区域内活动，同时让它记录激光和测量数据到 rosbag[②] 文件中。然后我们运行 slam_gmapping 节点，利用记录的数据生成一张地图。首先记录数据的好处是，你可以生成任意拥有相同数据的测试地图供以后不同参数的 gmapping 使用。事实上由于我们不再要求机器人在固定的某一点了，你可以在任何地方进行这个测试，只要你有一台装有 ROS 和 rosbag 数据的计算机。

我们轮流执行这些步骤。

8.4.1 激光扫描仪和深度摄像头哪个更好呢？

为了使用 gmapping 包，我们的机器人需要一个激光扫描仪或者深度摄像头，如 Kinect 或 Xtion。如果你有一个激光扫描仪，你需要 ROS 的激光驱动程序，使用以下命令安装它：

```
$ sudo apt-get install ros-hydro-laser-*
```

在这种情况下，你的机器人的启动文件需要为你特定的扫描仪启动驱动节点。比如 Pi Robot 使用一个 Hokuyo 激光扫描仪和对应的启动文件，启动文件如下：

```
<launch>
  <node name="hokuyo" pkg="hokuyo_node" type="hokuyo_node">
    <param name="min_ang" value="-1.7"/>
    <param name="max_ang" value="1.7"/>
    <param name="hokuyo_node/calibrate_time" value="true"/>
    <param name="frame_id" value="/base_laser"/>
  </node>
</launch>
```

---

① 地址：http://ros.org/wiki/gmapping。
② 地址：http://wiki.ros.org/rosbag。

你可以在 rbx1_bringup/launch 子目录找到这个 hokuyo. launch 文件。

如果你没有激光扫描仪，但有深度摄像头，如 Kinect 或 Xtion，那么可以用在 rbx1_bringup 包里的"模拟激光扫描仪"。想知道它是怎么运作的，执行以下命令看一下 fake_laser. launch 文件：

```
$ roscd rbx1_bringup/launch
$ cat fake_laser.launch
```

以下是输出的结果：

```xml
<launch>
  <!-- Launch the OpenNI drivers -->
  <include file="$(find rbx1_bringup)/launch/openni_driver.launch" />

  <!-- Run the depthimage_to_laserscan node -->
  <node pkg="depthimage_to_laserscan" type="depthimage_to_laserscan" name="depthimage_to_laserscan" output="screen">
    <remap from="image" to="/camera/depth/image_raw" />
    <remap from="camera_info" to="/camera/depth/camera_info" />
    <remap from="scan" to="/scan" />
  </node>

</launch>
```

文件 fake_laser. launch 开始是引用 rbx1_bringup/openni_driver. launch 文件来启动 Kinect 或 Asus 摄像头的驱动程序。接着它运行一个 depthimage_to_laserscan[①] 节点去把深度图像转换成等价的激光扫描信息。这个模拟的扫描仪唯一的不同就是它的视野很窄，就是 Kinect 或 Xtion 的视野宽度，大约 57 度。一个典型的激光扫描仪的视野宽度大于等于 240 度。然而，模拟的扫描仪足够用来创建相当好的地图了。

要在原版的 TurtleBot 上实验，登录到机器人的计算机上并运行：

```
$ roslaunch rbx1_bringup turtlebot_minimal_create.launch
```

接着打开另外一个终端窗口并登录到 TurtleBot 的计算机上（或者连接着深度摄像头的计算机），运行命令：

```
$ roslaunch rbx1_bringup fake_laser.launch
```

回到你的工作站，在 fake_laser 配置文件的作用下运行 RViz：

---

① 地址：http://wiki. ros. org/depthimage_to_laserscan。

```
$ rosrun rviz rviz -d `rospack find rbx1_nav`/fake_laser.rviz
```

如果一切运行正常,你应该能在 RViz 看见如图 8-7 类似的景象。

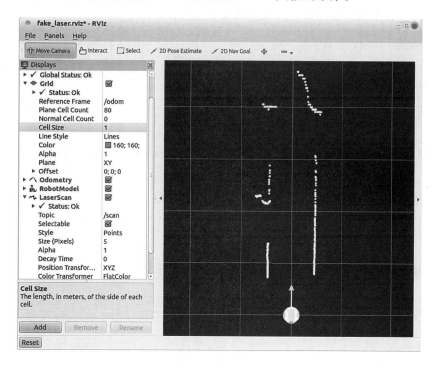

图 8-7

截取这个截屏的时候,机器人正在走廊运动,左边、右前方和走廊的尽头是开着的门,而左前方是另一条走廊。网格线在 1 米以外。请注意我们在 Laser Scan Display 订阅了/scan 话题。如果你没有看到扫描点,点击 Topic 按钮,并检查扫描信息是否已经发布到你的工作站,并且是可视的。

8.4.2 收集并记录扫描数据

不管是使用激光扫描仪还是使用深度摄像头,收集扫描数据的策略是相同的。首先,我们运行用来控制机器人移动底座的启动文件。接着,我们启动激光扫描仪或模拟激光扫描仪的驱动程序,并运行遥控节点,这样我们就可以遥控机器人了。最后,我们开始把数据记录到一个 ROS 的 bag 文件中,并驱使机器人在目标区域附近活动。

如果你有一个 TurtleBot,你可以简单地照着官方基于 TurtleBot 的 gmapping 指南(TurtleBot gmapping Tutorial[①])进行操作。然而,你如果需要更多的细节,也可以参照这里的指南。

从初始状态的 ROS 环境中开始大概是一个好主意。因此,请终止所有正在运行的启动文件,包括 roscore。接着重新启动 roscore 并按照接下来的步骤执行。这些指令应该能在使用 iRobot Create 底座的原版 TurtleBot 上正常工作。

登录到 TurtleBot 的计算机上并运行:

---

① 地址:http://ros.org/wiki/turtlebot_navigation/Tutorials/Build%20a%20map%20with%20SLAM。

```
$ roslaunch rbx1_bringup turtlebot_minimal_create.launch
```

如果你有一个自己的机器人，则在上述命令中替换恰当的启动文件。

接着，用另外一个终端窗口登录到 TurtleBot 并运行以下命令：

```
$ roslaunch rbx1_bringup fake_laser.launch
```

（如果你有一个现实的激光扫描仪，你可以运行它自己的启动文件，而不是模拟激光扫描仪的启动文件）

接着，运行 gmapping_demo.launch 启动文件。你可以在你的工作站或者机器人的计算机上运行这个文件：

```
$ roslaunch rbx1_nav gmapping_demo.launch
```

接着引用 gmapping 配置文件，运行 RViz：

```
$ rosrun rviz rviz -d `rospack find rbx1_nav`/gmapping.rviz
```

然后，根据你的硬件，为键盘或操纵杆启动一个遥控节点：

```
$ roslaunch rbx1_nav keyboard_teleop.launch
```

或：

```
$ roslaunch rbx1_nav joystick_teleop.launch
```

操纵杆（如果你有一个无线游戏控制器，也可以是接收器）可以连接到机器人的计算机或者你的工作站计算机上。但请记住，joystick_teleop.launch 文件需要在同一台计算机上运行。

尝试用键盘或者操纵杆使机器人移动，来测试与机器人的连接是否成功。当机器人移动时，在 RViz 中的扫描点会反映出机器人附近环境的变化（记得重复检查 Fixed Frame 已经通过 Global Options 被设定在 odom 框架了）。

最后的步骤就是开始把数据记录到一个包文件中。你可以选择任何你喜欢的地方创建这个文件，但是在 rbx1_nav 包中有一个叫 bag_files 的文件夹是专门为这个目的而设的，如果你想使用这个文件夹，运行：

```
$ roscd rbx1_nav/bag_files
```

现在执行记录的进程：

```
$ rosbag record -O my_scan_data /scan /tf
```

这里的"my_scan_data"可以是任意你喜欢的文件名。唯一需要我们记录的数据是激光扫描仪数据和 tf 转换（tf 转换树提供了我们需要的测量数据，包括从/odom 框架到/base_link 或/base_footprint 框架的转换）。

你现在已经准备好让你的机器人在你希望建模的区域进行运动了。请确保机器人移动特别是旋转的时候足够缓慢。与墙壁和家居保持相对的接近，这样可以保证总有一些物体在扫描仪的探测范围内。最后，计划好让机器人走一个闭合的回路，并在再次通过开始位置后继续往前走几米，确保扫描数据的开头和结尾有充分的重合。

8.4.3 创建地图

当你要求机器人进行的移动完成后，在 rosbag 终端窗口按下"Ctrl – C"停止记录进程。然后如下保存当前地图：

```
$ roscd rbx1_nav/maps
```

```
$ rosrun map_server map_saver -f my_map
```

这里的"my_map"可以是任意你喜欢的名字。这个命令会把生成的地图以你在命令中指定的名字保存到当前的目录下。如果你查看 rbx1_nav/maps 目录下的内容，你会看到两个新文件：地图图片 my_map.pgm 和地图的维度描述文件 my_map.yaml。后者正是当你想用地图来进行导航时，你在后续的启动文件中会指向的文件。

为了查看新的地图，你可以用任意一个图片浏览程序去打开上面创建的.pgm 文件。例如，运行命令在 Ubuntu 下用 eog（eye of Gnome）图片浏览器打开图片：

```
$ roscd rbx1_nav/maps
$ eog my_map.pgm
```

你可以用你的鼠标滚轮或者"+/-"按钮放大或缩小图片。

这里提供一个描述用 Pi Robot 和 Hokuyo 激光扫描仪<u>执行 gmapping 过程</u>[①]的视频供读者参考。

8.4.4 从包数据中创建地图

你还可以通过那些从上文关于扫描的章节中存储下来的包数据来创建地图。你可以通过在相同的扫描数据上尝试不同的 gmapping 参数，而不需让机器人重新走一遍，因此这是一个实用的技术。

要尝试这种做法，首先要停止你的机器人正在运行的节点（如 turtlebot_minimal_create.launch）、激光进程（如 fake_laser.launch）、gmapping_demo.launch 文件（如果它正在运行的话）

[①] 地址：http://youtu.be/7iIDdvCXIFM。

和任何遥控节点。

接着，设置 use_sim_time 参数为 true，开启模拟时钟：

```
$ rosparam set use_sim_time true
```

然后清除 move_base 参数并重新运行 gmapping_demo.launch 文件：

```
$ rosparam delete /move_base
$ roslaunch rbx1_nav gmapping_demo.launch
```

你可以在 RViz 中用 gmapping 配置文件监听这个进程：

```
$ rosrun rviz rviz -d `rospack find rbx1_nav`/gmapping.rviz
```

最后，回放你记录的数据：

```
$ roscd rbx1_nav/bag_files
$ rosbag play my_scan_data.bag
```

你可能需要通过放大、缩小或平移来让整个扫描区域保持在窗口中。

当 rosbag 文件走完整个过程后，你可以像之前保存即时生成的数据那样，保存生成的地图：

```
$ roscd rbx1_nav/maps
$ rosrun map_server map_saver -f my_map
```

这里的"my_map"可以是任意你喜欢的名称。生成的地图会被以命令行指定的名称保存到当下的目录下。如果你查看 rbx1_nav/maps 目录，你会看到两个文件：my_map.pgm，它是地图图像；my_map.yaml，它描述了地图的各个维度。当你想用一张地图来导航时，你将会在随后的启动文件中指向后一个文件（my_map.yaml）。

为了查看创建的地图，你可以用任何一个图片浏览程序去读取上文创建的 .pgm 文件。例如，运行命令行来使用 Ubuntu 的 eog 图片浏览器（"eye of Gnome"）：

```
$ roscd rbx1_nav/maps
$ eog my_map.pgm
```

你可以用你的鼠标滚轮或者"+/-"键放大或缩小地图。

注意：请不要忘记在你完成地图绘制后，重新设置 use_sim_time 参数。使用命令：

```
$ rosparam set use_sim_time false
```

在下一部分我们将会学习如何使用已保存的地图来定位。

要获取更多关于 gmapping 的信息，可以浏览在 rbx1_nav/launch 目录下的 gmapping_demo. launch 文件。在那里你将会看到许多可以按需修改的参数。这个特定的启动文件是从 turtlebot_navigation 包中复制过来的，在 OSRG 的人员已经设定好了测量数据，并准备好为你工作了。你可以查阅 gmapping 的 Wiki 页面（gmapping Wiki page[①]），获知更多关于每个参数的信息。

8.4.5 可以增大或者修改一张现存的地图吗？

ROS 的 gmapping 包并没有提供在一张现存的地图上通过修改来进一步绘制地图的方法。然而，你可以用你喜欢的图像编辑器编辑一张地图。比如，为了防止你的机器人进入一个房间，可以在走廊上画上一条（或几条）黑线（注意：在 move_base 中可能有一个程序漏洞使这个小技巧无效。你也可以试试把禁止区域的所有像素点设成中度灰色）。为了去除一部分被移走了的家居，擦掉对应的像素点，在下一部分我们将会发现定位并不是对物体的准确位置高度敏感，因此它是可以处理物体微小的位置变化的。但如果你把一张大沙发从房间一边移到另外一边，新的摆设可能会使你的机器人感到迷惑不解。在这种情况下，你可以在图片编辑器中移动相应的像素点，或者让你的机器人进行另一轮的扫描，并用新的扫描数据从头开始重建地图。

8.5 用一张地图和 amcl 来导航和定位

如果你没有硬件来让你自己的机器人创建一张地图，在本章中你可以用 rbx1_nav/maps 中的测试地图。否则，如果你在前面的部分中用下面的指令创建了一张你自己的地图，你可以在本章使用它。

ROS 使用 amcl[②] 包来让机器人在已有的地图里利用当前从机器人的激光或深度扫描仪中得到的数据进行定位。但是在现实的机器人上尝试 amcl 前，我们应先在 ArbotiX 模拟器上尝试模拟的定位。

8.5.1 用模拟定位测试 amcl

浏览一下在 rbx1_nav/launch 目录下名为 fake_amcl. launch 的启动文件：

```
<launch>    <param name = "use_sim_time" value = "false" />

  <!-- Set the name of the map yaml file: can be overridden on the command line. -->
  <arg name = "map" default = "test_map.yaml" />

  <!-- Run the map server with the desired map -->
  <node name = "map_server" pkg = "map_server" type = "map_server" args = "$(find rbx1_nav)/maps/$(arg map)" />

  <!-- The move_base node -->
```

---

① 地址：http://ros.org/wiki/gmapping。
② 地址：http://wiki.ros.org/amcl。

```xml
<include file="$(find rbx1_nav)/launch/fake_move_base.launch" />

<!-- Run fake localization compatible with AMCL output -->
<node pkg="fake_localization" type="fake_localization" name="fake_localization" output="screen" />

<!-- For fake localization we need static transforms between /odom and /map and /map and /world -->
<node pkg="tf" type="static_transform_publisher" name="odom_map_broadcaster" args="0 0 0 0 0 0 /odom /map 100" />
</launch>
```

如你所见,在启动文件中我们实现把一张地图读取到了地图服务器,在这个例子中,测试地图画的是一座一层的房子。地图的名称可以像下文所说的那样,在命令行中进行修改。而另一种你可以用的方法是,编辑启动文件并把里面的文件名改成你的地图的名称,这样你就不用在命令行里输入地图的名称了。

接着我们将引用我们之前用过的 fake_move_base. launch 文件。最后,我们启动 fake_localization 节点。正如你在 ROS 的 Wiki 关于 fake_localization[①] 的页面上读到的那样,这个节点只是用与 amcl 兼容的格式,简单地重新发布机器人的测量数据。

为了在 ArbotiX 模拟器上测试整个过程,运行下面的命令——跳过你在其他终端中已经运行过的命令:

```
$ roslaunch rbx1_bringup fake_turtlebot.launch
```

(如果你想的话,可以用你喜欢的模拟机器人来代替)

接着运行 fake_amcl. launch 文件,这个文件引用了测试地图,或者可以用命令行指向你自己的地图:

```
$ roslaunch rbx1_nav fake_amcl.launch map:=test_map.yaml
```

最后与 amcl 配置文件一起启动 RViz:

```
$ rosrun rviz rviz -d `rospack find rbx1_nav`/amcl.rviz
```

一旦地图在 RViz 中显示出来,就可以用鼠标右键或鼠标滚轮放大或缩小、用鼠标左键平移(点击并拖拽)或旋转(点击)了。如果你正在使用测试用的地图,图像应该如图 8-8 所示。

---

① 地址:http://wiki.ros.org/fake_localization。

8 导航，路径规划和 SLAM

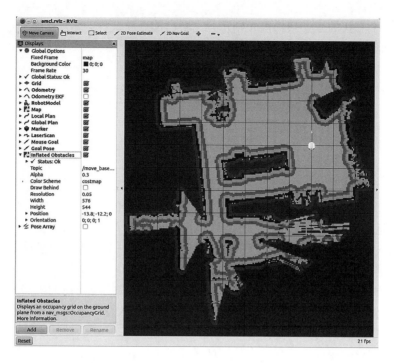

图 8-8

当你看到你想要的图像时，点击 2D New Goal 按钮，接着在地图里为机器人选择一个目标位置。当你松开鼠标按键时，move_base 将会开始负责把机器人移动到目标位置。尝试不同的目标，看 amcl 和 move_base 是如何协同工作，为机器人计划并实现一条路径。

8.5.2 在现实的机器人上使用 amcl

如果你的机器人有一个激光扫描仪或者一个如 Kinect 或 Xtion 的 RGB-D 摄像头，你可以尝试在现实世界中使用 amcl。假设你已经在目录 rbx1_nav/maps 下创建一幅名为 my_map.yaml 的地图，用以下步骤来开始你的机器人的定位。

首先，终止所有可能正在运行的模拟机器人和 fake_amcl.launch，如果你在上一部分运行过它。关闭并重启你的 roscore 进程，确保我们在一个原始的环境下进行。

如果你有一个 TurtleBot，你可以参照 ROS Wiki 上官方的 TurtleBot SLAM 指南（TurtleBot SLAM Tutorial[①]）。你还可以参照这里的步骤，也能获得基本一样的结果。

首先要启动你的机器人的启动文件。对于原版的 TurtleBot，你要在机器人的计算机上运行以下命令：

```
$ roslaunch rbx1_bringup turtlebot_minimal_create.launch
```

（或者使用你自己的启动文件，如果你已经在其他文件中存储了你的校准参数）

接着启动模拟激光扫描仪。在另一个终端里登录到机器人并且执行：

```
$ roslaunch rbx1_bringup fake_laser.launch
```

---

① 地址：http://ros.org/wiki/turtlebot_navigation/Tutorials/Autonomously%20navigate%20in%20a%20known%20map。

（如果你有一个真实的激光扫描仪，则运行它自己的启动文件）

现在用你的地图作为参数，运行 tb_demo_amcl.launch 文件：

```
$ roslaunch rbx1_nav tb_demo_amcl.launch map:=my_map.yaml
```

在引用了导航测试配置的情况下，启动 RViz：

```
$ rosrun rviz rviz -d `rospack find rbx1_nav`/nav_test.rviz
```

当 amcl 第一次启动时，你需要给机器人设置一个初始方位（位置与方向），这是 amcl 不能靠自己确定的信息。为了设定初始方位，首先点击 RViz 中的 2D Pose Estimate 按钮。接着在地图上点击你的机器人的位置。当你按着鼠标的按键时，会出现一个巨大的绿色箭头。移动鼠标来使箭头的方向和机器人的方向一致，然后松开鼠标。

机器人初始方位设定好后，可以用 RViz 中的 2D Nav Goal 按钮为你的机器人在地图上指出不同的导航目标。必要时用你的鼠标滚轮放大或缩小。当机器人在附近运动时，你应该可以看到激光扫描仪指出的墙和障碍物的边界。

在 RViz 中你首先会注意到的很可能是一堆浅绿色箭头围绕着机器人。这些箭头代表着 amcl 返回的方位的范围，显示它们的原因是我们在 RViz 中使用的 nav_test 配置文件包含了一个 Pose Array 类型（可以看一下 RViz 窗口左方面板中的 GlobalPlan 的下面）。话题 Pose Array 被设置在/particlecloud 话题，这个话题是 amcl 用来发布机器人的方位估算信息的默认话题［在 amcl 的 Wiki 页面（amcl Wiki page[①]）查看相关细节］。当机器人在这个环境周围活动时，这堆箭头可以缩小，并作为额外的扫描数据，让 amcl 修正它对机器人位置和方向的估算。

图 8-9、图 8-10 是一些现实测试中的截图。图 8-9 是在测试开始后截图的，图 8-10 是在机器人在环境周围运动了几分钟后截图的：

图 8-9

---

① 地址：http://wiki.ros.org/amcl#Published_Topics。

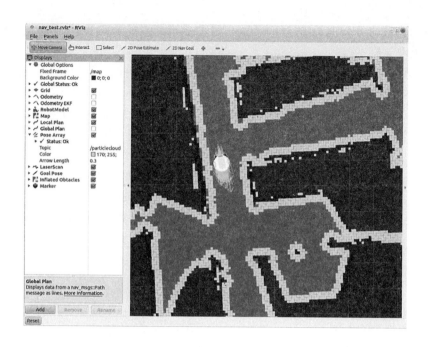

图 8 - 10

请注意在图 8 - 9 中的方位都很分散,而在图 8 - 10 中就收缩到机器人周围了。在这个测试中,机器人是相当确定自己在地图中的位置的。

为了测试障碍物躲避能力,在离目标一定距离外启动机器人,接着在机器人运动时,你在它面前走动。在底座的本地路径规划会控制机器人绕过你,然后继续向目标走去。

如果你已经运行了键盘或操纵杆的节点,你还可以在 amcl 运行时的任何时候遥控机器人。

8.5.3 完全自动导航

用你的鼠标来让机器人到房子内的任意位置,特别是机器人可以在路上动态地避开障碍物,是一件很酷炫的事情。但是我们最终的目标是可以用程序指定位置,然后让机器人自动地移动到那些位置。比如,如果我们想创建一个名为 "Patrol Bot"(巡航机器人)的应用,我们会选择一系列的位置,通过程序让机器人经过这些位置。

在这一部分,我们将会阅读一个专门完成这个任务的 Python 脚本。这个脚本是设计来作为导航持久性测试的,测试 Pi Robot 能不能出意外地在房子里自动运动多长时间。这个文件在 rbx1_nav/nodes 目录下的 nav_test.py,它执行以下的步骤:

- 在地图里初始化一组目标位置(方位)。
- 随机选择下一个目标位置(这些位置是通过不放回抽样选择的,因此每一个位置被访问到的机会相等)。
- 发送合适的 MoveBaseGoal 目标到 move_base 行为服务器。
- 记录导航成功或失败、使用的时间和运动的路程。
- 在每一个目标位置暂停一段时间,这个时间是可以设置的。
- 从头开始并重复。

在现实机器人中尝试前,我们先在 ArbotiX 模拟器上运行一下。

8.5.4 在模拟器上运行导航测试

所有我们在持久性测试中要用到的节点都可以通过 fake_nav_test.launch 文件得到运行。这个启动文件是一个完整的 ROS 应用的好例子：它启动了机器人的驱动程序、map_server、move_base 节点和导航测试脚本。

对于这个测试，机器人将会基于上一个位置，从不同的方向接近目标位置。我们并不是强制机器人在每一个位置旋转到特定的方向，而是设定 yaw_goal_tolerance 参数为 360 度（6.28 弧度），这意味着一旦机器人到达一个目标位置，底座的本地路径规划不会介意机器人以什么方向到达。这个使机器人从一个位置到达另一个位置的过程更自然（当然，对于一个 Patrol Bot，你可能会出于某些原因想要机器人在特定的位置面向特定方向）。

我们可以把这个特定的 yaw_goal_tolerance 参数设定在一个单独的配置文件中，并读取这个文件来重写我们在默认的配置文件 base_local_planner_params.yaml 中设定的值。在 rbx1_nav/config 目录中你将会发现 rbx1_nav/config/nav_test_params.yaml 文件如下所示：

```
TrajectoryPlannerROS:
  yaw_goal_tolerance: 6.28
```

如你所见，这个文件只是 base_local_planner_params.yaml 文件的一小段，包含了命名空间和新的 yaw_goal_tolerance 参数。然后在 fake_nav_test.launch 中，这个文件会在读取 base_local_planner_params.yaml 后被读取：

```
<!-- The move_base node -->
<node pkg="move_base" type="move_base" respawn="false" name="move_base" output="screen">
    <rosparam file="$(find rbx1_nav)/config/fake/costmap_common_params.yaml" command="load" ns="global_costmap" />
    <rosparam file="$(find rbx1_nav)/config/fake/costmap_common_params.yaml" command="load" ns="local_costmap" />
    <rosparam file="$(find rbx1_nav)/config/fake/hydro/local_costmap_params.yaml" command="load" />
    <rosparam file="$(find rbx1_nav)/config/fake/global_costmap_params.yaml" command="load" />
    <rosparam file="$(find rbx1_nav)/config/fake/base_local_planner_params.yaml" command="load" />
    <rosparam file="$(find rbx1_nav)/config/nav_test_params.yaml" command="load" />
</node>
```

在这里你可以看到最后一行 rosparam 中读取了 nav_test_params.yaml 文件。

有了这些前提，让我们现在去运行这个测试。为了确保我们是从一个完全空白的状态开始，终止所有正在运行的启动文件和 roscore。以启动一个新的 roscore 开始：

```
$ roscore
```

接着，启动 rqt_console。这使得我们可以浏览由 nav_test.py 脚本输出的状态信息。fake_nav_test.launch 文件也会在终端输出相同的信息，但 rqt_console 提供了更好的监听接口。

```
$ rqt_console &
```

现在运行 fake_nav_test.launch 文件。这个启动文件启动了模拟的 TurtleBot，map_server 节点连同测试用地图，move_base 及其所有为模拟 TurtleBot 而设的参数，fake_localozation 节点和 nav_test.py 脚本本身。

```
$ roslaunch rbx1_nav fake_nav_test.launch
```

到这一步时，最后一条从启动文件输出的信息应该为：

***Click the 2D Pose Estimate button in RViz to set the robot's initial pose...

这时候与 amcl 配置文件一起启动 RViz：

```
$ rosrun rviz rviz -d `rospack find rbx1_nav`/amcl.rviz
```

在 RViz 启动并且机器人显示出来后，点击 2D Pose Estimate 按钮，设定机器人的初始方位。接着点击机器人中央使绿色的方位箭头与黄色的测量箭头平行。当你松开鼠标时，导航测试就会开始。在测试运行时，用鼠标来放大/缩小/平移地图。

现在，模拟的 TurtleBot 应该在 RViz 中开始从一个位置移动向另一个位置。在模拟的测试中，机器人在每一个位置并不会停止下来。这个模拟过程会一直运行直到你在 fake_nav_test.launch 窗口中按下"Ctrl – C"。

在测试过程中，把 rqt_console 拉到最前面，你可以监听下一个目标位置、已用时长、运动路程、尝试过的目标位置数量和成功率。你或许需要用你的鼠标拉大 Message 列的宽度来看到完整的信息。

8.5.5 理解导航测试脚本

在现实的机器人上运行导航测试前，让我们确保已经理解使机器人完成任务的代码（代码连接：nav_test.py[①]）。

```
1.  #!/usr/bin/env python
2.
3.  import rospy
4.  import actionlib
5.  from actionlib_msgs.msg import *
6.  from geometry_msgs.msg import Pose, PoseWithCovarianceStamped, Point, Quaternion, Twist
7.  from move_base_msgs.msg import MoveBaseAction, MoveBaseGoal
8.  from random import sample
9.  from math import pow, sqrt
10.
```

---

① 地址：https://github.com/pirobot/rbx1/blob/hydro – devel/rbx1_nav/nodes/nav_test.py。

```python
11.    class NavTest():
12.        def __init__(self):
13.            rospy.init_node('nav_test', anonymous=True)
14.
15.            rospy.on_shutdown(self.shutdown)
16.
17.            # How long in seconds should the robot pause at each location?
18.            self.rest_time = rospy.get_param("~rest_time", 10)
19.
20.            # Are we running in the fake simulator?
21.            self.fake_test = rospy.get_param("~fake_test", False)
22.
23.            # Goal state return values
24.            goal_states = ['PENDING', 'ACTIVE', 'PREEMPTED',
25.                           'SUCCEEDED', 'ABORTED', 'REJECTED',
26.                           'PREEMPTING', 'RECALLING', 'RECALLED',
27.                           'LOST']
28.
29.            # Set up the goal locations. Poses are defined in the map frame.
30.            # An easy way to find the pose coordinates is to point-and-click
31.            # Nav Goals in RViz when running in the simulator.
32.            # Pose coordinates are then displayed in the terminal
33.            # that was used to launch RViz.
34.            locations = dict()
35.
36.            locations['hall_foyer'] = Pose(Point(0.643, 4.720, 0.000),
37.                                    Quaternion(0.000, 0.000, 0.223, 0.975))
38.            locations['hall_kitchen'] = Pose(Point(-1.994, 4.382, 0.000),
39.                                    Quaternion(0.000, 0.000, -0.670, 0.743))
40.            locations['hall_bedroom'] = Pose(Point(-3.719, 4.401, 0.000),
41.                                    Quaternion(0.000, 0.000, 0.733, 0.680))
42.            locations['living_room_1'] = Pose(Point(0.720, 2.229, 0.000),
43.                                    Quaternion(0.000, 0.000, 0.786, 0.618))
44.            locations['living_room_2'] = Pose(Point(1.471, 1.007, 0.000),
45.                                    Quaternion(0.000, 0.000, 0.480, 0.877))
46.            locations['dining_room_1'] = Pose(Point(-0.861, -0.019, 0.000),
47.                                    Quaternion(0.000, 0.000, 0.892, -0.451))
48.
49.            # Publisher to manually control the robot (e.g. to stop it)
50.            self.cmd_vel_pub = rospy.Publisher('cmd_vel', Twist)
51.
52.            # Subscribe to the move_base action server
53.            self.move_base = actionlib.SimpleActionClient("move_base", MoveBaseAction)
54.
55.            rospy.loginfo("Waiting for move_base action server...")
```

```
56.
57.        # Wait 60 seconds for the action server to become available
58.        self.move_base.wait_for_server(rospy.Duration(60))
59.
60.        rospy.loginfo("Connected to move base server")
61.
62.        # A variable to hold the initial pose of the robot to be set by
63.        # the user in RViz
64.        initial_pose = PoseWithCovarianceStamped()
65.
66.        # Variables to keep track of success rate, running time,
67.        # and distance traveled
68.        n_locations = len(locations)
69.        n_goals = 0
70.        n_successes = 0
71.        i = n_locations
72.        distance_traveled = 0
73.        start_time = rospy.Time.now()
74.        running_time = 0
75.        location = ""
76.        last_location = ""
77.
78.        # Get the initial pose from the user
79.        rospy.loginfo("Click on the map in RViz to set the intial pose...")
80.        rospy.wait_for_message('initialpose', PoseWithCovarianceStamped)
81.        self.last_location = Pose()
82.        rospy.Subscriber('initialpose', PoseWithCovarianceStamped,
    self.update_initial_pose)
83.
84.        # Make sure we have the initial pose
85.        while initial_pose.header.stamp == "":
86.            rospy.sleep(1)
87.
88.        rospy.loginfo("Starting navigation test")
89.
90.        # Begin the main loop and run through a sequence of locations
91.        while not rospy.is_shutdown():
92.            # If we've gone through the current sequence,
93.            # start with a new random sequence
94.            if i == n_locations:
95.                i = 0
96.                sequence = sample(locations, n_locations)
97.                # Skip over first location if it is the same as
98.                # the last location
99.                if sequence[0] == last_location:
```

```python
100.            i = 1
101.
102.        # Get the next location in the current sequence
103.        location = sequence[i]
104.
105.        # Keep track of the distance traveled.
106.        # Use updated initial pose if available.
107.        if initial_pose.header.stamp == "":
108.            distance = sqrt(pow(locations[location].position.x
109.                          - locations[last_location].position.x, 2) +
110.                          pow(locations[location].position.y -
111.                          locations[last_location].position.y, 2))
112.        else:
113.            rospy.loginfo("Updating current pose.")
114.            distance = sqrt(pow(locations[location].position.x
115.                          - initial_pose.pose.pose.position.x, 2) +
116.                          pow(locations[location].position.y -
117.                          initial_pose.pose.pose.position.y, 2))
118.            initial_pose.header.stamp = ""
119.
120.        # Store the last location for distance calculations
121.        last_location = location
122.
123.        # Increment the counters
124.        i += 1
125.        n_goals += 1
126.
127.        # Set up the next goal location
128.        self.goal = MoveBaseGoal()
129.        self.goal.target_pose.pose = locations[location]
130.        self.goal.target_pose.header.frame_id = 'map'
131.        self.goal.target_pose.header.stamp = rospy.Time.now()
132.
133.        # Let the user know where the robot is going next
134.        rospy.loginfo("Going to: " + str(location))
135.
136.        # Start the robot toward the next location
137.        self.move_base.send_goal(self.goal)
138.
139.        # Allow 5 minutes to get there
140.        finished_within_time = self.move_base.wait_for_result(rospy.Duration(300))
141.
142.        # Check for success or failure
143.        if not finished_within_time:
144.            self.move_base.cancel_goal()
```

```
145.             rospy.loginfo("Timed out achieving goal")
146.         else:
147.             state = self.move_base.get_state()
148.             if state == GoalStatus.SUCCEEDED:
149.                 rospy.loginfo("Goal succeeded!")
150.                 n_successes += 1
151.                 distance_traveled += distance
152.             else:
153.                 rospy.loginfo("Goal failed with error code: " +
    str(goal_states[state]))
154.
155.         # How long have we been running?
156.         running_time = rospy.Time.now() - start_time
157.         running_time = running_time.secs /60.0
158.
159.         # Print a summary success/failure, distance traveled and time elapsed
160.         rospy.loginfo("Success so far: " + str(n_successes) + "/" +
161.                     str(n_goals) + " = " +
162.                     str(100 *n_successes/n_goals) + "% ")
163.         rospy.loginfo("Running time: " + str(trunc(running_time, 1)) +
164.                     " min Distance: " + str(trunc(distance_traveled, 1)) + " m")
165.         rospy.sleep(self.rest_time)
166.
167.    def update_initial_pose(self, initial_pose):
168.        self.initial_pose = initial_pose

170.    def shutdown(self):
171.        rospy.loginfo("Stopping the robot...")
172.        self.move_base.cancel_goal()
173.        rospy.sleep(2)
174.        self.cmd_vel_pub.publish(Twist())
175.        rospy.sleep(1)
176.
177.    def trunc(f, n):
178.        # Truncates/pads a float f to n decimal places without rounding
179.        slen = len('%.*f'% (n, f))
180.        return float(str(f)[:slen])

182. if __name__ == '__main__':
183.     try:
184.         NavTest()
185.         rospy.spin()
186.     except rospy.ROSInterruptException:
187.         rospy.loginfo("AMCL navigation test finished.")
```

以下是脚本关键的几行。

```
1.      # How long in seconds should the robot pause at each location?
2.      self.rest_time = rospy.get_param("~rest_time", 10)
3.
4.      # Are we running in the fake simulator?
5.      self.fake_test = rospy.get_param("~fake_test", False)
```

设置在每一个目标位置向下一个目标位置移动前需要暂停的秒数。如果 fake_test 参数的值为 true，那么 rest_time 参数是会被忽略的。

```
1.      goal_states = ['PENDING','ACTIVE','PREEMPTED',
2.                     'SUCCEEDED','ABORTED','REJECTED',
3.                     'PREEMPTING','RECALLING','RECALLED',
4.                     'LOST']
```

可以用人类可读形式的 MoveBaseAction 目标状态是很好的。

```
1.      locations = dict()
2.
3.      locations['hall_foyer'] = Pose(Point(0.643, 4.720, 0.000),
4.                          Quaternion(0.000, 0.000, 0.223, 0.975))
5.      locations['hall_kitchen'] = Pose(Point(-1.994, 4.382, 0.000),
6.                          Quaternion(0.000, 0.000, -0.670, 0.743))
7.      locations['hall_bedroom'] = Pose(Point(-3.719, 4.401, 0.000),
8.                          Quaternion(0.000, 0.000, 0.733, 0.680))
9.      locations['living_room_1'] = Pose(Point(0.720, 2.229, 0.000),
10.                         Quaternion(0.000, 0.000, 0.786, 0.618))
11.     locations['living_room_2'] = Pose(Point(1.471, 1.007, 0.000),
12.                         Quaternion(0.000, 0.000, 0.480, 0.877))
13.     locations['dining_room_1'] = Pose(Point(-0.861, -0.019, 0.000),
14.                         Quaternion(0.000, 0.000, 0.892, -0.451))
```

目标位置（方位）被存储为一个 Python 目录。可以通过点击 RViz 中 2D Nav Goal 按钮，和在终端中显示出来用来启动 RViz 的数据中，找到 Point 和 Quaternion 的值。然后复制并粘贴这些值到你的脚本中。

```
1.      rospy.Subscriber('initialpose', PoseWithCovarianceStamped,
        self.update_initial_pose)
```

这里我们订阅了 initialpose 话题，这样我们就可以在测试开始的时候，设置机器人在地图上的初始位置和方向。当测试在现实的机器人上运行时，初始方位是通过用户在 RViz 设置的。对于模拟的机器人（fake_test = True），这个变量是可以忽略的，因为模拟的定位是完美的。

```
1.      while not rospy.is_shutdown():
```

测试一直运行直到用户终止这个应用。

```
1.      sequence = sample(locations, n_locations)
```

我们用 Python 的 sample () 函数从目标位置集合中生成随机的位置序列。

```
1.      # Set up the next goal location
2.      self.goal = MoveBaseGoal()
3.      self.goal.target_pose.pose = locations[location]
4.      self.goal.target_pose.header.frame_id = 'map'
5.      self.goal.target_pose.header.stamp = rospy.Time.now()
6.
7.      # Let the user know where the robot is going next
8.      rospy.loginfo("Going to: " + str(location))
9.
10.     # Start the robot toward the next location
11.     self.move_base.send_goal(self.goal)
```

最后，我们从序列中选取位置，设置机器人从一个位置到另一个位置，并发送它到 move_base 行为服务器。

8.5.6 在现实的机器人上运行导航测试

在现实的机器人上运行导航测试的过程和在模拟器上几乎一样。然而，你当然需要一张你想让机器人运动的地方的地图。

对于这个测试，在机器人的计算机上运行除了 rqt_console 和 RViz 的所有节点，大概是一个好的想法。这会保证了在机器人和你的工作站计算机之间没有由于无线网络波动造成的时钟对准问题。

在 rbx1_nav 目录里包含了一个名为 tb_nav_test.launch 的启动文件，它应该可以在 TurtleBot 上运行，但是你首先需要编辑它并将它指向你自己的地图文件。你还可以在命令行中提供你的地图文件的名称，正如我们之前和之后说明的那样。

首先终止所有你可能正在运行的模拟器。如果你想获得绝对安全的状态，关闭并重启 roscore 来确保整个参数服务器是在初始状态。

接着，启动机器人的启动文件。在原版的 TurtleBot 上，你需要在 TurtleBot 的计算机上运行以下启动文件：

```
$ roslaunch rbx1_bringup turtlebot_minimal_create.launch
```

（如果你有把你的校准参数保存在不同的文件中，则用你自己的启动文件）

如果你没有一个现实的激光扫描仪，启动一个模拟的：

```
$ roslaunch rbx1_bringup fake_laser.launch
```

如果 rqt_console 尚未启动，在测试的时候启动它来监听状态信息。在你的工作站计算机上可以运行：

```
$ rqt_console &
```

接着启动 tb_nav_test.launch 文件。在机器人的计算机上运行启动文件：

```
$ roslaunch rbx1_nav tb_nav_test.launch map:=my_map.yaml
```

在这里你需要把 my_map.yaml 替换为你的地图文件的名字。你可以省略地图参数如果你已经在 tb_nav_test.launch 文件中引用你的地图文件。

最后，如果你还没有使用 nav_test 配置文件运行 RViz，那么在你的计算机上运行它：

```
$ rosrun rviz rviz -d `rospack find rbx1_nav`/nav_test.rviz
```

如果一切运行正常，你应该在 rqt_console 和运行 tb_nav_test.launch 文件的终端窗口中看到以下信息：

```
***Click the 2D Pose Estimate button in RViz to set the robot's initial pose...
```

在导航测试开始前，你需要设置机器人的初始方位。在 RViz 中点击机器人大约的起始位置，当大型的绿色箭头出现时，把箭头指向机器人面向的方向。当你松开鼠标时，机器人开始测试。

注意：在任何时候想停止机器人（或测试），只要简单地在启动 tb_nav_test.launch 终端窗口按下"Ctrl – C"。如果你正在使用 TurtleBot，你还可以用脚或者手按下机器人前面的保险杠，机器人会停止移动。

8.5.7 接下来是什么？

这里将总结本章。你现在应该拥有足够的工具，可以给你的机器人编程，在家或者办公室进行自动导航。在开始时，你可以尝试不同的导航测试脚本。比如，你可以尝试随机选择目标位置，或简单地添加一些随机的变化在基本位置附近，而不仅仅是设定不变的目标位置。你还可以让机器人像 Patrol Bot 那样在每一个位置进行旋转来扫描它周围的环境。

9 语音识别及语音合成

语音识别已经和 Linux 一起走过了相当长一段路,这要归功于 CMU Sphinx 和 Festival 项目。我们同样也能从现有的 ROS 包(package)语音识别和文字转换语音中获益。有了这些,要为机器人添加语音控制及语音反馈是非常容易的事情。这也正是我们本章要演示的。

在本章中我们将:
- 安装并测试语音识别 pocketsphinex 包(package)。
- 学习怎样创建一个自己的语音识别词汇库。
- 用语音命令遥控真实的或虚拟的机器人。
- 安装并测试文字转语音系统 Festival 以及 ROS sound_play 包(package)。

9.1 安装语音识别 PocketSphinx

感谢来自奥尔巴尼大学的 Michael Ferguson(现在是 Unbounded Robotics 公司的首席技术官),使我们可以使用 ROS pocketsphinx 包(package)来实现语音识别。Pocketsphinx 包(package)需要安装 Ubuntu 包(package)gstreamer 0.10-pocketsphinx 和 ROS 音频驱动堆(stack)(以防你还没有安装)。现在我们来专注这两点吧,如果没有安装过 Festival 包(package),在下面的过程中你将会被提示是否安装。请回复"Y"进行安装。

```
$ sudo apt-get install gstreamer0.10-pocketsphinx
$ sudo apt-get install ros-hydro-pocketsphinx
$ sudo apt-get install ros-hydro-audio-common
$ sudo apt-get install libasound2
```

在 pocketsphinx 包(package)中包含 Python 脚本的 recognizer.py 这一节点(node)。这个脚本负责连接到电脑的音频输入流,并且负责将声音命令和现有词汇库的文字和词组匹配起来。当这个识别用的节点(node)转化出一个字或词组时,它会把这个字或词组发布在/recognizer/output 主题(topic)中。其他节点(node)可以通过订阅(subscribe to)这个主题(topic)来获取用户所说的内容。

9.2 测试 PocketSphinx 识别器

通过耳机、USB、标准声音信号输入甚至蓝牙中的任何一个麦克风,你都可以获取很好的语音识别结果。当你把麦克风接入电脑时,请确保它被选中为输入音频信号的设备(如果你正在使用 Ubuntu12.04 或更高版本,进入"系统设置"然后点击"声音"控制界面)。在声音属性窗口打开之后,点击"输入"标签页,然后在列表中选择你的麦克风设备(如果有不止一个的话)。尝试对麦克风说点什么,然后你应该能看到音量块的波动。然后点击"输出"标签,选择你需要的输出设备,并调整音量滑块。最后,关闭"声音"窗口。

注意:如果你断开了 USB 或者蓝牙耳机,稍后你又重新连接上了,你可能需要按照以上方法再操作一遍，选择它作为输入。

Michael Ferguson 包含一个适配 RoboCup@Home 的词汇文件，你可以用它来测试识别器。用下面的命令来启动它：

```
$ roslaunch pocketsphinx robocup.launch
```

你应该会看到一个 INFO 信息的列表，它包含各种被加载的识别模型的部分。最后几行信息会是这个样子的：

INFO: ngram_search_fwdtree.c(195): Creating search tree
INFO: ngram_search_fwdtree.c(203): 0 root, 0 non-root channels, 26 single-phone words
INFO: ngram_search_fwdtree.c(325): max nonroot chan increased to 328
INFO: ngram_search_fwdtree.c(334): 77 root, 200 non-root channels, 6 single-phone words

现在尝试说些 RoboCup 的话，比如"拿个杯子给我"（bring me the glass）、"到厨房里去"（go to the kitchen），又或者是"跟着我走"（come with me）。输出应该会像下面这样：

[INFO] [WallTime: 1387548761.587537] bring me the glass
[INFO] [WallTime: 1387548765.296757] go to the kitchen
[INFO] [WallTime: 1387548769.417876] come with me

恭喜你，你已经可以跟你的机器人说话了！被识别出的语句也发布（publish）在了/recognizer/output 主题（topic），想要看到结果，打开其他的终端并且运行：

```
$ rostopic echo /recognizer/output
```

现在，将上面三句话再试一遍，你将会看到：

data: bring me the glass
---
data: go to the kitchen
---
data: come with me

识别器可以非常快和准确地识别我用蓝牙连接的头戴式耳机麦克风说的话。

在演示 RoboCup 词汇中，你可以看到所有你可以用来让机器识别的词汇。运行下列命令：

```
$ roscd pocketsphinx/demo
$ more robocup.corpus
```

现在尝试着说一些不在词汇范围内的句子，比如"天空是蓝色的"（the sky is blue）。在我测试的时候，/recognizer/output 主题（topic）的输出结果是"这么走是房间"（this go is room）。如你所见，不管你说什么，识别器都会对其作出反应。这意味着，如果你不想让杂音扰乱你的语音命令的话，你必须得在适当的时候关闭一下识别器。在接下来我们学习怎样将语音识别映射到机器行动上去的时候，我们会看到如何做到这一点。

9.3 创建词汇库

要创建一个新词汇库或语料库并不是件难事，就像在 PocketSphinx 中提及的那样。首先，创建一个简单的文档，将文字或词组按每行一个的格式写好。这将成为能够驱动机器人的那些语音指令语料库。我们会把这个文档存放在一个名叫"nav_commands.txt"的文件中，它被放在了 rbx1_speech 包（package）的子目录 config 下。要查看其中的内容，运行以下命令：

```
$ roscd rbx1_speech/config
$ more nav_commands.txt
```

你应该可以看到下面这样的词句（在您的电脑上将会显示在同一列上）：

pause speech	come forward	stop
continue speech	come backward	stop now
move forward	come left	halt
move backward	come right	abort
move back	turn left	kill
move left	turn right	panic
move right	rotate left	help
go forward	rotate right	help me
go backward	faster	freeze
go back	speed up	turn off
go left	slower	shut down
go right	slow down	cancel
go straight	quarter speed	
	half speed	
	full speed	

你还可以用你喜欢的文字编辑器来打开这个文件并对其内容进行增添/删改，在此之后，我们将进行下一步。在你编辑文本的时候，请不要混写大小写字母，也不要使用标点符号。如果你想要添加一个数字比如 54，那么你应该填写的是"fifty four"。

我们必须对语料库执行编译操作将其转化成特殊的字典和发音文件，才能够在 PocketSphinx 中使用它。你可以使用在线语言模型 CMU 工具[①]来编译。

按照下列步骤来上传你的 nav_commands.txt 文件，点击 Compile Knowledge Base 按钮，然后下载名为 COMPRESSED TARBALL 的文件，它包含着所有语言模型文件，里面包含语言模型文件。将这些文件解压到 rbx1_speech 包（package）的子目录 config 中。这些文件将会以同样的数字串开头，比如 3026.dic，3026.lm，等等。这些文件定义了你的语言词汇为 PocketSphinx 理解它们打下基础。这些文件可以被重命名为其他更利于你记忆的名称。你可以使用以下命令（在实

---

① 地址：http://www.speech.cs.cmu.edu/tools/lmtool-new.html。

际情况中命令中的 4 位数字可能不同）：

```
$ roscd rbx1_speech/config
$ rename -f 's/3026/nav_commands/' *
```

接下来，查看一下位于 rbx1_speech/launch 目录下的 voice_nav_commands.launch。它看起来应该是这样的：

```
<launch>
  <node name="recognizer" pkg="pocketsphinx" type="recognizer.py" output="screen">
    <param name="lm" value="$(find rbx1_speech)/config/nav_commands.lm"/>
    <param name="dict" value="$(find rbx1_speech)/config/nav_commands.dic"/>
  </node>
</launch>
```

如你所见，上述启动文件的配置如下，首先从 pocketsphinx 包（package）中运行 recognizer.py 节点（node），然后我们对上一步中创建的文件"nav_commands.lm"和"nav_commands.dic"分别设置了变量"lm"和"dict"。注意到变量 output="screen"允许我们是否能够在运行窗口中实时地看到识别结果。

运行这个文件并通过观测/recognizer/output 主题（topic）来测试语音识别。首先按下"Ctrl-C"来终止更早的 RoboCup demo，如果它还在运行的话。然后运行一下命令：

```
$ roslaunch rbx1_speech voice_nav_commands.launch
```

然后另开一个终端：

```
$ rostopic echo /recognizer/output
```

尝试着说一些导航语句比如"move forward"（前进）、"slow down"（后退）和"stop"（停止）。你应该能够在/recognizer/output 主题（topic）中看到你所说的命令。

9.4　语音控制导航脚本

在 pocketsphinx 包（package）下的 recognizer.py 节点（node）发布识别后的语音指令到/recognizer/output 主题（topic）。为了将这些指令对应到机器人的动作上，我们需要在这个主题（topic）上再添加一个节点（node），匹配合适的消息，这时我们的机器人就可以根据不同的消息做出不同的动作了。为了方便我们开始，Michael Ferguson 在 pocketsphinx pakage 中包含了一个名叫 voice_cmd_vel.py 的 Python 脚本，它将语音指令对应转化成能够控制机器人移动的 Twist 消息。这里我们将使用一个由上述 voice_cmd_vel.py 稍作修改而来的脚本，voice_nav.py。它被放在 rbx1_speech/nodes 子目录中。

现在让我们来看看这个 voice_nav.py 脚本中都有些什么吧（源文件：voice_nav.py[①]）。

```python
1    #!/usr/bin/env python
2    
3    """
4    Based on the voice_cmd_vel.py script by Michael Ferguson in
5    the pocketsphinx ROS 包(package).
6    
7    See http://wiki.ros.org/pocketsphinx
8    """
9    
10   
11   import rospy
12   from geometry_msgs.msg import Twist
13   from std_msgs.msg import String
14   from math import copysign
15   
16   class VoiceNav:
17       def __init__(self):
18           rospy.init_node('voice_nav')
19   
20           rospy.on_shutdown(self.cleanup)
21   
22           # Set a number of parameters affecting the robot's speed
23           self.max_speed = rospy.get_param("~max_speed", 0.4)
24           self.max_angular_speed = rospy.get_param("~max_angular_speed", 1.5)
25           self.speed = rospy.get_param("~start_speed", 0.1)
26           self.angular_speed = rospy.get_param("~start_angular_speed", 0.5)
27           self.linear_increment = rospy.get_param("~linear_increment", 0.05)
28           self.angular_increment = rospy.get_param("~angular_increment", 0.4)
29   
30           # We don't have to run the script very fast
31           self.rate = rospy.get_param("~rate", 5)
32           r = rospy.Rate(self.rate)
33   
34           # A flag to determine whether or not voice control is paused
35           self.paused = False
36   
37           # Initialize the Twist message we will publish.
38           self.cmd_vel = Twist()
39   
40           # Publish the Twist message to the cmd_vel topic
```

---

① 地址：https://github.com/pirobot/rbx1/blob/hydro-devel/rbx1_speech/nodes/voice_nav.py。

```python
41          self.cmd_vel_pub = rospy.Publisher('cmd_vel', Twist)
42
43          # Subscribe to the /recognizer/output topic to receive voice commands.
44          rospy.Subscriber('/recognizer/output', String, self.speech_callback)
45
46          # A mapping from keywords or phrases to commands
47          self.keywords_to_command = {'stop': ['stop', 'halt', 'abort', 'kill', 'panic', 'off', 'freeze', 'shut down', 'turn off', 'help', 'help me'],
48                                      'slower': ['slow down', 'slower'],
49                                      'faster': ['speed up', 'faster'],
50                                      'forward': ['forward', 'ahead', 'straight'],
51                                      'backward': ['back', 'backward', 'back up'],
52                                      'rotate left': ['rotate left'],
53                                      'rotate right': ['rotate right'],
54                                      'turn left': ['turn left'],
55                                      'turn right': ['turn right'],
56                                      'quarter': ['quarter speed'],
57                                      'half': ['half speed'],
58                                      'full': ['full speed'],
59                                      'pause': ['pause speech'],
60                                      'continue': ['continue speech']}
61
62          rospy.loginfo("Ready to receive voice commands")
63
64          # We have to keep publishing the cmd_vel message if we want
            # the robot to keep moving.
65          while not rospy.is_shutdown():
66              self.cmd_vel_pub.publish(self.cmd_vel)
67              r.sleep()
68
69      def get_command(self, data):
70          # Attempt to match the recognized word or phrase to the
71          # keywords_to_command dictionary and return the appropriate
72          # command
73          for (command, keywords) in self.keywords_to_command.iteritems():
74              for word in keywords:
75                  if data.find(word) > -1:
76                      return command
77
78      def speech_callback(self, msg):
79          # Get the motion command from the recognized phrase
80          command = self.get_command(msg.data)
81
82          # Log the command to the screen
83          rospy.loginfo("Command: " + str(command))
84
```

```
85          # If the user has asked to pause/continue voice control,
86          # set the flag accordingly
87          if command == 'pause':
88              self.paused = True
89          elif command == 'continue':
90              self.paused = False
91
92          # If voice control is paused, simply return without
93          # performing any action
94          if self.paused:
95              return
96
97          # The list of if-then statements should be fairly
98          # self-explanatory
99          if command == 'forward':
100             self.cmd_vel.linear.x = self.speed
101             self.cmd_vel.angular.z = 0
102
103         elif command == 'rotate left':
104             self.cmd_vel.linear.x = 0
105             self.cmd_vel.angular.z = self.angular_speed
106
107         elif command == 'rotate right':
108             self.cmd_vel.linear.x = 0
109             self.cmd_vel.angular.z = -self.angular_speed
110
111         elif command == 'turn left':
112             if self.cmd_vel.linear.x != 0:
113                 self.cmd_vel.angular.z += self.angular_increment
114             else:
115                 self.cmd_vel.angular.z = self.angular_speed
116
117         elif command == 'turn right':
118             if self.cmd_vel.linear.x != 0:
119                 self.cmd_vel.angular.z -= self.angular_increment
120             else:
121                 self.cmd_vel.angular.z = -self.angular_speed
122
123         elif command == 'backward':
124             self.cmd_vel.linear.x = -self.speed
125             self.cmd_vel.angular.z = 0
126
127         elif command == 'stop':
128             # Stop the robot! Publish a Twist message consisting of all zeros.
129             self.cmd_vel = Twist()
130
131         elif command == 'faster':
```

```
132            self.speed + = self.linear_increment
133            self.angular_speed + = self.angular_increment
134            if self.cmd_vel.linear.x ! = 0:
135                self.cmd_vel.linear.x + = copysign(self.linear_increment, self.cmd_vel.linear.x)
136            if self.cmd_vel.angular.z ! = 0:
137                self.cmd_vel.angular.z + = copysign(self.angular_increment, self.cmd_vel.angular.z)
138
139        elif command = = 'slower':
140            self.speed - = self.linear_increment
141            self.angular_speed - = self.angular_increment
142            if self.cmd_vel.linear.x ! = 0:
143                self.cmd_vel.linear.x - = copysign(self.linear_increment, self.cmd_vel.linear.x)
144            if self.cmd_vel.angular.z ! = 0:
145                self.cmd_vel.angular.z - = copysign(self.angular_increment, self.cmd_vel.angular.z)
146
147        elif command in ['quarter', 'half', 'full']:
148            if command = = 'quarter':
149                self.speed = copysign(self.max_speed /4, self.speed)
150
151            elif command = = 'half':
152                self.speed = copysign(self.max_speed /2, self.speed)
153
154            elif command = = 'full':
155                self.speed = copysign(self.max_speed, self.speed)
156
157            if self.cmd_vel.linear.x ! = 0:
158                self.cmd_vel.linear.x = copysign(self.speed, self.cmd_vel.linear.x)
159
160            if self.cmd_vel.angular.z ! = 0:
161                self.cmd_vel.angular.z = copysign(self.angular_speed, self.cmd_vel.angular.z)
162
163        else:
164            return
165
166        self.cmd_vel.linear.x = min(self.max_speed, max( - self.max_speed, self.cmd_vel.linear.x))
167        self.cmd_vel.angular.z = min(self.max_angular_speed, max( - self.max_angular_speed, self.cmd_vel.angular.z))
168
169    def cleanup(self):
```

```
170            # When shutting down be sure to stop the robot!
171            twist = Twist()
172            self.cmd_vel_pub.publish(twist)
173            rospy.sleep(1)
174
175    if __name__ == "__main__":
176        try:
177            VoiceNav()
178            rospy.spin()
179        except rospy.ROSInterruptException:
180            rospy.loginfo("Voice navigation terminated.")
```

这份代码写的比较直观，而且使用了很多注释信息，方便读者理解，所以我们将只对重要的部分进行描述。

```
46            # A mapping from keywords or phrases to commands
47        self.keywords_to_command = {'stop': ['stop', 'halt', 'abort', 'kill', 'panic', 'off', 'freeze', 'shut down', 'turn off', 'help', 'help me'],
48                                    'slower': ['slow down', 'slower'],
49                                    'faster': ['speed up', 'faster'],
50                                    'forward': ['forward', 'ahead', 'straight'],
51                                    'backward': ['back', 'backward', 'back up'],
52                                    'rotate left': ['rotate left'],
53                                    'rotate right': ['rotate right'],
54                                    'turn left': ['turn left'],
55                                    'turn right': ['turn right'],
56                                    'quarter': ['quarter speed'],
57                                    'half': ['half speed'],
58                                    'full': ['full speed'],
59                                    'pause': ['pause speech'],
60                                    'continue': ['continue speech']}
61
```

Keywords_to_command 是一个 Python 字典，它可以将人们对同一意思的不同口头表达转化成为同一个词语。举例来说，能够让机器人在运动的过程中停止下来是十分重要的。事实上，单词"stop"（停止）并不总是能够被识别器 PocketSphinx 识别。所以我们使用了很多其他替代方法来让机器人停下来，比如"halt"（站住）、"abort"（中止）、"help"（救命），等等。当然，之前所说的 PocketSphinx 词汇库必须包含这些候选词语。

该 voice_nav.py 节点订阅（subscribe）到/recognizer/output 主题（topic），并且在 nav_commands.txt 语料库中查找指定的关键字。如果找到了匹配，keywords_to_commands 字典将会把匹配的短语映射到合适的命令字。然后回调函数将会把命令字发送到机器人相应的扭曲（Twist）操作上。

这个 voice_nav.py 还有一个特性，那就是它会对两个特殊定义的命令做出反应，这两个特殊定义是"pause speech"（暂停语音识别）和"continue speech"（继续语音识别）。如果你正语音控制你的机器人，但同时你又需要说话，比如要和某人对话而又不想你的声音被机器人错误地识别为控制命令，那么此时你可以说"pause speech"（暂停语音识别）。当你想要回来继续控制机器人的时候，则说"continue speech"（继续语音识别）。

9.4.1 在虚拟器 ArbotiX 中测试语音控制

在使用语音控制到真实的机器人身上之前，让我们先来试试其在虚拟器 ArbotiX 上的效果。首先像以前我们做过的那样运行虚拟的 TurtleBot：

```
$ roslaunch rbx1_bringup fake_turtlebot.launch
```

接下来，打开 RViz，使用虚拟器配置文件作为参数：

```
$ rosrun rviz rviz -d `rospack find rbx1_nav`/sim.rviz
```

我们也使用 rxconsole 来更容易地观察语音识别脚本的输出。重要的是，这能使我们看到脚本所识别的命令：

```
$ rqt_console &
```

在运行语音识别脚本之前，检查你的 Sound Settings（声音设置）是否符合之前所说的那样麦克风被设定在输入设备上。现在运行"voice_nav_commands.launch"和"turtlebot_voice_nav.launch"文件：

```
$ roslaunch rbx1_speech voice_nav_commands.launch
```

在另个一终端中运行：

```
$ roslaunch rbx1_speech turtlebot_voice_nav.launch
```

现在你应该可以使用语音命令在 RViz 中移动你的虚拟 TurtleBot 了。比如，尝试命令"rotate left"（左转）、"full speed"（全速）、"halt"（站住），等等。下面再次列出语音命令供读者方便参考：

pause speech	come forward	
continue speech	come backward	
move forward	come left	stop
move backward	come right	stop now
move back	turn left	halt
move left	turn right	abort
move right	rotate left	kill
go forward	rotate right	panic
go backward	faster	help
go back	speed up	help me
go left	slower	freeze
go right	slow down	turn off
go straight	quarter speed	shut down
	half speed	cancel
	full speed	

你同样也可以尝试两个特殊的语音命令，即"pause speech"（暂停语音识别）和"continue speech"（继续语音识别）来测试你是否能够关闭和打开语音控制。

9.4.2 在真实的机器人上使用语音控制

要在 TurtleBot 上使用语音控制，请把机器人置于空旷无障碍的空间中，然后在 TurtleBot 的笔记本电脑上启动 turtlebot.launch 文件：

```
$ roslaunch rbx1_bringup turtlebot_minimal_create.launch
```

若你还没有运行，请打开 rqt_console 以方便观察语音识别脚本的输出：

```
$ rqt_console &
```

在运行语音识别脚本之前，检查你的声音设置（Sound Settings）是否符合之前所说的那样麦克风被设定在输入（input）设备上。

在你工作的电脑上（而不是 TurtleBot 上的那台）运行 voice_nav_commands.launch 文件：

```
$ roslaunch rbx1_speech voice_nav_commands.launch
```

然后在另一个终端中运行 turtlebot_voice_nav.launch 文件：

```
$ roslaunch rbx1_speech turtlebot_voice_nav.launch
```

第一次请尝试一个相对安全的语音命令如"rotate right"（右转）。查看前面的命令列表以得到可以让机器人移动的不同命令。在 turtlebot_voice_nav.launch 文件中通过修改变量的值来设置 TurtleBot 的最大速度以及当你说"go faster"(加速)或"slow down"(减速)时机器人加速或减速的快慢。

下面提供一个在改良的 TurtleBot 上运行的示范,这个视频[1]展示了语言识别脚本的功能。

9.5 安装及测试文字转语音系统 Festival

现在我们能够对我们的机器人说话了,如果它也能对我们说话会更好。CMU Festival 系统与 ROS sound_play 包(package)配合使用可完成文字转语音(Text - to - speech,TTS)。如果你从一开始跟随本章的教程,那么你已经做好了接下来的一步。否则,你需要运行它。你会被提示是否安装 Festival 包(package),若你还没有安装过他们——当然你得回复"Y":

```
$ sudo apt - get install ros - hydro - audio - common
$ sudo apt - get install libasound2
```

sound_play 包(package)使用 CMU Festival TTS library 生成混合的语音。让我们来测试一下默认的语音吧。首先启动基本的 sound_play 节点(node):

```
$ rosrun sound_play soundplay_node.py
```

在另外一个终端里输入一些你想要转化成语音的文字:

```
$ rosrun sound_play say.py "Greetings Humans. Take me to your leader."
```

默认的声音样式叫作 kal_diphone。下面命令查看所有系统已安装的英语语音样式:

```
$ ls /usr/share/festival/voices/english
```

查看所有基本的可用 Festival voice,运行下面的命令:

```
$ sudo apt - cache search - - names - only festvox - *
```

安装 festvox - don 声音样式(举例来说),运行:

```
$ sudo apt - get install festvox - don
```

若测试新的声音样式,你需要添加这个声音样式名称到命令的末尾,就像这样:

```
$ rosrun sound_play say.py "Welcome to the future" voice_don_diphone
```

---

[1] 地址:http://www.youtube.com/watch?v = 10ysYZUX_jA。

这里并非提供大量可供选择的声音样式，而是一小部分额外的声音供你选择安装，像这里描述和示范的一样。下面是两个使用这些声音样式的步骤，一个男声和一个女声：

```
$ sudo apt-get install festlex-cmu
$ cd /usr/share/festival/voices/english/
$ sudo wget -c \
    http://www.speech.cs.cmu.edu/cmu_arctic/packed/cmu_us_clb_arctic \
    -0.95-release.tar.bz2
$ sudo wget -c \
    http://www.speech.cs.cmu.edu/cmu_arctic/packed/cmu_us_bdl_arctic \
    -0.95-release.tar.bz2
$ sudo tar jxfv cmu_us_clb_arctic-0.95-release.tar.bz2
$ sudo tar jxfv cmu_us_bdl_arctic-0.95-release.tar.bz2
$ sudo rm cmu_us_clb_arctic-0.95-release.tar.bz2
$ sudo rm cmu_us_bdl_arctic-0.95-release.tar.bz2
$ sudo ln -s cmu_us_clb_arctic cmu_us_clb_arctic_clunits
$ sudo ln -s cmu_us_bdl_arctic cmu_us_bdl_arctic_clunits
```

你可以像这样测试这两个声音：

```
$ rosrun sound_play say.py "I am speaking with a female C M U voice" \
    voice_cmu_us_clb_arctic_clunits
$ rosrun sound_play say.py "I am speaking with a male C M U voice" \
    voice_cmu_us_bdl_arctic_clunits
```

注意：若你在第一次运行时并没有听到想要的词语，请尝试重新运行上述指令。另外，你要记得保持 sound_play 节点（node）在另一个终端中处于运行状态。

你也可以使用 sound_play 来播放波形文件或几个自带的声音。要播放位于 rbx1_speech/sounds 的波形文件 R2D2，使用以下命令：

```
$ rosrun sound_play play.py `rospack find rbx1_speech`/sounds/R2D2a.wav
```

由于 play.py 脚本需要使用波形文件的绝对路径名，所以我们使用了 rospack find。您也可以直接输入全部的路径名称。

在更早版本的 ROS 中，playbuiltin.py 脚本能够播放若干个音频。不幸的是，这个脚本在当前版本的 Hydro 上并不能使用，这个问题在这里有报告。

9.5.1 在 ROS 节点（node）中使用文字转语音系统

到现在为止，我们仅在命令行中使用了 Festival 语音系统。想要知道如何在一个 ROS 节点中使用文字转语音系统，让我们一起来看一下位于 rbx1_speech/nodes 目录下的 talkback.py 脚本吧（源代码：talkback.py[①]）。

---

① 地址：https://github.com/pirobot/rbx1/blob/hydro-devel/rbx1_speech/nodes/talkback.py。

```python
1.  #!/usr/bin/env python
2.  
3.  import rospy
4.  from std_msgs.msg import String
5.  from sound_play.libsoundplay import SoundClient
6.  import sys
7.  
8.  class TalkBack:
9.      def __init__(self, script_path):
10.         rospy.init_node('talkback')
11. 
12.         rospy.on_shutdown(self.cleanup)
13. 
14.         # Set the default TTS voice to use
15.         self.voice = rospy.get_param("~voice", "voice_don_diphone")
16. 
17.         # Set the wave file path if used
18.         self.wavepath = rospy.get_param("~wavepath", script_path + "/../sounds")
19. 
20.         # Create the sound client object
21.         self.soundhandle = SoundClient()
22. 
23.         # Wait a moment to let the client connect to the
24.         # sound_play server
25.         rospy.sleep(1)
26. 
27.         # Make sure any lingering sound_play processes are stopped.
28.         self.soundhandle.stopAll()
29. 
30.         # Announce that we are ready for input
31.         self.soundhandle.playWave(self.wavepath + "/R2D2a.wav")
32.         rospy.sleep(1)
33.         self.soundhandle.say("Ready", self.voice)
34. 
35.         rospy.loginfo("Say one of the navigation commands...")
36. 
37.         # Subscribe to the recognizer output and set the callback function
38.         rospy.Subscriber('/recognizer/output', String, self.talkback)
39. 
40.     def talkback(self, msg):
41.         # Print the recognized words on the screen
42.         rospy.loginfo(msg.data)
43. 
44.         # Speak the recognized words in the selected voice
45.         self.soundhandle.say(msg.data, self.voice)
```

```
46.
47.        # Uncomment to play one of the built-in sounds
48.        #rospy.sleep(2)
49.        #self.soundhandle.play(5)
50.
51.        # Uncomment to play a wave file
52.        #rospy.sleep(2)
53.        #self.soundhandle.playWave(self.wavepath + "/R2D2a.wav")
54.
55.    def cleanup(self):
56.        self.soundhandle.stopAll()
57.        rospy.loginfo("Shutting down talkback node...")
58.
59. if __name__ == "__main__":
60.     try:
61.         TalkBack(sys.path[0])
62.         rospy.spin()
63.     except rospy.ROSInterruptException:
64.         rospy.loginfo("AMCL navigation test finished.")
```

我们来看看这个脚本中的关键代码：

```
5.    from sound_play.libsoundplay import SoundClient
```

这个脚本使用（从 sound_play 库中引用的）SoundClient 类与 sound_play 服务器进行通信。

```
15.        self.voice = rospy.get_param("~voice", "voice_don_diphone")
```

为文字转语音系统设置 Festival 声音。这可以在启动文件中重写。

```
18.        self.wavepath = rospy.get_param("~wavepath", script_path + "/../sounds")
```

为读取波形文件设置路径。sound_play 主从机需要波形文件的全路径名称，所以我们从环境变量 sys.path[0] 中读取 script_path（请看位于脚本末尾的"__main__"部分）。

```
21.        self.soundhandle = SoundClient()
```

为 SoundClient() 创建一个 handle 对象。

```
30.        self.soundhandle.playWave(self.wavepath + "/R2D2a.wav")
31.        rospy.sleep(1)
32.        self.soundhandle.say("Ready", self.voice)
```

使用 self.soundhandle 对象来播放一小段波形文件（R2D2 声音），然后用默认语音说"Ready"（准备好了）。

```
40.    def talkback(self, msg):
41.        # Print the recognized words on the screen
42.        rospy.loginfo(msg.data)
43.
44.        # Speak the recognized words in the selected voice
45.        self.soundhandle.say(msg.data, self.voice)
```

这是我们接受到来自/recognizer/output 主题（topic）时的返回信号。变量 msg 保存了用户所说的文字，当然这些文字是经过 PocketSphinx 节点（node）识别后的。如你所见，这段代码只是在用默认语音说话的同时将识别到的文字返回到终端去。

要了解更多关于 SoundClient 对象，请查看位于 ROS Wiki 上的 libsoundplay API[①]。

9.5.2 测试 talkback.py 脚本

你可以通过 talkback.launch 启动文件测试脚本。启动文件首先运行 PocketSphinx 识别器（recognizer）节点（node）并载入导航词句。然后 sound_play 节点（node）将被运行，然后是 talkback.py 脚本。所以首先要终止任何你正在运行的 sound_play 节点（node），然后执行以下命令：

```
$ roslaunch rbx1_speech talkback.launch
```

现在，试着说一个语音导航命令，如我们之前用到的"move right"（向右移动）。这时你会听到 TTS（文字转语音）声音输出你所说的命令。

你现在应该能够编写自己的脚本来结合语音识别和文字转语音系统。比如，试试看你能否在询问日期后让你的机器人根据系统时钟回应你当前的时间。

---

① 地址：http://www.ros.org/doc/api/sound_play/html/libsoundplay_8py_source.html。

10　机器人的视觉系统

有人说我们正处于计算机视觉系统的黄金时代,像微软 Kinetic 和 Asus Xtion 这样的廉价高性能网络摄像机能够为机器人爱好者们提供 3D 立体视觉而又不必花费一大笔钱去购买立体摄像机。但是,仅仅让电脑获取大量的像素单元和值是不够的,使用这些数据去提取有用的视觉信息才是比较有挑战性的计算问题。幸运的是,成千上万的科学家们在几十年的努力中研究出了一套强大的视觉算法,它能把简单的颜色转换成方便我们使用的数据,而不用我们从零开始。

机器视觉的总体目标是识别隐藏在像素组成的世界中物体的结构。每个像素都是一个有连续状态变换的流,能够影响它变化的因素取决于投在这一像素上的光线亮度、视觉角度、目标动作、规则和不规则的噪音。所以,电脑视觉算法是为了从这些变化的值中提取更加稳定的特征而设计的。特征可能是某个角落、某个边界、某个特定区域、某块颜色,或者动作碎片等。当从一张图片或一个视频中获取到稳定特征的集合时,我们便可以通过对它们的追踪,或将某些合并在一起,来支持对象的侦测和识别。

10.1　OpenCV、OpenNI 和 PCL

OpenCV、OpenNI 和 PCL 是 ROS 机器人视觉系统的三大支柱。OpenCV 被用于 2D 图像处理和机器学习。OpenNI 提供当我们使用一些深度相机(如 Kinect 和 Xtion)时的驱动以及 "Natural Interaction" 库,来实现骨架追踪。PCL 又叫 "Point Cloud Library",是处理 3D 点云的一个选择。在本书中,我们将主要关注于 OpenCV,但我们同时也会为 OpenNI 和 PCL 提供一些简短的介绍(已经熟悉 OpenCV 和 PCL 的读者可能会对 Ecto 感兴趣,它是 Willow Garage 新写的视觉框架,它允许你通过一个接口同时使用 OpenCV 和 PCL 两个库)。

在这一章节中我们将学习:
- 用 ROS 连接一个网络摄像头或 RGB-D 摄像头。
- 使用 OpenCV 在 ROS cv_bridge 中处理 ROS 中的图像流。
- 编写 ROS 程序来侦测人脸,使用光学流追踪视觉中的关键点,跟随一个特定颜色的对象。
- 通过 RGB-D 摄像头和 OpenNI 追踪使用者的骨架。
- 用 PCL 侦测距离机器人最近的人。

10.2　关于摄像头的分辨率的注意事项

大多数在机器人上使用的摄像头都可以设置为多个分辨率,常见分辨率有 160×120(QQVGA)、320×240(QVGA)、640×480(VGA),有时甚至高达 1280×960($S \times GA$)。我们总是尽可能地将分辨率设置高一点以获得更多的图像细节。然而,更多的像素点意味着对于每帧画面计算机要处理更大的计算量。例如,640×480 分辨率中的视频中每个画面包含的像素数量是分辨率为 320×240 视频中的 4 倍。这意味对于每一项图像处理,前者需要 4 倍于后者的操作量。如果你的 CPU 和图形处理器在处理 20 帧 320×240 的时候已经处于饱和状态,那么当你使用 640×480 的视频时就只剩下 5 帧了,这对于大部分移动机器人来说太低了。

经验告诉我们,320×240 分辨率(QVGA)的清晰度是对图像细节表现和图像运算量之间的一个较好的折中点。使用任何比这更小的分辨率将导致细节丢失而使像人脸侦测这样的功能无法成功。而使用比这更大的分辨率你将很可能在低帧率视频和其他进程的延迟中备受煎熬。正因如此，在这本书中所有的 launch file 中视频分辨率均设置为 320×240。当然，如果你有一台极度快速的电脑来控制机器人的话就另当别论了，使用更高的分辨率也能够获得好的效果。

10.3 安装和测试 ROS 摄像头驱动

若你还没这么做，那请用下面的指令为你的摄像头安装必需的驱动。

10.3.1 安装 OpenNI 驱动

要为微软 Kinect 或 Asus Xtion 安装 ROS OpenNI 驱动，使用下列命令：

```
$ sudo apt-get install ros-hydro-openni-camera
```

10.3.2 安装 Webcam 驱动

要使用一般的 USB 网络摄像头，有多种可用的驱动供你选择。我们在这里将使用来自 Eric Perko's repository 的一款。输入下列命令行到你自己的 ROS 目录中，重新获得源代码，然后创建 package：

```
$ sudo apt-get install git-core
$ cd ~/ros_workspace
$ git clone https://github.com/ericperko/uvc_cam.git
$ rosmake uvc_cam
```

重要：如果你在使用 ROS Electric 中更早版本的 uvc_cam 包、Fuerte 或 Groovy，请确定重新创建最新版本。

```
$ roscd uvc_cam
$ git pull
$ rosmake --pre-clean
```

10.3.3 测试 kinect 或 Xtion 摄像头

在你安装好了 OpenNI 驱动之后，请确定你可以通过调用 ROS 中的 image_view 从摄像头中看到视频流。对 Kinect 和 Xtion，首先将它插入一个可用的 USB 接口（如果是 Kinnect，记得要另接 12V 电源适配器），然后运行以下启动文件（launch file）：

```
$ roslaunch rbx1_vision openni_node.launch
```

如果与摄像头的连接成功的话，你将看到如下一系列诊断消息：

[INFO] [1384877526.285283926]: Number devices connected: 1
[INFO] [1384877526.285412166]: 1. device on bus 002:77 is a SensorV2 (2ae) from PrimeSense (45e) with serial id 'A00365A20145047A'
[INFO] [1384877526.286543142]: Searching for device with index = 1
[INFO] [1384877526.341836602]: Opened 'SensorV2' on bus 2:77 with serial number 'A00365A20145047A'
process[camera_base_link2-20]: started with pid [17928]
process[camera_base_link3-21]: started with pid [17946]
[INFO] [1384877527.436366816]: rgb_frame_id = '/camera_rgb_optical_frame'
[INFO] [1384877527.436487549]: depth_frame_id = '/camera_depth_optical_frame'

注意：看到"Skipping XML Document…"字样的错误提示信息，或少许关于摄像头矫正文件无法找到的警告信息，请不要担心，你可以直接忽视这些错误信息。

接下来，用 ROS image_view 来查看 RGB 视频流。我们已经设置好了摄像头的启动文件（launch file），所以彩色视频流将被发布到 ROS topic 上（/camera/rgb/image_color）。若要查看视频，运行：

```
$ rosrun image_view image_view image:=/camera/rgb/image_color
```

片刻后，一个小视频窗口将会弹出，你应该能够看到从摄像头传来的现场画面。在摄像头前移动一些物体来确保图像能够成功地更新。完成你要做的事情后，关闭 image_view 窗口或在开启视频的终端中按"Ctrl-C"来退出。

你也同样可以试试使用 ROS disparity_view 节点查看从摄像头传来的深度图像：

```
$ rosrun image_view disparity_view image:=/camera/depth/disparity
```

这样，你所看到的颜色将用于区分距离摄像头远近的不同物体（红黄表示距离更近的点，蓝紫表示距离更远的点，而绿色则表示中间距离的点）。记得如果物体离摄像机距离小于最小限制（约为50cm），那么物体将呈现灰色，表示深度值不再适用。

10.3.4 测试 USB 网络摄像头

对于一个 USB 摄像头，需要选择我们需要的视频设备来使用它。如果你的电脑上有一个自带的摄像头（很多笔记本电脑就是这样），那么它很可能会在/dev/video0 中，而外置的 USB 摄像头则很可能会在/dev/video1 中。请确保用"Ctrl-C"退出前面打开的 openni_node.launch 文件，如果它在运行的话，然后根据你的网络摄像头运行下面的命令：

```
$ roslaunch rbx1_vision uvc_cam.launch device:=/dev/video0
```

或

```
$ roslaunch rbx1_vision uvc_cam.launch device:=/dev/video1
```

如果连接成功，你应该可以看到一系列诊断消息描述各种摄像头设置。如果这些消息中含有某些参数未被设置的信息，请不用担心。

接下来，用 ROS image_view 工具来查看基本视频流。我们已经设置好摄像头启动文件，所以彩色视频流已经被发布在 ROS topic /camera/rgb/image_color 中。为了查看视频，我们运行：

```
$ rosrun image_view image_view image:=/camera/rgb/image_color
```

片刻后，一个小视频窗口将会弹出，你应该能够看到从摄像头传来的现场画面。在摄像头前移动一些物体来确保图像能够成功地更新。

注意：在默认状态下，uvc_cam node 发布图像到/camera/image_raw topic。启动文件 uvc_cam.launch 重新映射 topic 到/camera/rgb/image_color。这是 openni 驱动为深度摄像头使用的 topic。这样我们就可以在使用两种不同（彩色和深度）类型摄像头的情况下使用相同的代码了。

10.4 在 Ubuntu Linux 上安装 OpenCV

Ubuntu 环境下安装 OpenCV，最简单的方式是用 Debian packages。截至写本书时，其最新版本为 2.4。用以下命令进行安装：

```
$ sudo apt-get install ros-hydro-opencv2 ros-hydro-vision-opencv
```

如果你只需要最新版本中的某个功能[1]，那么只要在源代码上编译出库就可以了。

要检查你的安装，尝试以下命令：

```
$ python
>>> from cv2 import cv
>>> quit()
```

假设没有出现导入错误，说明你已经可以跳过本节开始下一节了；如果出现了下列错误：

```
ImportError: No module named cv2
```

那么说明 OpenCV 没有安装好，或者是 Python 运行路径没有设置正确。OpenCV Python 库储存在 cv2.so 文件中。运行下列命令检查它是否被安装了：

```
$ locate cv2.so | grep python
```

---

[1] 地址：http://docs.opencv.org/doc/tutorials/introduction/linux_install/linux_install.html。

你应该得到像下面这样的输出：

/opt/ros/hydro/lib/python2.7/dist-packages/cv2.so

（如果你的电脑中安装有其他 ROS 版本的话，你可能会看到其中 cv2.so 的副本也被列出）

10.5 ROS 和 OpenCV：cv_bridge 程序包

在摄像头驱动设置好并开始工作后，我们现在需要做的是用 OpenCV 来处理 ROS 中的视频流。ROS 提供 cv_bridge 工具在 ROS、OpenCV 和图像格式之间切换。基于 Python 的脚本 cv_bridge.demo.py（位于 rbx1_vision/nodes 目录下）解释了怎样使用 cv_bridge。在我们看代码之前，可以先试试它。

如果你有 Kinect 或 Xtion，确保你首先运行了 OpenNI 驱动：

```
$ roslaunch rbx1_vision openni_node.launch
```

或者，你用的是网络摄像头：

```
$ roslaunch rbx1_vision uvc_cam.launch device:=/dev/video0
```

（需要变更视频设备）

现在运行 cv_bridge_demo.py 节点：

```
$ rosrun rbx1_vision cv_bridge_demo.py
```

短暂的延迟之后，你会看到两个视频窗口出现。上面的视频显示被 OpenCV 过滤器转换成灰度图的实况图像。下面的窗口则显示灰度深度图，在图中白色的像素点距离更远而深灰色的点距离更近（若使用普通网络摄像头的话，这个窗口呈现一片空白）。要退出演示程序，可在鼠标位于其中一个窗口上的情况下，按下字母"q"或在打开程序的终端中使用"Ctrl-C"。

现在让我们来看看它的代码是怎样工作的（源文件链接：cv_bridge_demo.py[①]）：

```
1. #!/usr/bin/env python
2.
3. import rospy
4. import sys
5. import cv2
6. import cv2.cv as cv
7. from sensor_msgs.msg import Image, CameraInfo
8. from cv_bridge import CvBridge, CvBridgeError
9. import numpy as np
```

---

① 地址：https://github.com/pirobot/rbx1/blob/hydro-devel/rbx1_vision/nodes/cv_bridge_demo.py。

```
10.
11. class cvBridgeDemo():
12.     def __init__(self):
13.         self.node_name = "cv_bridge_demo"
14.
15.         rospy.init_node(self.node_name)
16.
17.         # What we do during shutdown
18.         rospy.on_shutdown(self.cleanup)
19.
20.         # Create the OpenCV display window for the RGB image
21.         self.cv_window_name = self.node_name
22.         cv.NamedWindow(self.cv_window_name, cv.CV_WINDOW_NORMAL)
23.         cv.MoveWindow(self.cv_window_name, 25, 75)
24.
25.         # And one for the depth image
26.         cv.NamedWindow("Depth Image", cv.CV_WINDOW_NORMAL)
27.         cv.MoveWindow("Depth Image", 25, 350)
28.
29.         # Create the cv_bridge object
30.         self.bridge = CvBridge()
31.
32.         # Subscribe to the camera image and depth topics and set
33.         # the appropriate callbacks
34.         self.image_sub = rospy.Subscriber("/camera/rgb/image_color",
35.                           Image, self.image_callback)
36.         self.depth_sub = rospy.Subscriber("/camera/depth/image_raw",
37.                           Image, self.depth_callback)
38.
39.         rospy.loginfo("Waiting for image topics...")
40.
41.     def image_callback(self, ros_image):
42.         # Use cv_bridge() to convert the ROS image to OpenCV format
43.         try:
44.             frame = self.bridge.imgmsg_to_cv(ros_image, "bgr8")
45.         except CvBridgeError, e:
46.             print e
47.
48.         # Convert the image to a Numpy array since most cv2 functions
49.         # require Numpy arrays.
50.         frame = np.array(frame, dtype=np.uint8)
51.
52.         # Process the frame using the process_image() function
53.         display_image = self.process_image(frame)
54.
```

```
55.        # Display the image.
56.        cv2.imshow(self.node_name, display_image)
57.
58.        # Process any keyboard commands
59.        self.keystroke = cv.WaitKey(5)
60.        if 32 <= self.keystroke and self.keystroke < 128:
61.            cc = chr(self.keystroke).lower()
62.            if cc == 'q':
63.                # The user has press the q key, so exit
64.                rospy.signal_shutdown("User hit q key to quit.")
65.
66.    def depth_callback(self, ros_image):
67.        # Use cv_bridge() to convert the ROS image to OpenCV format
68.        try:
69.            # The depth image is a single-channel float32 image
70.            depth_image = self.bridge.imgmsg_to_cv(ros_image, "32FC1")
71.        except CvBridgeError, e:
72.            print e

74.        # Convert the depth image to a Numpy array since most cv2 functions
75.        # require Numpy arrays.
76.        depth_array = np.array(depth_image, dtype=np.float32)
77.
78.        # Normalize the depth image to fall between 0 and 1
79.        cv2.normalize(depth_array, depth_array, 0, 1, cv2.NORM_MINMAX)
80.
81.        # Process the depth image
82.        depth_display_image = self.process_depth_image(depth_array)
83.
84.        # Display the result
85.        cv2.imshow("Depth Image", depth_display_image)
86.
87.    def process_image(self, frame):
88.        # Convert to greyscale
89.        grey = cv2.cvtColor(frame, cv.CV_BGR2GRAY)
90.
91.        # Blur the image
92.        grey = cv2.blur(grey, (7, 7))
93.
94.        # Compute edges using the Canny edge filter
95.        edges = cv2.Canny(grey, 15.0, 30.0)
96.
97.        return edges
98.
99.    def process_depth_image(self, frame):
```

```
100.        # Just return the raw image for this demo
101.        return frame
102.
103.    def cleanup(self):
104.        print "Shutting down vision node."
105.        cv2.destroyAllWindows()
106.
107. def main(args):
108.     try:
109.         cvBridgeDemo()
110.         rospy.spin()
111.     except KeyboardInterrupt:
112.         print "Shutting down vision node."
113.         cv.DestroyAllWindows()

115. if __name__ == '__main__':
116.     main(sys.argv)
```

让我们来看看脚本中的主要代码：

```
5. import cv2
6. import cv2.cv as cv
7. from sensor_msgs.msg import Image, CameraInfo
8. from cv_bridge import CvBridge, CvBridgeError
9. import numpy as np
```

cv2 库和更老的 pre-cv2 函数（在 cv2.cv 中）都将导入我们所有的 OpenCV 脚本中。我们也常使用 ROS 消息（message）类型图像和来自 sensor_msgs 包中的 CameraInfo。对于一个需要将 ROS 格式图像转换成 OpenCV 图像的节点，我们需要 ROS cv_bridge 包中的 CvBridge 和 CvBridgeError 类。最后，OpenCV 用 Numpy arrays 完成它的大多数图像处理。所以我们几乎总是需要进入 Python 的 numpy 模块：

```
20.     # Create the OpenCV display window for the RGB image
21.     self.cv_window_name = self.node_name
22.     cv.NamedWindow(self.cv_window_name, cv.CV_WINDOW_NORMAL)
23.     cv.MoveWindow(self.cv_window_name, 25, 75)
24.
25.     # And one for the depth image
26.     cv.NamedWindow("Depth Image", cv.CV_WINDOW_NORMAL)
27.     cv.MoveWindow("Depth Image", 25, 350)
```

如果你已经对 OpenCV 非常熟悉，那么你就能轻易地看懂这些创建带有名字的用来监视视频流窗口的语句。在这种情况下，一个窗口用来显示正常的 RGB 视频，另一个用来显示深度图（如果我们使用了 RGB – D 摄像头的话）。我们还需要将深度图的视频窗口移动到 RGB 窗口的下面。

```
30.        self.bridge = CvBridge()
```

这里显示了我们如何创建 Cvbridge 对象，以便在稍后的过程中将 ROS 图片转换成 OpenCV 格式。

```
34.        self.image_sub = rospy.Subscriber("/camera/rgb/image_color",
35.                    Image, self.image_callback)
36.        self.depth_sub = rospy.Subscriber("/camera/depth/image_raw",
37.                    Image, self.depth_callback)
```

这是两个主要的 subscriber，一个用于 RGB 图片流，另一个用于深度图像流。通常情况下，我们不会在代码中用硬编码主题（topic）的名字以便在 launch file 中重新映射它。但是在示例程序中，我们将使用 openni node 使用的默认的 topic 名字。由于要针对所有 subscriber，我们将为每一个图片的工作安排一个反馈函数。

```
41.    def image_callback(self, ros_image):
42.        # Use cv_bridge() to convert the ROS image to OpenCV format
43.        try:
44.            frame = self.bridge.imgmsg_to_cv(ros_image, "bgr8")
45.        except CvBridgeError, e:
46.            print e
```

这是 RGB 图像反馈函数的开头。可以看到 ROS 提供了第一个参数，也就是我们调用的 ros_image。

然后 try – except 部分的代码用 imgmsg_to_cv 函数来将图像转化成 OpenCV 格式，完成了蓝/绿/红 8 位的转化。

```
50.        frame = np.array(frame, dtype = np.uint8)
51.
52.        # Process the frame using the process_image() function
53.        display_image = self.process_image(frame)
54.
55.        # Display the image.
56.        cv2.imshow(self.node_name, display_image)
```

大多数 OpenCV 函数需要图片被转化成一个 Numpy 数组。在这里，我们做了这样的转化，然后把转化出的数组传给 process_image（）函数，我们将在下面叙述。此函数输出一个名叫"display_image"的新图像。它将被显示在我们先前创建的 OpenCV imshow（）函数显示窗口中。

```
58.        # Process any keyboard commands
59.        self.keystroke = cv.WaitKey(5)
60.        if 32 <= self.keystroke and self.keystroke < 128:
61.            cc = chr(self.keystroke).lower()
62.            if cc == 'q':
63.                # The user has press the q key, so exit
64.                rospy.signal_shutdown("User hit q key to quit.")
```

最后,我们会寻找用户键盘的输入。这里,我们只会寻找字母"q"的输入,q是关闭脚本运行的信号。

```
64.    def depth_callback(self, ros_image):
65.        # Use cv_bridge() to convert the ROS image to OpenCV format
66.        try:
67.            # The depth image is a single-channel float32 image
68.            depth_image = self.bridge.imgmsg_to_cv(ros_image, "32FC1")
69.        except CvBridgeError, e:
70.            print e
```

深度图反馈函数的开头和上面讨论过的反馈函数是类似的。第一个出现的不同之处在于我们使用了一个将 RGB 图像转化为单通道 32 位浮点的图片格式(32FC1)的转换而不是 3 通道 8 位格式的转换。

```
76.        depth_array = np.array(depth_image, dtype=np.float32)
77.
78.        # Normalize the depth image to fall between 0 and 1
79.        cv2.normalize(depth_array, depth_array, 0, 1, cv2.NORM_MINMAX)
```

在将图像转化为 Numpy 数组之后,我们再将每个元素标准化为 [0, 1],因为 OpenCV 的 imshow() 函数可以在像素值在 0 到 1 之间取值时显示灰度图片。

```
82.        depth_display_image = self.process_depth_image(depth_array)
83.
84.        # Display the result
85.        cv2.imshow("Depth Image", depth_display_image)
```

这个数组被传到了 process_depth_image() 函数进行进一步的处理(如果需要),然后将结果展示在之前创建的深度图显示窗口中。

```
87.    def process_image(self, frame):
88.        # Convert to greyscale
89.        grey = cv2.cvtColor(frame, cv.CV_BGR2GRAY)
90.
91.        # Blur the image
92.        grey = cv2.blur(grey, (7, 7))
93.
94.        # Compute edges using the Canny edge filter
95.        edges = cv2.Canny(grey, 15.0, 30.0)
96.
97.        return edges
```

回想前面的过程中，图像的反馈函数依次调用了 process_image () 函数以防我们想要在展示给用户之前对图像进行操作。为了达到这个目的，这里我们将图片转化为灰度图，用一个 Gaussian 滤波器（在 x 方向和 y 方向上各 7 个像素的范围中）去模糊图片，然后在得到的结果图片上计算 Canny 边缘。最后后边缘图像会被返回到反馈函数中展示给用户。

```
99.     def process_depth_image(self, frame):
100.        # Just return the raw image for this demo
101.        return frame
```

在 demo 中，我们对深度图没有做任何操作仅仅把原图返回。你尽可以添加任何你想要的 OpenCV 过滤器。

10.6 ros2opencv2.py 工具

很多 ROS 视觉节点（vision node）都会具有一些常用的功能，比如将 ROS 图转化为 OpenCV 图格式的 cv_bridge、在屏幕上输出文字信息、让用户可以用鼠标选择区域，等等。我们将从编写一个关注这些常用功能的脚本开始，这个脚本也可以被包含在其他节点中。

位于 rbx1_vision/src/rbx1_vision 子目录下的 ros2opencv2.py 文件执行以下任务：
- subscribe 由相机驱动接受的未加工的图片。图片的格式在 ROS sensor_msgs/Image 消息类型中有定义。
- 创建一个 ROScv_bridge 的实例来将 ROS 图像转化成 OpenCV 格式。
- 创建一个 OpenCV 展示窗口来监控图像。
- 创建一个处理用户鼠标点击事件的反馈函数，例如选择一个区域追踪。
- 创建一个 process_image () 函数，它将进行所有的图像处理工作并返回处理后的结果。
- 创建一个 process_depth_image () 函数来处理深度图。
- 发布一个 ROI（region of interest）到包含了由 process_image () 返回的像素值或关键点的/roi topic。
- 对当前检测到的目标在全局变量 self.detect_box 中的位置做保存。
- 对当前追踪到的目标在全局变量 self.track_box 中的位置做保存。

我们将在下面建立一些其他 ROS node，这些节点会对 process_image () 和 process_depth_image

()进行重载并且对特定的细节如人脸、颜色或者区域中的关键点进行侦测。

脚本中大多数代码都非常直接明了，它们仅仅是在之前我们看到的 cv_bridge_demo.py 脚本上扩展出来的，所以我们不会对它进行一行一行的解释（脚本中有大量的注释并且能够较好地告诉你每个部分在做些什么。你也可以通过源文件链接查看它们：ros2opencv2.py[①]）。

但是在进行下一步更加复杂的视觉处理之前，让我们先单独测试一下 ros2opencv2.py 节点（node）。在一个终端中打开你的摄像头驱动，然后在另外一个终端中运行 ros2opencv2.launch 文件，像下面这样：

```
$ roslaunch rbx1_vision ros2opencv2.launch
```

短暂的停顿后，你应该能够看到 OpenCV 展示窗口的出现。在默认情况下，你还会看到处理图片的速度（CPS = 每秒的循环次数）和图片的分辨率（CPS 是用来处理一帧图片所用时间的倒数，因此它是用来评估可以处理的最快帧数的指标）。你可以用鼠标拖拽重新定义窗口的大小。若你对图像上的某个点进行点击，一个小黄圈或点会出现在你点击的位置。若你在图像上拖拽，一个黄色的矩形选择框会出现在你拖拽的地方，直到你松开鼠标，这个区域将变成绿色。这个绿色的区域表示了你感兴趣的区域（ROI）。要查看 ROI 的坐标，打开另一个终端，然后查看/roi topic：

```
$ rostopic echo /roi
```

尝试在图像窗口中画出不同的矩形框，然后你会看到跟着发生变化的 ROI 域的值。这些域的含义是：

- x_offset：矩形区域的左上角 x 轴坐标值。
- y_offset：矩形区域的左上角 y 轴坐标值。
- height：以像素为单位的区域高度。
- width：以像素为单位的区域宽度。
- do_rectify：布尔值（即真或假）。通常为"假"，当为真时，ROI 是相对于整个图像来定义的，为假时，是在图像的子区域内定义的，而不是定义为整个图像。

请注意坐标的偏移值（offset）是相对于图像窗口的左上角（0，0）的。正的 x 值从左到右增加，而 y 值从上到下增加。x 的最大值是 width − 1，y 的最大值是 height − 1。

10.7 处理储存的视频

rbx1_vision package 同样包含一个名叫 video2ros.py 的节点（node），用来将存储的视频转化进入到 ROS 视频流中，这样我们才可以使用它。为了测试这个节点（node），关闭所有可能已经在其他终端中开启的摄像头驱动。同时也要把 ros2opencv2.py 节点（node）关掉，如果它还在运行的话。然后运行以下命令：

```
$ rosrun rbx1_vision cv_bridge_demo.py
```

[①] 地址：https://github.com/pirobot/rbx1/blob/hydro − devel/rbx1_vision/src/rbx1_vision/ros2opencv2.py。

```
[INFO] [WallTime: 1362334257.368930] Waiting for image topics...
$ roslaunch rbx1_vision video2ros.launch input: = `rospack find \
    rbx1_vision`/videos/hide2.mp4
```

(这个视频来自 Honda/UCSD 视频库①的好心赠送)

你应该能够看到两个激活的显示窗口（深度图像窗口还是空白）。这个窗口名叫"视频回放"，它允许你控制被保存的过往视频：点击窗口的任意部位使它在桌面的最上方，然后通过按下"Space Bar"来暂停和继续视频，按下"r"来重新开始这段视频。其他窗口展示的输出来自 cv_bridge_demo.py 节点，是之前我们提到过的，计算图像中输入的边缘图。

Video2ros.py 脚本有大量的注释并且能够很好地解释代码的意义。你可以通过 video2ros.py② 找到网上的代码。

现在我们基本的视觉节点（node）已经正常工作了，接下来我们将尝试几个 OpenCV 的视觉处理功能。

10.8 OpenCV：计算机视觉的开源库

1999 年，OpenCV 被 Intel 开发出来，用于测试 CPU 高利用率应用。2000 年，OpenCV 被公之于众。2008 年，OpenCV 主要的开发工作被 Willow Garage 接管。OpenCV 并不像基于 GUI 的视觉包（package）（如 Windows 下的 RoboRealm③）那样容易使用。但是，OpenCV 中可用的函数代表了很多最新水平的视觉算法和机器学习方法，比如支持向量机、人工智能神经网络和随机树。

OpenCV 可以在 Linux、Windows、MacOS X 和 Android 上作为一个独立的库运行。对那些 OpenCV 的新手来说，请注意我们仅仅触碰到了 OpenCV 的冰山一角。要得到完整的介绍和它的特点，请通过 Gary Bradski④ 和 Kaehler⑤ 去学习 OpenCV。你也可以通过网上的在线手册⑥来学习，其中包含若干初级教程。

10.8.1 人脸侦测

OpenCV 使在图片或视频流中侦测人脸变得相对简单。介于对那些感兴趣于机器人视觉的人来说这是一个很受欢迎的功能，我们将从这里开始。

OpenCV 的人脸侦测使用一个带有 Haar – like 特点的 Cascade Classifier⑦。你可以在提供的超链接中学习更多关于 cascade classifiers 和 Haar features 的知识。现在，我们所需要理解的就是 OpenCV cascade classifier 可以由定义着不同侦测对象的 XML 初始化。我们将使用这些文件中的两个来侦测一个正面的人脸。另一个文件将允许我们侦测到侧面的人脸。这些文件是被机器学习的算法在成百上千的含或不含人脸的图片训练后得到的。这样学习算法可以将人脸的特征提取出来并存放在 XML 文件中（更加额外的 cascade file 还能够被训练于侦测眼睛或者甚至整个人）。

其中的一些 XML 文件已经从 OpenCV 的源代码树拷贝到了 rbx1_vision/data/ haar_detectors 目

---

① 地址：http://vision.ucsd.edu/~leckc/HondaUCSDVideoDatabase/Honda UCSD.html
② 地址：https://github.com/pirobot/rbx1/blob/hydro – devel/rbx1_vision/nodes/video2ros.py。
③ 地址：http://www.roborealm.com/。
④ 地址：http://www.amazon.com/Learning – OpenCV – Computer – Vision – Library/dp/0596516134。
⑤ 地址：http://www.amazon.com/Learning – OpenCV – Computer – Vision – Library/dp/0596516134。
⑥ 地址：http://docs.opencv.org/。
⑦ 地址：http://docs.opencv.org/modules/objdetect/doc/cascade_classification.html。

录，我们将它们用在我们下面的脚本。

我们的 ROS 人脸检测点位于 rbx1_vision/ src /rbx1_vision 目录中的文件 face_detector.py。在我们看代码之前，先来做一个尝试吧。

要运行侦测程序，首先要运行相应的视频驱动程序。对于 Kinect 或 Xtion：

```
$ roslaunch rbx1_vision openni_node.launch
```

或者对于网络摄像头：

```
$ roslaunch rbx1_vision uvc_cam.launch device: = /dev/video0
```

（如果有必要的话，可改变视频设备）

现在运行人脸侦测节点（node）：

```
$ roslaunch rbx1_vision face_detector.launch
```

如果你将脸放在摄像头前，你会看到一个绿色的框在你的脸上，说明 cascade 探测器发现了它。当探测器找不到你的脸时，框消失，你会看到消息"LOST FACE!"显示在屏幕上。试着把你的脸上、下、左、右移动，也可以尝试将你的手放在你的面前。"命中率（Hit Rate）"也显示在屏幕上的框架中，它表示你的脸被检测到帧的总数除以到目前为止所有帧的数量。

正如你所看到的，侦测的结果是相当不错的，当然它也有局限性，即当你从正面或侧面把你的头放得太远时，探测器就找不到你的脸了。然而，因为人（以及机器人）趋向于面对着彼此互动，所以侦测程序在大多数情况下是能够胜任的。

现在让我们来看看代码吧（源代码链接：face_detector.py[1]）。

```
1. #!/usr/bin/env python
2.
3. import rospy
4. import cv2
5. import cv2.cv as cv
6. from rbx1_vision.ros2opencv2 import ROS2OpenCV2
7.
8. class FaceDetector(ROS2OpenCV2):
9.     def __init__(self, node_name):
10.         super(FaceDetector, self).__init__(node_name)
11.
12.         # Get the paths to the cascade XML files for the Haar detectors.
13.         # These are set in the launch file.
14.         cascade_1 = rospy.get_param("~cascade_1", "")
```

---

[1] 地址：https://github.com/pirobot/rbx1/blob/hydro-devel/rbx1_vision/src/rbx1_vision/face_detector.py

```python
15.        cascade_2 = rospy.get_param("~cascade_2", "")
16.        cascade_3 = rospy.get_param("~cascade_3", "")
17.
18.        # Initialize the Haar detectors using the cascade files
19.        self.cascade_1 = cv2.CascadeClassifier(cascade_1)
20.        self.cascade_2 = cv2.CascadeClassifier(cascade_2)
21.        self.cascade_3 = cv2.CascadeClassifier(cascade_3)
22.
23.        # Set cascade parameters that tend to work well for faces.
24.        # Can be overridden in launch file
25.        self.haar_minSize = rospy.get_param("~haar_minSize", (20, 20))
26.        self.haar_maxSize = rospy.get_param("~haar_maxSize", (150, 150))
27.        self.haar_scaleFactor = rospy.get_param("~haar_scaleFactor", 1.3)
28.        self.haar_minNeighbors = rospy.get_param("~haar_minNeighbors", 1)
29.        self.haar_flags = rospy.get_param("~haar_flags", cv.CV_HAAR_DO_CANNY_PRUNING)
30.
31.        # Store all parameters together for passing to the detector
32.        self.haar_params = dict(minSize = self.haar_minSize,
33.                                maxSize = self.haar_maxSize,
34.                                scaleFactor = self.haar_scaleFactor,
35.                                minNeighbors = self.haar_minNeighbors,
36.                                flags = self.haar_flags)
37.
38.        # Do we should text on the display?
39.        self.show_text = rospy.get_param("~show_text", True)
40.
41.        # Initialize the detection box
42.        self.detect_box = None
43.
44.        # Track the number of hits and misses
45.        self.hits = 0
46.        self.misses = 0
47.        self.hit_rate = 0

49.    def process_image(self, cv_image):
50.        # Create a greyscale version of the image
51.        grey = cv2.cvtColor(cv_image, cv2.COLOR_BGR2GRAY)
52.
53.        # Equalize the histogram to reduce lighting effects
54.        grey = cv2.equalizeHist(grey)
55.
56.        # Attempt to detect a face
57.        self.detect_box = self.detect_face(grey)
58.
59.        # Did we find one?
```

```
60.        if self.detect_box is not None:
61.            self.hits + = 1
62.        else:
63.            self.misses + = 1
64.
65.        # Keep tabs on the hit rate so far
66.        self.hit_rate = float(self.hits) /(self.hits + self.misses)
67.
68.        return cv_image
69.
70.    def detect_face(self, input_image):
71.        # First check one of the frontal templates
72.        if self.cascade_1:
73.           faces = self.cascade_1.detectMultiScale(input_image, **self.haar_params)
74.
75.        # If that fails, check the profile template
76.        if len(faces) = = 0 and self.cascade_3:
77.           faces = self.cascade_3.detectMultiScale(input_image, **self.haar_params)
78.
79.        # If that also fails, check a the other frontal template
80.        if len(faces) = = 0 and self.cascade_2:
81.           faces = self.cascade_2.detectMultiScale(input_image, **self.haar_params)
82.
83.        # The faces variable holds a list of face boxes.
84.        # If one or more faces are detected, return the first one.
85.        if len(faces) > 0:
86.            face_box = faces[0]
87.        else:
88.            # If no faces were detected, print the "LOST FACE" message on the screen
89.            if self.show_text:
90.                font_face = cv2.FONT_HERSHEY_SIMPLEX
91.                font_scale = 0.5
92.                cv2.putText(self.marker_image, "LOST FACE!",
93.                        (int(self.frame_size[0] *0.65), int(self.frame_size[1] *0.9)),
94.                        font_face, font_scale, cv.RGB(255, 50, 50))
95.            face_box = None
96.
97.        # Display the hit rate so far
98.        if self.show_text:
99.            font_face = cv2.FONT_HERSHEY_SIMPLEX
100.           font_scale = 0.5
101.           cv2.putText(self.marker_image, "Hit Rate: " +
102.               str(trunc(self.hit_rate, 2)),
103.               (20, int(self.frame_size[1] *0.9)),
104.               font_face, font_scale, cv.RGB(255, 255, 0))
```

```
105.
106.        return face_box
107.
108. def trunc(f, n):
109.     '''Truncates/pads a float f to n decimal places without rounding'''
110.     slen = len('%.*f' % (n, f))
111.     return float(str(f)[:slen])
112.
113. if __name__ == '__main__':
114.     try:
115.         node_name = "face_detector"
116.         FaceDetector(node_name)
117.         rospy.spin()
118.     except KeyboardInterrupt:
119.         print "Shutting down face detector node."
120.         cv2.destroyAllWindows()
```

让我们来看看这个脚本中的关键代码行吧：

```
6.  from rbx1_vision.ros2opencv2 import ROS2OpenCV2
7.
8.  class FaceDetector(ROS2OpenCV2):
9.      def __init__(self, node_name):
10.         super(FaceDetector, self).__init__(node_name)
```

首先，我们必须导入我们之前已经由 ros2opencv2.py 脚本创建的 ROS2OpenCV2 类。人脸侦测节点被定义为一个扩展 ROS2OpenCV2 类的类。以这种方式，它从 ros2opencv2.py 脚本继承所有的基本处理函数以及变量，如用户使用鼠标进行选择，在 ROI 周围出现显示框等。每当我们扩展一个类，我们必须初始化扩展出的父类。这一点可以由 Python 的 super()来做，如上图所示的最后一行。

```
14.        cascade_1 = rospy.get_param("~cascade_1", "")
15.        cascade_2 = rospy.get_param("~cascade_2", "")
16.        cascade_3 = rospy.get_param("~cascade_3", "")
```

这三个参数存储我们要使用的 Haar 级联检测器（cascade detector）的 XML 文件的路径名。这些路径由启动文件 rbx1_vision/launch/ face_detector.launch 规定。这个 XML 文件本身不包含在 OpenCV 的或 ROS Hydro Debian 包（package）中，所以他们是从 OpenCV 的源代码复制到 ros-by-example 资源（repository）中的，可以在目录 rbx1_vision/data/ haar_detectors 中找到。

```
19.        self.cascade_1 = cv2.CascadeClassifier(cascade_1)
20.        self.cascade_2 = cv2.CascadeClassifier(cascade_2)
21.        self.cascade_3 = cv2.CascadeClassifier(cascade_3)
```

这三行创建 OpenCV cascade classifier 基于三个 XML 文件，两个是正面人脸视角，一个是侧面视角。

```
25.     self.haar_minSize = rospy.get_param("~haar_minSize",(20,20))
26.     self.haar_maxSize = rospy.get_param("~haar_maxSize",(150,150))
27.     self.haar_scaleFactor = rospy.get_param("~haar_scaleFactor",1.3)
28.     self.haar_minNeighbors = rospy.get_param("~haar_minNeighbors",1)
29.     self.haar_flags = rospy.get_param("~haar_flags", cv.CV_HAAR_DO_CANNY_PRUNING)
```

这些级联分类器（cascade classifier）需要一些变量来确定它们的速度和正确检测目标的概率参数。特别是 minSize 和 MaxSize 参数（在 x 和 y 方向上）设置了能够接受的最小值和最大值（在这个例子中是人脸）。scaleFactor 变量是改变识别图像尺寸大小的一个参数。这个数越小（它必须大于 1.0），扫描的人脸越精细，但同时也会消耗更多的时间用在处理上。您可以在 OpenCV 的文档①中阅读关于其他参数的描述。

```
32.         self.haar_params = dict(minSize = self.haar_minSize,
33.                                 maxSize = self.haar_maxSize,
34.                                 scaleFactor = self.haar_scaleFactor,
35.                                 minNeighbors = self.haar_minNeighbors,
36.                                 flags = self.haar_flags)
```

为了后面方便引用，这里我们将所有的变量都放进一个 Python 的字典中。

```
49.     def process_image(self, cv_image):
50.         # Create a greyscale version of the image
51.         grey = cv2.cvtColor(cv_image, cv2.COLOR_BGR2GRAY)
52.
53.         # Equalize the histogram to reduce lighting effects
54.         grey = cv2.equalizeHist(grey)
```

由于 FaceDetector 类扩展 ROS2OpenCV2 类，所以 process_image () 函数将覆盖 ros2opencv2.py 定义的中的那个。在这里，我们首先将图像转化为灰度图。许多特征检测算法都在灰度图上运行，包括 Haar 级联检测器（cascade detector）。然后我们均衡灰度图像的直方图。直方图均衡算法是一种标准的技术，用来减少整体亮度变化带来的影响。

```
56.         self.detect_box = self.detect_face(grey)
57.
58.         # Did we find one?
59.         if self.detect_box is not None:
```

---

① 地址：http://docs.opencv.org/modules/objdetect/doc/cascade_classification.html?highlight=cascade#cv2.CascadeClassifier。

```
60.            self.hits + = 1
61.        else:
62.            self.misses + = 1
63.
64.        # Keep tabs on the hit rate so far
65.        self.hit_rate = float(self.hits) /(self.hits + self.misses)
```

这里，我们发送预处理过的图像到 detect_face()函数，我们将在下面说明。如果一个人脸被检测到，那么边界框将被返回给变量 self. detect_box，后者又由 ROS2OpenCV2 基类绘制到图像上。

如果在一个帧的画面中检测到人脸，我们为命中数目增加 1，否则我们在未命中增加 1。然后实时的命中率就会被相应地更新。

```
70.    def detect_face(self, input_image):
71.        # First check one of the frontal templates
72.        if self.cascade_1:
73.            faces = self.cascade_1.detectMultiScale(input_image, **self.haar_params)
```

这里，我们启动脚本的核心部分 detect_face()函数。我们通过使用第一个 XML 模板的 cascade detector 运行输入的图像。该 detectMultiScale()函数搜索在多个尺度的图像，并返回侦测到的人脸以 OpenCV 的矩形框 (x, y, w, h) 格式保存在列表中，其中 (x, y) 是框的左上角的坐标，(w, h) 是框的宽度和高度。

```
76.        if len(faces) = = 0 and self.cascade_3:
77.            faces = self.cascade_3.detectMultiScale(input_image,**self.haar_params)
78.
79.        # If that also fails, check a the other frontal template
80.        if len(faces) = = 0 and self.cascade_2:
81.            faces = self.cascade_2.detectMultiScale(input_image, **self.haar_params)
```

如果第一个级联（cascade）未检测到人脸，我们就尝试第二个检测器，如果有必要的话，还可以用第三个。

```
85.        if len(faces) > 0:
86.            face_box = faces[0]
```

如果找到一个或多个人脸，那么 faces 变量将保存一个内容为人脸框（cvRect）的列表。我们将只追踪发现的第一个人脸，所以我们设置 face_box 为 faces[0]。如果没有人脸被发现在这个框架中，我们设置 face_box 为 None。无论怎样，其结果都会被返回到调用它的函数 process_image()。

到这里就是所有对于脚本的解释了。process_image()和 detect_face()函数被应用到所述视频流的每个帧。其结果是,只要人脸可以在当前帧中找到,检测框就会跟踪人脸。别忘了,你可以查看/roi topic 来监控被追踪人脸的坐标:

```
$ rostopic echo /roi
```

通过不断运行检测器对整个图像遍历来跟踪物体的计算代价是巨大的,并且容易发生在某些帧中跟丢对象的情况。在接下来的两节中,我们将展示如何快速检测和跟踪一幅图像中任何给定区域的一组关键点。在那之后,我们将结合跟踪与人脸检测,做出更好的面部跟踪。

10.8.2 用 GoodFeaturesToTrack 进行关键点检测

Haar 人脸侦测器在图像中扫描特定的对象。实现这一过程有不同的策略,包括寻找从上一帧到下一帧相对容易跟踪的较小的图像特征。这些特征被称为关键点或兴趣点。关键点往往是在多个方向上亮度变化强的区域。例如,思考图 10-1 所显示的图像。

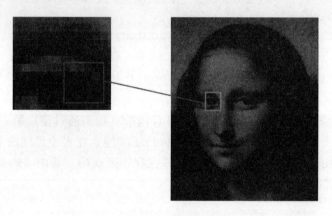

图 10-1

图 10-1 中左边的图像放大显示了右边图像的左眼区域像素。左边图像中的矩形框表示,这其中的像素在所有方向上的亮度变化最强。如果不考虑尺寸和旋转的因素的话,像这样的区域的中心就是该图像的关键点,这是很有可能被再次检测到在面部位置不变的点。

OpenCV 2.4 包含了大量的关键点侦测器,包括: goodFeatures-ToTrack(), cornerHarris() 和 SURF()。我们将使用 goodFeatures-ToTrack() 为我们的示例。图 10-2 展示 goodFeaturesToTrack() 返回的关键点。

正如图 10-2 所示,关键点都集中在亮度梯度最大的区域。相反,颜色相当均匀的区域很少或没有关键点(若要重新处理此图像或在其他图像上找关键点,看看位于 rbx1_vision/ scripts 目录下的 Python 程序 script_good_features.py)。

我们现在准备在实时的视频流中检测关键点。我们的 ROS 的节点被称为 good_features.py。它可以在 rbx1_vision/ src/ rbx1_vision 子目录中找到。相应的启动文件是 good_features.launch,在启动文件的子目录中。启动文件包括了一些能够影响由 goodFeatures-

图 10-2

ToTrack()返回的关键点的变量：
- maxCorners：设置最多返回多少个关键点。
- qualityLevel：反映了一个像角落的点要有多强才能成为关键点。将本变量设置低可以得到更多的关键点。
- minDistance：关键点之间的最少像素数。
- blockSize：在计算一个像素点是否为关键点时所取的区域大小。
- useHarrisDetector：使用原生的 Harris 角点侦测器（Harris corner detector）或最小特征值标准。
- K：一个用在 Harris 检测器中的自由变量。

good_features.launch 文件为这些变量设置合理的默认值，试着改变它们的值进行试验，看看它们的效果。

要运行侦测程序，首先要确保您的相机驱动程序如前所述运行。如果你还运行着上一节启动文件的话，那么要终止人脸侦测的启动文件，然后再运行下面的命令：

```
$ roslaunch rbx1_vision good_features.launch
```

当视频出现时，通过鼠标画矩形将图像中的某个对象框住。这个矩形表示所选择的区域，你会看到一些绿色的小圆点，它们表示由 goodFeaturesToTrack()在该区域发现的关键点。试着在图像的其他部分画矩形框，看看你能否猜到其中将会找出的关键点。请注意，我们还没有开始跟踪这些关键点，现在只是在算出你选择框中的关键点。

你可能会注意到，即使是在固定的图像区域中一些关键点会发生晃动。这是由于视频噪声的影响。好的关键点是不容易受到噪声影响的，你可以通过用矩形框选定的角落或其他高对比度区域来看到这一点。

现在让我们来看看代码吧（源代码链接：good_features.py[①]）。

```
1.  #!/usr/bin/env python
2.
3.  import rospy
4.  import cv2
5.  import cv2.cv as cv
6.  from rbx1_vision.ros2opencv2 import ROS2OpenCV2
7.  import numpy as np
8.
9.  class GoodFeatures(ROS2OpenCV2):
10.     def __init__(self, node_name):
11.         super(GoodFeatures, self).__init__(node_name)
12.
13.         # Do we show text on the display?
14.         self.show_text = rospy.get_param("~show_text", True)
15.
```

---

① 地址：https://github.com/pirobot/rbx1/blob/hydro-devel/rbx1_vision/src/rbx1_vision/good_features.py。

```
16.        # How big should the feature points be (in pixels)?
17.        self.feature_size = rospy.get_param("~feature_size", 1)
18.
19.        # Good features parameters
20.        self.gf_maxCorners = rospy.get_param("~gf_maxCorners", 200)
21.        self.gf_qualityLevel = rospy.get_param("~gf_qualityLevel", 0.05)
22.        self.gf_minDistance = rospy.get_param("~gf_minDistance", 7)
23.        self.gf_blockSize = rospy.get_param("~gf_blockSize", 10)
24.        self.gf_useHarrisDetector = rospy.get_param("~gf_useHarrisDetector", True)
25.        self.gf_k = rospy.get_param("~gf_k", 0.04)
26.
27.        # Store all parameters together for passing to the detector
28.        self.gf_params = dict(maxCorners = self.gf_maxCorners,
29.                    qualityLevel = self.gf_qualityLevel,
30.                    minDistance = self.gf_minDistance,
31.                    blockSize = self.gf_blockSize,
32.                    useHarrisDetector = self.gf_useHarrisDetector,
33.                    k = self.gf_k)
34.
35.        # Initialize key variables
36.        self.keypoints = list()
37.        self.detect_box = None
38.        self.mask = None
39.
40.    def process_image(self, cv_image):
41.        # If the user has not selected a region, just return the image
42.        if not self.detect_box:
43.            return cv_image
44.
45.        # Create a greyscale version of the image
46.        grey = cv2.cvtColor(cv_image, cv2.COLOR_BGR2GRAY)
47.
48.        # Equalize the histogram to reduce lighting effects
49.        grey = cv2.equalizeHist(grey)
50.
51.        # Get the good feature keypoints in the selected region
52.        keypoints = self.get_keypoints(grey, self.detect_box)
53.
54.        # If we have points, display them
55.        if keypoints is not None and len(keypoints) > 0:
56.            for x, y in keypoints:
57.                cv2.circle(self.marker_image, (x, y), self.feature_size, (0, 255, 0, 0), cv.CV_FILLED, 8, 0)
58.
59.        # Process any special keyboard commands
```

```
60.        if 32 <= self.keystroke and self.keystroke < 128:
61.            cc = chr(self.keystroke).lower()
62.            if cc == 'c':
63.                # Clear the current keypoints
64.                keypoints = list()
65.                self.detect_box = None
66.
67.        return cv_image
68.
69.    def get_keypoints(self, input_image, detect_box):
70.        # Initialize the mask with all black pixels
71.        self.mask = np.zeros_like(input_image)
72.
73.        # Get the coordinates and dimensions of the detect_box
74.        try:
75.            x, y, w, h = detect_box
76.        except:
77.            return None
78.
79.        # Set the selected rectangle within the mask to white
80.        self.mask[y:y+h, x:x+w] = 255
81.
82.        # Compute the good feature keypoints within the selected region
83.        keypoints = list()
84.        kp = cv2.goodFeaturesToTrack(input_image, mask=self.mask, **self.gf_params)
85.        if kp is not None and len(kp) > 0:
86.            for x, y in np.float32(kp).reshape(-1, 2):
87.                keypoints.append((x, y))
88.
89.        return keypoints
90.
91. if __name__ == '__main__':
92.     try:
93.         node_name = "good_features"
94.         GoodFeatures(node_name)
95.         rospy.spin()
96.     except KeyboardInterrupt:
97.         print "Shutting down the Good Features node."
98.         cv.DestroyAllWindows()
```

总体而言,我们看到,脚本与 face_detector.py 节点具有相同的结构。我们初始化 GoodFeatures 类,它由 ROS2OpenCV2 类扩展而来。然后,我们定义一个 process_image() 函数完成大部分工作。让我们来看看脚本中较重要的代码行:

```
20.    self.gf_maxCorners = rospy.get_param("~gf_maxCorners", 200)
20.    self.gf_qualityLevel = rospy.get_param("~gf_qualityLevel", 0.02)
21.    self.gf_minDistance = rospy.get_param("~gf_minDistance", 7)
22.    self.gf_blockSize = rospy.get_param("~gf_blockSize", 10)
23.    self.gf_useHarrisDetector = rospy.get_param("~gf_useHarrisDetector", True)
24.    self.gf_k = rospy.get_param("~gf_k", 0.04)
```

与 Haar 侦测器一样,较佳特性侦测器(Good Features detector)使用了很多参数来很好地协调它的行为。上面说到的两个 qualityLevel 和 minDistance,也许是最重要的参数。如果将 qualityLevel 设为较小的值,其中一些特征点出现时会受到噪声的影响,且从一帧到下帧并不一致,将导致较多的特征点数目。若将 qualityLevel 设置成较高的值,过高的值使其只得到几个非常强烈的角落关键点。设置在 0.02 左右的数量级上似乎能在自然场景视频取得一个良好的平衡。

参数 minDistance 则指定关键点间以像素单元计算的最小距离。将其设为较大的值能进一步分开关键点并使它们的数量减少。

```
40.    def process_image(self, cv_image):
40.        # If the user has not selected a region, just return the image
41.        if not self.detect_box:
42.            return cv_image
43.
44.        # Create a greyscale version of the image
45.        grey = cv2.cvtColor(cv_image, cv2.COLOR_BGR2GRAY)
46.
47.        # Equalize the histogram to reduce lighting effects
48.        grey = cv2.equalizeHist(grey)
49.
50.        # Get the good feature keypoints in the selected region
51.        keypoints = self.get_keypoints(grey, self.detect_box)
```

像人脸侦测节点一样,我们定义一个 process_image()函数首先将图像转化为灰度图,然后均衡直方图。得到的图像被传递到 get_keypoints()函数,它将完成找到较佳特性(Good Features)的全部工作。代码如下所示:

```
69.    def get_keypoints(self, input_image, detect_box):
70.        # Initialize the mask with all black pixels
71.        self.mask = np.zeros_like(input_image)
72.
73.        # Get the coordinates and dimensions of the detect_box
74.        try:
75.            x, y, w, h = detect_box
76.        except:
77.            return None
```

```
78.
79.        # Set the selected rectangle within the mask to white
80.        self.mask[y:y + h, x:x + w] = 255
81.
82.        # Compute the good feature keypoints within the selected region
83.        keypoints = list()
84.        kp = cv2.goodFeaturesToTrack(input_image, mask = self.mask, **self.gf_params)
85.        if kp is not None and len(kp) > 0:
86.            for x, y in np.float32(kp).reshape(-1, 2):
87.                keypoints.append((x, y))
88.
89.        return keypoints
```

该 get_keypoints () 函数实现 OpenCV 的 GoodFeaturesToTrack 侦测器。因为只需要在由用户 (detect_box) 所选择的框的关键点，先使用全零（黑色）的掩模来盖住所有图像，然后再用白色像素（255）盖住用户所选择的框。从 cv2. goodFeaturesToTrack () 函数输出的是关键点的坐标向量。我们把它转化成了 Python 中的（X, Y）列表。所得列表返回给 process_image () 函数，这些点将被绘制在图像上。

10.8.3　利用光学流跟踪关键点

现在，我们可以检测到图像中的关键点了，通过 OpenCV 中 Lucas – Kanade 的光学流函数 calcOpticalFlowPyrLK ()，我们可以用这些关键点来一帧一帧地跟踪对象使用。Lucas – Kanade 方法的详细解释可以在维基百科上找到。它的基本思想如下所述。

从当前图像帧和已经提取的关键点开始，每个关键点有一个位置（x 和 y 坐标）和周边图像的像素的邻域。在下一图像帧，Lucas – Kanade 法使用最小二乘法来求一个恒速的变换，这个变换将上一图像帧中的选定邻域映射到下一图像帧。如果最小二乘误差对于给定的邻域不超过某个阈值，则假定它与第一帧中的领域相同，我们给它分配的相同关键点到该位置；否则关键点被丢弃。请注意，我们不是在后续的帧提取新的关键点。而是，calcOpticalFlowPyrLK () 只计算原始关键点位置。以这种方式，我们可以只提取第一帧中的关键点，然后当对象在镜头前移动的时候，一帧一帧地跟随着这些关键点。

在进行一定数量的帧之后，这样的操作会导致跟踪的效果降低，原因有两个：①当跟踪误差帧之间太高时，关键点会被丢弃；②附近的关键点会取代原有的关键点，因为我们的算法预判了误差。我们将在后面的章节讲解如何克服这些限制。

我们的新节点，lk_tracker. py 可以在 rbx1_vision/ src/ rbx1_vision 目录中找到，它将我们前面的关键点侦测器（使用 goodFeaturesToTrack ()）与此光流跟踪结合。如果你仍然有运行较佳特征（good feature）启动文件，先终止它，然后运行：

```
$ roslaunch rbx1_vision lk_tracker.launch
```

当视频窗口出现时，用鼠标在感兴趣对象的周围画出一个矩形。在上一节中提到过，关键点将会以绿色圆点的形式出现在图像上。现在尝试移动物体或相机，那么关键点应该会跟随对象。尝试在你的脸上绘制一个框，你应该可以看到关键点会跟着你脸的不同部分。现在，移动你的头,那么关键点应该随之移动。相较于之前运行的哈尔(Haar)脸部侦测器,注意 CPS 值(帧率)有多快。在我的机器上,采用 LK 方法跟踪关键点比使用哈尔人脸侦测器快两倍,并且因为它在一个更大的活动范围来跟踪脸部关键点,所以更加可靠。您可以通过打开"夜间模式"(当视频窗口处于前台时按下"n"键)来更好地观察到这一现象。

请记住,基类 ROS2OpenCV2 发布 publish 被跟踪点上的边框到/roi 主题(topic),所以如果你运行以下命令:

```
$ rostopic echo /roi
```

伴随着 lk_tracker 节点的使用,你应该可以看到 ROI 作为移动点在移动。这意味着,如果你有其他节点(node)需要跟随跟踪点的位置,那么此节点只需订阅(subscribe)到/roi 主题(topic)即可实时地跟随它们。

现在,让我们来看看代码(源文件链接:lk_tracker.py[①]):

```python
1.  #!/usr/bin/env python
2.  
3.  import rospy
4.  import cv2
5.  import cv2.cv as cv
6.  import numpy as np
7.  from rbx1_vision.good_features import GoodFeatures
8.  
9.  class LKTracker(GoodFeatures):
10.     def __init__(self, node_name):
11.         super(LKTracker, self).__init__(node_name)
12.  
13.         self.show_text = rospy.get_param("~show_text", True)
14.         self.feature_size = rospy.get_param("~feature_size", 1)
15.  
16.         # LK parameters
17.         self.lk_winSize = rospy.get_param("~lk_winSize", (10, 10))
18.         self.lk_maxLevel = rospy.get_param("~lk_maxLevel", 2)
19.         self.lk_criteria = rospy.get_param("~lk_criteria", (cv2.TERM_CRITERIA_EPS | cv2.TERM_CRITERIA_COUNT, 20, 0.01))
20.         self.lk_derivLambda = rospy.get_param("~lk_derivLambda", 0.1)
21.  
22.         self.lk_params = dict( winSize  = self.lk_winSize,
23.                 maxLevel = self.lk_maxLevel,
24.                 criteria = self.lk_criteria,
25.                 derivLambda = self.lk_derivLambda )
26.  
```

---

① 地址:https://github.com/pirobot/rbx1/blob/hydro-devel/rbx1_vision/src/rbx1_vision/lk_tracker.py。

```python
27.        self.detect_interval = 1
28.        self.keypoints = list()
29.
30.        self.detect_box = None
31.        self.track_box = None
32.        self.mask = None
33.        self.grey = None
34.        self.prev_grey = None
35.
36.    def process_image(self, cv_image):
37.        # If we don't yet have a detection box (drawn by the user
38.        # with the mouse), keep waiting
39.        if self.detect_box is None:
40.            return cv_image
41.
42.        # Create a greyscale version of the image
43.        self.grey = cv2.cvtColor(cv_image, cv2.COLOR_BGR2GRAY)
44.
45.        # Equalize the grey histogram to minimize lighting effects
46.        self.grey = cv2.equalizeHist(self.grey)
47.
48.        # If we haven't yet started tracking, set the track box to the
49.        # detect box and extract the keypoints within it
50.        if self.track_box is None or not self.is_rect_nonzero(self.track_box):
51.            self.track_box = self.detect_box
52.            self.keypoints = list()
53.            self.keypoints = self.get_keypoints(self.grey, self.track_box)
54.
55.        else:
56.            if self.prev_grey is None:
57.                self.prev_grey = self.grey
58.
59.            # Now that have keypoints, track them to the next frame
60.            # using optical flow
61.            self.track_box = self.track_keypoints(self.grey, self.prev_grey)
62.
63.        # Process any special keyboard commands for this module
64.        if 32 <= self.keystroke and self.keystroke < 128:
65.            cc = chr(self.keystroke).lower()
66.            if cc == 'c':
67.                # Clear the current keypoints
68.                self.keypoints = list()
69.                self.track_box = None
70.                self.detect_box = None
71.                self.classifier_initialized = True
```

```
72.
73.        self.prev_grey = self.grey
74.
75.        return cv_image
76.
77.    def track_keypoints(self, grey, prev_grey):
78.        try:
79.            # We are tracking points between the previous frame and the
80.            # current frame
81.            img0, img1 = prev_grey, grey
82.
83.            # Reshape the current keypoints into a numpy array required
84.            # by calcOpticalFlowPyrLK()
85.            p0 = np.float32([p for p in self.keypoints]).reshape(-1, 1, 2)
86.
87.            # Calculate the optical flow from the previous frame
88.            # tp the current frame
89.            p1, st, err = cv2.calcOpticalFlowPyrLK(img0, img1, p0, None, **self.lk_params)
90.
91.            # Do the reverse calculation: from the current frame
92.            # to the previous frame
93.            p0r, st, err = cv2.calcOpticalFlowPyrLK(img1, img0, p1, None, **self.lk_params)
94.
95.            # Compute the distance between corresponding points
96.            # in the two flows
97.            d = abs(p0 - p0r).reshape(-1, 2).max(-1)
98.
99.            # If the distance between pairs of points is < 1 pixel, set
100.           # a value in the "good" array to True, otherwise False
101.           good = d < 1
102.
103.           # Initialize a list to hold new keypoints
104.           new_keypoints = list()
105.
106.           # Cycle through all current and new keypoints and only keep
107.           # those that satisfy the "good" condition above
108.           for (x, y), good_flag in zip(p1.reshape(-1, 2), good):
109.               if not good_flag:
110.                   continue
111.               new_keypoints.append((x, y))
112.
113.               # Draw the keypoint on the image
114.               cv2.circle(self.marker_image, (x, y), self.feature_size, (0, 255, 0, 0), cv.CV_FILLED, 8, 0)
```

```
115.
116.          # Set the global keypoint list to the new list
117.          self.keypoints = new_keypoints
118.
119.          # If we have >6 points, find the best ellipse around them
120.          if len(self.keypoints) > 6:
121.              self.keypoints_matrix = cv.CreateMat(1, len(self.keypoints), cv.CV_32SC2)
122.              i = 0
123.              for p in self.keypoints:
124.                  cv.Set2D(self.keypoints_matrix, 0, i, (int(p[0]), int(p[1])))
125.                  i = i + 1
126.              track_box = cv.FitEllipse2(self.keypoints_matrix)
127.          else:
128.              # Otherwise, find the best fitting rectangle
129.              track_box = cv2.boundingRect(self.keypoints_matrix)
130.      except:
131.          track_box = None
132.
133.      return track_box
134.
135.
136. if __name__ == '__main__':
137.     try:
138.         node_name = "lk_tracker"
139.         LKTracker(node_name)
140.         rospy.spin()
141.     except KeyboardInterrupt:
142.         print "Shutting down LK Tracking node."
143.         cv.DestroyAllWindows()
```

让我们来看看这个脚本中的关键行吧:

```
7. from rbx1_vision.good_features import GoodFeatures
8.
9. class LKTracker(GoodFeatures):
10.     def __init__(self, node_name):
11.         super(LKTracker, self).__init__(node_name)
```

脚本的整体结构类似于 face_detector.py 节点。不过,这一次我们引入 good_features.py,并定义 LKTracker 类作为 GoodFeatures 类的扩展,而不是 ROS2OpenCV2 的扩展。为什么要这样做呢?因为我们将跟踪的点正是 GoodFeatures 类得到的关键点,而且,由于 GoodFeatures 类本身扩展了 ROS2Opencv2 类,所以已经被包括在内了。

```
36.    def process_image(self, cv_image):
```
...
```
53.        self.keypoints = self.get_keypoints(self.grey, self.track_box)
```
...
```
61.        self.track_box = self.track_keypoints(self.grey, self.prev_grey)
```

这个 process_image () 函数和我们在 good_features. py 脚本中所使用的非常相似。关键的代码在53至61行。在第53行，我们从 GoodFeatures 类使用 get_keypoints () 函数来获取初始关键点。而在第61行，我们使用新的 track_keypoints () 函数来跟踪那些关键点。现在我们就来阐述这一点。

```
77.    def track_keypoints(self, grey, prev_grey):
78.        try:
79.            # We are tracking points between the previous frame and the
80.            # current frame
81.            img0, img1 = prev_grey, grey
82.
83.            # Reshape the current keypoints into a numpy array required
84.            # by calcOpticalFlowPyrLK()
85.            p0 = np.float32([p for p in self.keypoints]).reshape(-1, 1, 2)
```

为了跟踪关键点，我们首先存储先前的灰度图像和当前灰度图像中的一些变量。然后，我们使用 calcOpticalFlowPyrLK () 要求的 numpy 数组来存储当前关键点：

```
89.        p1, st, err = cv2.calcOpticalFlowPyrLK(img0, img1, p0, None, **self.lk_params)
```

在这一行代码中，我们使用 OpenCV calcOpticalFlowPyrLK () 函数通过当前关键点和两个灰度图像来预测下一组关键点：

```
93.        p0r, st, err = cv2.calcOpticalFlowPyrLK(img1, img0, p1, None, **self.lk_params)
```

而在这一行代码中，我们做 reverse 计算：用刚刚计算的未来的点预测过去的点。这样做是为了做一个一致性检查，因为我们可以比较之前的实际点（最开始的关键点）与这些反向预测点是否一致。

```
97.        d = abs(p0-p0r).reshape(-1, 2).max(-1)
```

接下来，我们计算反向预测点（p0r）和我们的原始关键点（P0）之间的距离。结果 d 是一个数组，保存了这些距离值（Python 代码有时看起来惊人地紧凑）。

```
101.        good = d < 1
```

在这里，我们定义一个新的数组（good），它的每个值由反向预测检查的结果决定，若距离小于 1 则为真，否则为假。

```
108.    for (x,y),good_flag in zip(p1.reshape( -1,2),good):
109.        if not good_flag:
110.            continue
111.        new_keypoints.append((x,y))
```

最后，我们舍弃了所有在反向预测中超过 1 像素的距离关键点。

```
117.        self.keypoints = new_keypoints
```

最终的结果就成为了我们新的全部关键点，我们把它送到下一轮的追踪运算中去。

10.8.4 构建一个更好的人脸追踪器

现在，我们需要改善原来的人脸追踪。回想一下，face_detector.py 节点试图一遍遍地在每一帧上检测到脸部。这不仅占用了大量的 CPU，它也很可能经常无法检测到脸部。更好的策略是先检测人脸，然后用 goodFeaturesToTrack () 从人脸区域提取关键点，然后用 calcOpticalFlowPyrLK () 在一帧帧中跟踪这些特点。以这种方式，检测只需进行一次，那就是得到最初的人脸区域。

我们的图像处理流水线如下：

detect_face () → get_keypoints () → track_keypoints ()

以节点的形式展示，流水线如下：

face_detector.py () → good_features.py () → lk_tracker.py ()

我们的新节点，face_tracker.py 实现了这个过程。尝试一下，请确保你已为摄像头启动了驱动程序，然后运行：

```
$ roslaunch rbx1_vision face_tracker.launch
```

如果你把你的脸移进摄像头的摄像区域，在 Haar 人脸侦测器中应该能找到它。在经过初始的检测后，脸部的关键点被计算出来，然后通过后续帧和光学流跟踪。要清除当前的关键点，并强制重新检测面部，当视频窗口在最前端时，在键盘上输入"C"键。

让我们来看看代码（源代码链接：face_tracker.py[1]）：

---

[1] 地址：https://github.com/pirobot/rbx1/blob/hydro – devel/rbx1_vision/nodes/face_tracker.py。

```python
1.  #!/usr/bin/env python
2.
3.  import rospy
4.  import cv2
5.  import cv2.cv as cv
6.  import numpy as np
7.
8.  from rbx1_vision.face_detector import FaceDetector
9.  from rbx1_vision.lk_tracker import LKTracker
10.
11. class FaceTracker(FaceDetector, LKTracker):
12.     def __init__(self, node_name):
13.         super(FaceTracker, self).__init__(node_name)
14.
15.         self.n_faces = rospy.get_param("~n_faces", 1)
16.         self.show_text = rospy.get_param("~show_text", True)
17.         self.feature_size = rospy.get_param("~feature_size", 1)
18.
19.         self.keypoints = list()
20.         self.detect_box = None
21.         self.track_box = None
22.
23.         self.grey = None
24.         self.prev_grey = None
25.
26.     def process_image(self, cv_image):
27.         # Create a greyscale version of the image
28.         self.grey = cv2.cvtColor(cv_image, cv2.COLOR_BGR2GRAY)
29.
30.         # Equalize the grey histogram to minimize lighting effects
31.         self.grey = cv2.equalizeHist(self.grey)
32.
33.         # STEP 1: Detect the face if we haven't already
34.         if self.detect_box is None:
35.             self.detect_box = self.detect_face(self.grey)
36.
37.         else:
38.             # Step 2: If we aren't yet tracking keypoints, get them now
39.             if self.track_box is None or not self.is_rect_nonzero(self.track_box):
40.                 self.track_box = self.detect_box
41.                 self.keypoints = self.get_keypoints(self.grey, self.track_box)
42.
43.             # Step 3: If we have keypoints, track them using optical flow
44.             if len(self.keypoints) > 0:
45.                 # Store a copy of the current grey image used for LK tracking
46.                 if self.prev_grey is None:
```

```
47.                 self.prev_grey = self.grey
48.
49.                 self.track_box = self.track_keypoints(self.grey, self.prev_grey)
50.             else:
51.                 # We have lost all keypoints so re-detect the face
52.                 self.detect_box = None
53.
54.         # Process any special keyboard commands for this module
55.         if 32 <= self.keystroke and self.keystroke < 128:
56.             cc = chr(self.keystroke).lower()
57.             if cc == 'c':
58.                 self.keypoints = list()
59.                 self.track_box = None
60.                 self.detect_box = None
61.
62.         # Set store a copy of the current image used for LK tracking
63.         self.prev_grey = self.grey
64.
65.         return cv_image
66.
67. if __name__ == '__main__':
68.     try:
69.         node_name = "face_tracker"
70.         FaceTracker(node_name)
71.         rospy.spin()
72.     except KeyboardInterrupt:
73.         print "Shutting down face tracker node."
74.         cv.DestroyAllWindows()
```

该 face_tracker 节点结合了我们已经创建的两个节点：face_detector 节点和 lk_tracker 节点。lk_tracker 节点依赖于 good_features 节点。下面的代码解释我们如何将这些 Python 类结合：

```
8.  from rbx1_vision.face_detector import FaceDector
9.  from rbx1_vision.lk_tracker import LKTracker
10.
11. class FaceTracker(FaceDetector, LKTracker):
12.     def __init__(self, node_name):
13.         super(FaceTracker, self).__init__(node_name)
```

要使用我们先前的 face_detector 和 lk_tracker 代码，我们首先要导入它们的类：FaceDetector 和 LKTracker。然后，我们定义新的扩展了两个类的 FaceTracker 类。在 Python 中，这就是所谓的多重继承。和以前一样，我们再使用 super() 函数来初始化我们的新类，它也需要初始化父类。

```
26.    def process_image(self, cv_image):
27.        # Create a greyscale version of the image
28.        self.grey = cv2.cvtColor(cv_image, cv2.COLOR_BGR2GRAY)
29.
30.        # Equalize the grey histogram to minimize lighting effects
31.        self.grey = cv2.equalizeHist(self.grey)
```

像我们处理其他的节点（node）那样，在 process_image()函数中，我们先从把图像转换成灰度图像和均衡直方图开始，以尽量减少光线的影响。

```
33.        # STEP 1: Detect the face if we haven't already
34.        if self.detect_box is None:
35.            self.detect_box = self.detect_face(self.grey)
```

第1步是用来在还未检测到人脸的时候去侦测人脸。该 detect_face()函数来自我们引入的 FaceDetector 类。

```
38.        # STEP 2: If we aren't yet tracking keypoints, get them now
39.        if self.track_box is None or not self.is_rect_nonzero(self.track_box):
40.            self.track_box = self.detect_box
41.            self.keypoints = self.get_keypoints(self.grey, self.track_box)
```

一旦我们检测到人脸，第2步是使用从 LKTracker 类中引入的 get_keypoints()函数，从面部区域获得的关键点。实际上函数是从 LKTracker 类中引用的 GoodFeatures 类中获得。

```
43.        # STEP 3: If we have keypoints, track them using optical flow
44.        if len(self.keypoints) > 0:
45.            # Store a copy of the current grey image used for LK tracking
46.            if self.prev_grey is None:
47.                self.prev_grey = self.grey
48.
49.            self.track_box = self.track_keypoints(self.grey, self.prev_grey)
```

一旦我们拥有了关键点，第3步开始使用 track_keypoints()函数跟踪它们（从 LKTracker 类中导入的）。

```
1.        else:
2.            # We have lost all keypoints so re-detect the face
3.            self.detect_box = None
```

如果在跟踪过程中关键点的数量不断减少至零，那么我们将检测箱设置为无，这样我们可以在第 1 步中重新检测人脸。

最后，你可以看到，本质上整个脚本只是我们前面的节点（node）的一个组合。

10.8.5 动态的添加和丢除关键点

如果在人脸追踪器上多试一会，你会发现，关键点会漂移到你的脸以外的其他对象上。你还能看到关键点的数量随着时间的推移缩减了，那是因为低追踪分数值的缘故使光学流追踪器将它们丢掉了。

我们可以轻松地添加新的关键点，并在跟踪过程中丢弃不合格的关键点。要添加关键点，我们只需在所跟踪的区域上每过一段时间运行一次 goodFeaturesToTrack()。要删除关键点，我们通过运行一个简单的统计集群测试来搜集统计关键点，删除其中异常的。

节点（node）face_tracker2.py 加入了上述改进。您可以使用下面的命令尝试：

```
$ roslaunch rbx1_vision face_tracker2.launch
```

现在，你应该可以看到改进后的脸跟踪关键点正在动态地添加和丢除，以反映你的头的动作。要想查看被添加和删除的点以及新加关键点的脸部区域，在视频窗口中按下键盘上的"d"键。可以看到新添加的关键点区域被显示成一个黄色的矩形。新加的关键点会首先闪烁浅蓝色而被丢除的关键点则以红色闪烁后才消失。再次输入"d"键可以关闭这种显示。您也可以输入"c"键，随时清除当前关键点，并强制重新检测面部。

face_tracker2.py 中的代码几乎与第一个 face_tracker.py[1] 脚本相同，所以我们将不详细描述它。

两个新的函数分别是 add_keypoints() 和 drop_keypoints()，在代码的注释下是非常浅显易懂的。然而，新增加的参数值得我们再来解释一下，它们被用来控制关键点何时被删除和添加。这些可以在 rbx1_vision/launch 目录中的启动文件 face_tracker2.launch 找到。让我们来看看这些参数。括号中显示的是参数的默认值：

- use_depth_for_tracking：（False）如果您使用的是深度相机，将此值设置为真则会丢弃那些离脸部太远的点。
- min_keypoints：（20）在我们添加新关键点之前的最小关键点数量。
- abs_min_keypoints：（6）在我们发现丢失了对于人脸的追踪并重新检测它之前，关键点的绝对最低数量。
- add_keypoint_distance：（10）一个新的关键点与任何现有关键点的距离（以像素为单位）的最小值。
- std_err_xy：（2.5）标准误差（以像素为单位），用于判断关键点是否是异常值。
- pct_err_z：（1.5）深度阈值（以百分比表示），确定一个离开了面部的关键点何时被删除。
- max_mse：（10000），我们重新开始检测人脸之前，面部的当前特征值的最大的总均方误差（maximum total mean squared error）。
- expand_roi：（1.02）寻找新的关键点时，用于在每个循环中增加 ROI 的扩张系数。
- add_keypoints_interval：（1）尝试添加新的关键点的频繁程度。值为 1 时意味着每一帧都

---

[1] 地址：https://github.com/pirobot/rbx1/blob/hydro-devel/rbx1_vision/nodes/face_tracker2.py。

添加，值为 2 时意味着每两帧添加，以此类推。
- drop_keypoints_interval：（1）尝试删除关键点的频繁程度。值为 1 时意味着每一帧都删除，值为 2 时意味着每两帧删除，以此类推。

大多数的默认设置值应该表现的还算不错。当然，你尽可以随意尝试不同的值。

10.8.6 颜色块追踪（CamShift）

到现在为止我们还没有利用颜色去追踪我们感兴趣的物体。OpenCV 包含有 CamShift 滤波器，让我们能够根据图像选定区域的色彩直方图去追踪这个区域的图像。想要了解更多请查阅 Robin Hewitt 那篇《OpenCV 的面部追踪器是如何工作的》（How OpenCV's Face Tracker Works[①]）的文章，里面有一个例子可以很好地说明这点。概括地说来，CamShift 滤波器可以扫描连续的视频帧，并为每一个像素给出一个它之前属于某个颜色直方图的概率，具有最高"属于"概率的像素集合就成为了最新的要追踪的目标区域。

在我们看这段代码前，你可以试着这么做。跟踪色彩鲜艳的物体效果最好。先找到一个色彩大致均匀并且与背景的任何色彩都有一定反差的物体，比如一个塑料球。

接下来，请确保为你使用的相机运行合适的相机驱动。然后，使用下面的命令来运行 CamShift 节点：

```
$ roslaunch rbx1_vision camshift.launch
```

当视频窗口出现的时候，在相机前拿住目标物体并在它周围画一个矩形。CamShift 节点会迅速地开始跟随这个物体，尽最大的可能——根据它在所选色彩区域的直方图里计算出的颜色。注意下，这个被追踪的区域是如何填充满整个物体的，即使你可能只选择了它稍小的一部分。这是因为，CamShift 算法会适应性地匹配被选择区域的一系列颜色，而不仅仅只是一个单一的 RGB 值。

另外两个窗口会在屏幕上出现。第一个窗口是一组控制滑块，如图 10 - 3 所示：

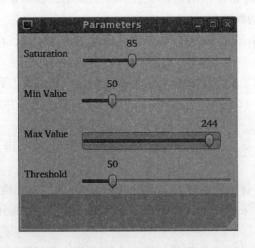

图 10 - 3

这些控制滑块直接决定了 CamShift 滤波器的选择情况。对于那些色彩鲜艳的物体，比如一个绿色的网球，这些缺省值就可以工作得挺不错的。不过，对于一些像面部那样的自然的色彩，你

---

① 地址：http://www.cognotics.com/opencv/servo_2007_series/part_3/sidebar.html。

或许不得不减小饱和度（Saturation）和最小值（Min Value）这两个设置，然后稍稍调整阈值（Threshold）。你可以在 camshift.launch 文件中设置它们。

第二个窗口显示的是概率图的反投影（back projection）叠在原图上。结果是一个灰度图像，其中，白色像素代表了这个像素有较高的可能性能属于这个直方图里去，而灰色或黑色的像素点则表示了较低的可能性。在调整控制滑块的时候，开着这个反投影窗口是很实用的：我们的目的是让目标被尽可能多的白色像素覆盖，而别的区域尽可能多地让黑色像素覆盖。

接下来提供一个介绍了 CamShift 滤波器的视频[1]供读者参考。

让我们来看看代码。（连接到源代码：camshift.py[2]）

```python
1.  #!/usr/bin/env python
2.
3.  import rospy
4.  import cv2
5.  from cv2 import cv as cv
6.  from rbx1_vision.ros2opencv2 import ROS2OpenCV2
7.  from std_msgs.msg import String
8.  from sensor_msgs.msg import Image
9.  import numpy as np
10.
11. class CamShiftNode(ROS2OpenCV2):
12.     def __init__(self, node_name):
13.         ROS2OpenCV2.__init__(self, node_name)
14.
15.         self.node_name = node_name
16.
17.         # The minimum saturation of the tracked color in HSV space,
18.         # as well as the min and max value (the V in HSV) and a
19.         # threshold on the backprojection probability image.
20.         self.smin = rospy.get_param("~smin", 85)
21.         self.vmin = rospy.get_param("~vmin", 50)
22.         self.vmax = rospy.get_param("~vmax", 254)
23.         self.threshold = rospy.get_param("~threshold", 50)
24.
25.         # Create a number of windows for displaying the histogram,
26.         # parameters controls, and backprojection image
27.         cv.NamedWindow("Histogram", cv.CV_WINDOW_NORMAL)
28.         cv.MoveWindow("Histogram", 700, 50)
29.         cv.NamedWindow("Parameters", 0)
30.         cv.MoveWindow("Parameters", 700, 325)
31.         cv.NamedWindow("Backproject", 0)
32.         cv.MoveWindow("Backproject", 700, 600)
```

---

[1] 地址：http://www.youtube.com/watch?v=rDTun7A6HO8&feature=plcp。
[2] 地址：https://github.com/pirobot/rbx1/blob/hydro-devel/rbx1_vision/nodes/camshift.py。

```python
33.
34.        # Create the slider controls for saturation, value and threshold
35.        cv.CreateTrackbar("Saturation", "Parameters", self.smin, 255, self.set_smin)
36.        cv.CreateTrackbar("Min Value", "Parameters", self.vmin, 255, self.set_vmin)
37.        cv.CreateTrackbar("Max Value", "Parameters", self.vmax, 255, self.set_vmax)
38.        cv.CreateTrackbar("Threshold", "Parameters", self.threshold, 255, self.set_threshold)
39.
40.        # Initialize a number of variables
41.        self.hist = None
42.        self.track_window = None
43.        self.show_backproj = False
44.
45.    # These are the callbacks for the slider controls
46.    def set_smin(self, pos):
47.        self.smin = pos
48.
49.    def set_vmin(self, pos):
50.        self.vmin = pos
51.
52.    def set_vmax(self, pos):
53.        self.vmax = pos
54.
55.    def set_threshold(self, pos):
56.        self.threshold = pos
57.
58.    # The main processing function computes the histogram and backprojection
59.    def process_image(self, cv_image):
60.        # First blue the image
61.        frame = cv2.blur(cv_image, (5, 5))
62.
63.        # Convert from RGB to HSV spave
64.        hsv = cv2.cvtColor(frame, cv2.COLOR_BGR2HSV)
65.
66.        # Create a mask using the current saturation and value parameters
67.        mask = cv2.inRange(hsv, np.array((0., self.smin, self.vmin)), np.array((180., 255., self.vmax)))
68.
69.        # If the user is making a selection with the mouse,
70.        # calculate a new histogram to track
71.        if self.selection is not None:
72.            x0, y0, w, h = self.selection
73.            x1 = x0 + w
74.            y1 = y0 + h
75.            self.track_window = (x0, y0, x1, y1)
```

```
76.            hsv_roi = hsv[y0:y1, x0:x1]
77.            mask_roi = mask[y0:y1, x0:x1]
78.            self.hist = cv2.calcHist( [hsv_roi], [0], mask_roi, [16], [0, 180] )
79.            cv2.normalize(self.hist, self.hist, 0, 255, cv2.NORM_MINMAX);
80.            self.hist = self.hist.reshape(-1)
81.            self.show_hist()

83.        if self.detect_box is not None:
84.            self.selection = None
85.
86.        # If we have a histogram, tracking it with CamShift
87.        if self.hist is not None:
88.            # Compute the backprojection from the histogram
89.            backproject = cv2.calcBackProject([hsv], [0], self.hist, [0, 180], 1)
90.
91.            # Mask the backprojection with the mask created earlier
92.            backproject &= mask

94.            # Threshold the backprojection
95.            ret, backproject = cv2.threshold(backproject, self.threshold, 255, cv.CV_THRESH_TOZERO)
96.
97.            x, y, w, h = self.track_window
98.            if self.track_window is None or w <= 0 or h <= 0:
99.                self.track_window = 0, 0, self.frame_width - 1, self.frame_height - 1
100.
101.            # Set the criteria for the CamShift algorithm
102.            term_crit = ( cv2.TERM_CRITERIA_EPS | cv2.TERM_CRITERIA_COUNT, 10, 1 )
103.
104.            # Run the CamShift algorithm
105.            self.track_box, self.track_window = cv2.CamShift( backproject, self.track_window, term_crit)
106.
107.            # Display the resulting backprojection
108.            cv2.imshow("Backproject", backproject)
109.
110.        return cv_image
111.
112.    def show_hist(self):
113.        bin_count = self.hist.shape[0]
114.        bin_w = 24
115.        img = np.zeros((256, bin_count*bin_w, 3), np.uint8)
116.        for i in xrange(bin_count):
117.            h = int(self.hist[i])
```

```
118.            cv2.rectangle(img, (i*bin_w+2, 255), ((i+1)*bin_w-2, 255-h),
         (int(180.0*i/bin_count), 255, 255), -1)
119.        img = cv2.cvtColor(img, cv2.COLOR_HSV2BGR)
120.        cv2.imshow('Histogram', img)
121.
122.
123.    def hue_histogram_as_image(self, hist):
124.        """ Returns a nice representation of a hue histogram """
125.        histimg_hsv = cv.CreateImage((320, 200), 8, 3)
126.
127.        mybins = cv.CloneMatND(hist.bins)
128.        cv.Log(mybins, mybins)
129.        (_, hi, _, _) = cv.MinMaxLoc(mybins)
130.        cv.ConvertScale(mybins, mybins, 255./hi)
131.
132.        w,h = cv.GetSize(histimg_hsv)
133.        hdims = cv.GetDims(mybins)[0]
134.        for x in range(w):
135.            xh = (180 *x) /(w - 1)   # hue sweeps from 0-180 across the image
136.            val = int(mybins[int(hdims *x /w)] *h /255)
137.            cv2.rectangle(histimg_hsv, (x, 0), (x, h-val), (xh,255,64), -1)
138.            cv2.rectangle(histimg_hsv, (x, h-val), (x, h), (xh,255,255), -1)
139.
140.        histimg = cv2.cvtColor(histimg_hsv, cv.CV_HSV2BGR)
141.
142.        return histimg
143.
144.
145. if __name__ == '__main__':
146.    try:
147.        node_name = "camshift"
148.        CamShiftNode(node_name)
149.        try:
150.            rospy.init_node(node_name)
151.        except:
152.            pass
153.        rospy.spin()
154.    except KeyboardInterrupt:
155.        print "Shutting down vision node."
156.        cv.DestroyAllWindows()
```

让我们来看看关键的代码行：

```
20.        self.smin = rospy.get_param("~smin", 85)
21.        self.vmin = rospy.get_param("~vmin", 50)
22.        self.vmax = rospy.get_param("~vmax", 254)
23.        self.threshold = rospy.get_param("~threshold", 50)
```

这些是 CamShift 算法中控制色彩敏感度的参数。这个算法如果缺少了正确地适配你的相机的参数将完全无法工作。默认值或许很接近你所需要的值，不过你一定想要试着调整一下这些控制滑块（这些滑块在程序启动后会出现）以找到合适的设置值。如果找到了满意的一组值，你可以将他们写入 launch 文件中并覆盖那些默认值。

在 HSV（Hue, Saturation, Value）图像中，smin 变量控制着最低饱和度。饱和度意味着色彩的富裕程度。vmin 和 vmax 变量决定了亮度的最大值和最小值，这是一个颜色所必须的。最后，threshold 这个参数是用来调整反投影对低可能性的像素点的过滤范围的。

```
35. cv.CreateTrackbar("Saturation", "Parameters", self.smin, 255, self.set_smin)
36. cv.CreateTrackbar("Min Value", "Parameters", self.vmin, 255, self.set_vmin)
37. cv.CreateTrackbar("Max Value", "Parameters", self.vmax, 255, self.set_vmax)
38. cv.CreateTrackbar("Threshold", "Parameters", self.threshold, 255, self.set_threshold)
```

在这里，我们用 OpenCV 的追踪条函数在"Parameters"窗口去创造一个控制滑块。CreaterackBar()函数的最后三个参数为每个追踪条指明了最小值、最大值、默认值。

```
59.    def process_image(self, cv_image):
60.        # First blue the image
61.        frame = cv2.blur(cv_image, (5,5))
62.
63.        # Convert from RGB to HSV spave
64.        hsv = cv2.cvtColor(frame, cv2.COLOR_BGR2HSV)
```

程序的主循环体中，先模糊图像，然后把蓝-绿-红图像（BGR）转换为色相-饱和度-值图像（HSV）。模糊化图像有助于冲洗掉一部分色噪。处理彩色图像时一般在 HSV 空间下工作。特别的，"色相"这个维度很好地对应上了我们人类是如何区分色彩的，比如红色，橙色，黄色，绿色，蓝色，等等。"饱和度"对应着颜色的富裕程度和褪色程度，而"值"反映了这个颜色看起来有多明亮。

```
67.        mask = cv2.inRange(hsv, np.array((0., self.smin, self.vmin)), np.array((180., 255., self.vmax)))
```

OpenCV inRange()函数把饱和度和值转化为了一个掩模（mask），这样我们只处理那些属于我们的颜色范围内的像素。请注意，这里并没有根据色调过滤，所以我们仍然接受此时的任何颜色。我们在选择的只是那些具有相当高的饱和度和值的色彩。

```
71.         if self.selection is not None:
72.             x0, y0, w, h = self.selection
73.             x1 = x0 + w
74.             y1 = y0 + h
75.             self.track_window = (x0, y0, x1, y1)
76.             hsv_roi = hsv[y0:y1, x0:x1]
77.             mask_roi = mask[y0:y1, x0:x1]
```

在这块代码中,我们提取用户的选择(使用鼠标),然后把它变成感兴趣区域,用于计算颜色直方图和掩模(mask)。

```
78.             self.hist = cv2.calcHist( [hsv_roi],[0], mask_roi, [16], [0,180] )
79.             cv2.normalize(self.hist, self.hist, 0, 255, cv2.NORM_MINMAX);
80.             self.hist = self.hist.reshape( -1)
81.             self.show_hist()
```

在这里,我们使用 OpenCV calcHist()函数来计算所选择的区域色调的直方图上。需要注意的是该区域还用 mask_roi 掩住。然后,我们标准化直方图,使其最大值为255。这使我们能够以8位彩色图像的结果显示。最后两行代码做了这件事,使用了稍后脚本中将出现的 show_hist()函数。

```
89.             backproject = cv2.calcBackProject([hsv], [0], self.hist, [0,180], 1)
90.
91.             # Mask the backprojection with the mask created earlier
92.             backproject &= mask
93.
94.             # Threshold the backprojection
95.             ret, backproject = cv2.threshold(backproject, self.threshold, 255, cv.CV_THRESH_TOZERO)
```

一旦我们有了一个直方图来跟踪,我们使用 OpenCV calcBackProject()函数来指定直方图的图像中每一个象素的概率。然后,我们在之前已经 mask 的基础上再次 mask 概率来消除低概率像素。

```
102.    term_crit = ( cv2.TERM_CRITERIA_EPS | cv2.TERM_CRITERIA_COUNT, 10, 1 )
103.
104.    # Run the CamShift algorithm
105.    self.track_box, self.track_window = cv2.CamShift(backproject, self.track_window, term_crit)
```

拥有了掩模阈值反投影(masked and thresholded backprojection)技术,我们终于可以运行

CAMSHIFT 算法了，这个算法将概率转换成追踪窗口中的新位置。

上述整个过程将在每帧中进行一遍（若用户不加以更高级的设置的话）。追踪窗口会跟随那些原直方图中有着最高概率属于原直方图的像素点。如果你发现你的目标对象不是被跟踪得很好，请慢慢尝试用颜色鲜艳的球或其他均匀着色物体作为对象。你也可能需要调整饱和度和值等滑块来得到你想要的结果。

10.9 OpenNI 和骨架追踪

也许最早和最知名的机器人应用深度相机的案例就是骨骼跟踪了。在ROS openni_tracker[1] 包（package）可以使用 Kinect 的或 Asus Xtion 深度图像数据来跟踪一个站在镜头前的人的关节部位。使用此数据，可以为一个机器人编程让其跟随由用户发出的手势命令信号。可以在pi_tracker[2] 包中找到演示使用 ROS 和 Python 做到这一点的一个例子。

虽然我们不打算在骨架追踪的细节上讨论过多，但至少我们还是应该来看看基础知识。

10.9.1 检查您 Hydro 的 OpenNi 安装情况

在写这篇文章的时候，openNI 骨架追踪已经在 ROS Hydro 的安装中零零碎碎得安装了。为了测试安装，连接好你的深度相机（如果您使用的是 Kinect 还要记得接上电源线），然后运行下面的命令：

```
$ rosrun openni_tracker openni_tracker
```

如果您看到类似下面的错误：

```
[ERROR] [1387637146.298760838]: Find user generator failed: This operation is invalid!
```

那么你需要做下面这样描述的做法。否则，站在摄像头前面并摆出一个"Psi Pose"的姿势（见openni_tracker[3] Wiki 页面中的图片），短暂的延迟后你应该可以看到类似下面的信息：

```
[ INFO] [1387675508.053121239]: New User 1
[ INFO] [1387675593.890846641]: Pose Psi detected for user 1
[ INFO] [1387675593.919569971]: Calibration started for user 1
[ INFO] [1387675594.629105834]: Calibration complete, start tracking user 1
```

如果这起作用了，说明你的安装工作是正常的，那么你可以跳过下面的步骤。

如果你得到了上述中的错误，那么你尝试下面步骤来修正您的 NiTE 安装。

（1）根据您使用的是 32 位或 64 位的 Ubuntu 下载NiTEv1.5.2.23[4] 二进制包。

（2）解压并释放到您选择的位置（例如 ~/tmp 目录）。

（3）解压后的文件实际上还是一个压缩在 bz2 格式下的包，把它解压到与第 2 步相同的路径中。

---

[1] 地址：http://ros.org/wiki/openni_tracker。
[2] 地址：http://wiki.ros.org/pi_tracker。
[3] 地址：http://ros.org/wiki/openni_tracker。
[4] 32 位 Ubuntu 下载地址：http://www.openni.org/wp-content/uploads/2013/10/NITE-Bin-Linux-x86-v1.5.2.23.tar.zip
64位 Ubuntu 下载地址：http://www.openni.org/wp-content/uploads/2013/10/NITE-Bin-Linux-x64-v1.5.2.23.tar.zip。

（4）生成的文件夹名字应该是 NITE – Bin – Dev – Linux – x64 – v1.5.2.23（64 – bit）or NITE – Bin – Linux – x86 – v1.5.2.23（32 – bit）/。移动到这个文件夹，然后运行 uninstall.sh 脚本然后运行 install.sh 脚本。对于 64 位版本的系统，操作将如下所示：

```
$ cd ~/tmp/NITE-Bin-Dev-Linux-x64-v1.5.2.23
$ sudo ./uninstall.shs
$ sudo ./install.sh
```

这样应该就可以了。现在，您可以再次尝试 openni_tracker 命令，如上所述。

10.9.2　在 RViz 上查看骨架

ROS 的 openni_tracker 包（package）连接 PrimeSense 设备比如 Kinect 或华硕 Xtion，并为每一个在摄像头前被检测到的骨骼关节发出一个 ROS 坐标系变换。该 tf 变换的定义是与 openni_depth_frame 相关的，被嵌入相机内的深度传感器背后。

要查看 RViz 中的骨骼框架，请执行以下步骤。首先，连接你的 Kinect 或华硕的摄像头，如果是 Kinect 确保它是有电的。终止你可能在之前运行的 openni 启动文件。然后运行 openni_tracker 命令：

```
$ rosrun openni_tracker openni_tracker
```

开启连同 skeleton_frames.rviz 配置文件的 RViz：

```
$ rosrun rviz rviz -d `rospack find rbx1_vision`/skeleton_frames.rviz
```

注意 RViz，站在相机前至少 5 或 6 英尺的位置摆成"Psi pose"姿势。（见 openni_tracker 页面上的图片）一旦程序跟踪锁定到你，你应该可以看到你的骨骼 tf 坐标系出现在 RViz 上。这时候，你可以在镜头前移动并看到 RViz 骨架会做出和你相同的动作。

10.9.3　在你的程序中访问骨架图

由于 openni_tracker 节点（node）使得骨骼关节可以在 ROS 的 tf 坐标系中访问到，我们可以使用一个 tf TransformListener 来找到一个给定的关节的当前位置。一个解释这是如何工作的例子可以在 skeleton_markers 包（package）中找到。您可以使用以下命令将其安装到您的个人 ROS catkin 目录中：

```
$ cd ~/catkin_ws/src
$ git clone https://github.com/pirobot/skeleton_markers.git
$ cd skeleton_markers
$ git checkout hydro-devel
$ cd ~/catkin_ws
$ catkin_make
$ source devel/setup.bash
```

看代码之前让我们来尝试一下。首先，关闭任何你在上一节中运行的 openni_tracker 实例和 RViz。接下来，运行以下两个命令：

```
$ roslaunch skeleton_markers markers_from_tf.launch
```

和

```
$ rosrun rviz rviz -d `rospack find \
    skeleton_markers`/markers_from_tf.rviz
```

现在假设你以"Psi Pose"站在镜头前，同时留意 RViz，直到校准完成和跟踪开始。一旦跟踪锁定到你，你应该可以看到绿色的骷髅标志出现在 RViz 中。在这时候，你可以在镜头前移动并看到 RViz 中的骨架会做出和你相同的动作，如图 10-4：

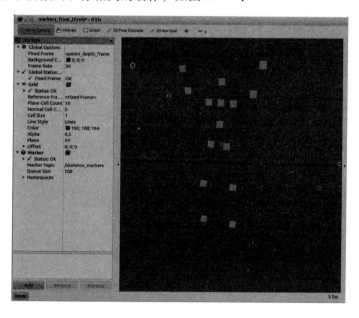

图 10-4

在我们看代码之前，先确保我们能够理解启动文件（launch file）markers_from_tf.launch：

```
<launch>
  <node pkg = "openni_tracker" name = "openni_tracker" type = "openni_tracker" output = "screen">
    <param name = "fixed_frame" value = "openni_depth_frame" />
  </node>

  <node pkg = "skeleton_markers" name = "markers_from_tf" type = "markers_from_tf.py" output = "screen">
    <rosparam file = "$(find skeleton_markers)/params/marker_params.yaml" command = "load" />
```

```
   </node>
</launch>
```

首先我们运行 openni_tracker 节点（node）并将图像设置为深度相机模式（默认的设置即为此，所以在启动文件中可以不用修改）然后，我们运行 markers_from_tf.py 脚本，并从 params 目录加载参数文件 marker_params.yaml。该定义文件描述了标记的样子，以及我们要跟踪的骨架帧的参数列表。

现在让我们来看看 markers_from_tf.py 脚本的源代码。我们的总体思想是使用 TF 库为每一个深度图查找与之对应的骨架图。为了达成这一目标我们需要的是在每个深度图帧中的坐标。这使得我们可以用一个可视标记代表相应的骨骼关节在空间中的位置。（连接到源文件：markers_from_tf.py[①]）

```
1  #!/usr/bin/env python
2
3  import rospy
4
5  from visualization_msgs.msg import Marker
6  from geometry_msgs.msg import Point
7  import tf
8
9  class SkeletonMarkers():
10     def __init__(self):
11         rospy.init_node('markers_from_tf')
12
13         rospy.loginfo("Initializing Skeleton Markers Node...")
14
15         rate = rospy.get_param('~rate', 20)
16         r = rospy.Rate(rate)
17
18         # There is usually no need to change the fixed frame from the default
19         self.fixed_frame = rospy.get_param('~fixed_frame', 'openni_depth_frame')
20
21         # Get the list of skeleton frames we want to track
22         self.skeleton_frames = rospy.get_param('~skeleton_frames', '')
23
24         # Initialize the tf listener
25         tf_listener = tf.TransformListener()
26
27         # Define a marker publisher
```

---

① 地址：https://github.com/pirobot/skeleton_markers/blob/hydro-devel/nodes/markers_from_tf.py。

```
28          marker_pub = rospy.Publisher('skeleton_markers', Marker)
29
30          # Intialize the markers
31          self.initialize_markers()
32
33          # Make sure we see the openni_depth_frame
34              tf_listener.waitForTransform(self.fixed_frame, self.fixed_frame, rospy.Time(), rospy.Duration(60.0))
35
36          # A flag to track when we have detected a skeleton
37          skeleton_detected = False
38
39          # Begin the main loop
40          while not rospy.is_shutdown():
41              # Set the markers header
42              self.markers.header.stamp = rospy.Time.now()
43
44              # Clear the markers point list
45              self.markers.points = list()
46
47              # Check to see if a skeleton is detected
48              while not skeleton_detected:
49                  # Assume we can at least see the head frame
50                  frames = [f for f in tf_listener.getFrameStrings() if f.startswith('head_')]
51
52                  try:
53                      # If the head frame is visible, pluck off the
54                      # user index from the name
55                      head_frame = frames[0]
56                      user_index = head_frame.replace('head_', '')
57
58                      # Make sure we have a transform between the head
59                      # and the fixed frame
60                      try:
61                          (trans, rot)  = tf_listener.lookupTransform(self.fixed_frame, head_frame, rospy.Time(0))
62                          skeleton_detected = True
63
64                      except (tf.Exception, tf.ConnectivityException, tf.LookupException):
65                          skeleton_detected = False
66                          rospy.loginfo("User index: " + str(user_index))
67                          r.sleep()
68                  except:
69                      skeleton_detected = False
```

```python
70
71          # Loop through the skeleton frames
72          for frame in self.skeleton_frames:
73              # Append the user_index to the frame name
74              skel_frame = frame + "_" + str(user_index)
75
76              # We only need the origin of each skeleton frame
77              # relative to the fixed frame
78              position = Point()
79
80              # Get the transformation from the fixed frame
81              # to the skeleton frame
82              try:
83                  (trans, rot)  = tf_listener.lookupTransform(self.fixed_frame, skel_frame, rospy.Time(0))
84                  position.x = trans[0]
85                  position.y = trans[1]
86                  position.z = trans[2]
87
88                  # Set a marker at the origin of this frame
89                  self.markers.points.append(position)
90              except:
91                  pass
92
93          # Publish the set of markers
94          marker_pub.publish(self.markers)
95
96          r.sleep()
97
98      def initialize_markers(self):
99          # Set various parameters
100         scale = rospy.get_param('~scale', 0.07)
101         lifetime = rospy.get_param('~lifetime', 0) # 0 is forever
102         ns = rospy.get_param('~ns', 'skeleton_markers')
103         id = rospy.get_param('~id', 0)
104         color = rospy.get_param('~color', {'r': 0.0, 'g': 1.0, 'b': 0.0, 'a': 1.0})
105
106         # Initialize the marker points list
107         self.markers = Marker()
108         self.markers.header.frame_id = self.fixed_frame
109         self.markers.ns = ns
110         self.markers.id = id
111         self.markers.type = Marker.POINTS
112         self.markers.action = Marker.ADD
113         self.markers.lifetime = rospy.Duration(lifetime)
```

```
114         self.markers.scale.x = scale
115         self.markers.scale.y = scale
116         self.markers.color.r = color['r']
117         self.markers.color.g = color['g']
118         self.markers.color.b = color['b']
119         self.markers.color.a = color['a']
120
121 if __name__ = = '__main__':
122     try:
123         SkeletonMarkers()
124     except rospy.ROSInterruptException:
125         pass
126
```

来看看关键行代码：

```
18      # There is usually no need to change the fixed frame from the default
19      self.fixed_frame = rospy.get_param('~fixed_frame','openni_depth_frame')
20
21      # Get the list of skeleton frames we want to track
22      self.skeleton_frames = rospy.get_param('~skeleton_frames','')
```

这里，我们设置在 openni_tracker 节点（node）中使用固定坐标系（fixed frame）为默认值。我们也读入一个需要跟踪的骨架坐标系的列表，在参数文件 marker_params.yaml 有指定。参数文件看起来像这样：

```
# The fixed reference frame
fixed_frame: 'openni_depth_frame'

# Update rate
rate: 20

# Height and width of markers in meters
scale: 0.07

# Duration of markers in RViz; 0 is forever
lifetime: 0

# Marker namespace
ns: 'skeleton_markers'

# Marker id
id: 0
```

```
# Marker color
color: { 'r': 0.0, 'g': 1.0, 'b': 0.0, 'a': 1.0 }

skeleton_frames: [
head,
neck,
torso,
left_shoulder,
left_elbow,
left_hand,
left_hip,
left_knee,
left_foot,
right_shoulder,
right_elbow,
right_hand,
right_hip,
right_knee,
right_foot
]
```

参数文件用于定义了更新速率、显示在 RViz 所述标记的外观以及我们想跟踪骨架坐标系的列表。回到 markers_from_tf.py 脚本：

```
24        # Initialize the tf listener
     tf_listener = tf.TransformListener()

     # Define a marker publisher
     marker_pub = rospy.Publisher('skeleton_markers', Marker)
```

在这里，我们从 ROS tf 库创建了 TransformListener 并为视觉标记构造起了 publisher。

```
31        self.initialize_markers()
```

此行调用一个函数（在后面的脚本中定义）来初始化标记。我们不会在这本书中讨论标记，但你可以按照初始化函数来做，这是相当容易的。您还可以看看 ROS 维基上的标记教程，虽然例子是用 C++ 实现的。

```
34        tf_listener.waitForTransform(self.fixed_frame, self.fixed_frame, rospy.Time(), rospy.Duration(60.0))
```

在我们开始追踪骨架坐标系前，我们要确保我们至少可以看到摄像头的固定坐标系，我们等待 60 秒钟，超出 60 秒即超时。

```
37        skeleton_detected = False
```

一个指示骨架是否可见的标识。

```
39        # Begin the main loop
      while not rospy.is_shutdown():
          # Set the markers header
          self.markers.header.stamp = rospy.Time.now()

          # Clear the markers point list
40        self.markers.points = list()
```

这里我们进入了脚本的主循环。首先我们给标记列表添加时间戳并且清除所有标记的坐标。

```
48        while not skeleton_detected:
          # Assume we can at least see the head frame
          frames = [f for f in tf_listener.getFrameStrings() if f.startswith('head_')]
```

接下来我们使用 tf 监听器（listener）来获取所有可用的帧的列表，看看是否能看到头坐标系。

```
52        try:
            # If the head frame is visible, pluck off the
            # user index from the name
            head_frame = frames[0]
            user_index = head_frame.replace('head_', '')

            # Make sure we have a transform between the head
            # and the fixed frame
            try:
                (trans, rot)  = tf_listener.lookupTransform(self.fixed_frame, head_frame, rospy.Time(0))
                skeleton_detected = True

            except (tf.Exception, tf.ConnectivityException, tf.LookupException):
                skeleton_detected = False
                rospy.loginfo("User index: " + str(user_index))
                r.sleep()
        except:
            skeleton_detected = False
```

如果头坐标系是存在的，后面的 try – except 代码块就会成功执行，并进行头帧和固定帧之间进行转换。如果转换成功，我们可以确信我们已经发现骨架并且把标志设置为 True，这样我们就可以从 while 循环中跳出。

```
72              for frame in self.skeleton_frames:
73                # Append the user_index to the frame name
74                skel_frame = frame + "_" + str(user_index)
75
76                # We only need the origin of each skeleton frame
77                # relative to the fixed frame
78                position = Point()
79
80                # Get the transformation from the fixed frame
81                # to the skeleton frame
82                try:
83                    (trans, rot) = tf_listener.lookupTransform(self.fixed_frame, skel_frame, rospy.Time(0))
84                    position.x = trans[0]
85                    position.y = trans[1]
86                    position.z = trans[2]
87
88                    # Set a marker at the origin of this frame
89                    self.markers.points.append(position)
90                except:
91                    pass
```

现在我们可以浏览所有骨骼坐标系，并尝试找寻每个坐标系和固定坐标系之间的变换。如果是成功的，则平移和旋转会被分别返回。我们只在乎转换部分（坐标系的原点是相对于固定坐标系的），所以我们在前面初始化的 Markers Tutorial。这个点会被附加到标记的列表。

```
94              marker_pub.publish(self.markers)
95
96              r.sleep()
```

一旦我们的每一个坐标系都有了标记，就发布（publish）所有的标记，然后等待一个周期结束后开始一个新的循环。

10.10　PCL Nodelets 和三维点云

三维点云平台（PCL），是一个大型友好的开源项目，包括许多强大的点云处理算法。它在装备有一个 RGB – D 相机（如 Kinect 或 Xtion Pro）甚至更传统的立体摄像机的机器人上非常有用。PCL 的使用细节不在本书的讨论范围之内，我们可以触及到的一些基本知识。

在写这篇文章的时候，PCL 的主要 API 仍然是 C++。如果您已经是一位经验丰富的 C++ 程序员，那么你可以开始学习 PCL 网站上的优秀教程了。对于 Python 爱好者，一套初步的 Python 绑定现已推出。在此期间，pcl_ros 包提供了一些 nodelets 使用 PCL 处理点云，而无需编写任何代码。为此，我们将简单的介绍一下几个我们可以用 pcl_ros 在点云上使用的功能。（您还可以在 ROS 维基的 pcl_ros 教程中找到 pcl_ros nodelets 的完整列表。）

10.10.1 PassThrough 过滤器

我们将看的第一个 PCL nodelet 是 PassThrough 过滤器。如果你只想关注深度图像的某一部分，该过滤器将会是很方便的。我们在下一章跟随人体部分将使用此过滤器，因为我们希望机器人只跟随与其相距一定距离内的物体。

在使用过滤器之前，让我们先来看看在 rbx1_vision/launch 目录下的启动文件 passthrough.launch：

```
<launch>

  <!-- Start the nodelet manager -->
  <node pkg="nodelet" type="nodelet" name="pcl_filter_manager" args="manager" output="screen" />

  <!-- Run a passthrough filter on the z axis -->
  <node pkg="nodelet" type="nodelet" name="passthrough" args="load pcl/PassThrough pcl_filter_manager" output="screen">
    <remap from="~input" to="/camera/depth/points" />
    <remap from="~output" to="/passthrough" />
    <rosparam>
      filter_field_name: z
      filter_limit_min: 1.0
      filter_limit_max: 1.25
      filter_limit_negative: False
    </rosparam>
  </node>
</launch>
```

启动文件先加载 pcl_filter_manager nodelet，然后是 passthrough nodelet。后者接受一些描述如下的参数：

- filter_field_name：一般来说，这个值将是 x，y 或 z 中的一个，用来指示需要被过滤的轴。所谓"滤波"，是指保留最小值和最大值（稍后定义）内的部分。记住，z 轴的方向由相机出发向外，也就是我们通常所说的深度。
- filter_limit_min：能接受的最小值（以米为单位）。
- filter_limit_max：能接受的最大值（以米为单位）。
- filter_limit_negative：如果设置为 True，那么将保留过滤器限制以外的部分。

在样本启动文件中，我们已经设置了最小值和最大值分别为 1.0 和 1.25 米。这就是说，只有落在距离相机大约 3 英尺和 4 英尺的之间点将会被保留。

需要注意的是启动文件将点云输入话题（topic）设置到/camera/depth/points，将输出话题

（topic）设置到/passthrough。当要在 RViz 中查看结果时你需要输出话题（topic）的名称。

要看到结果，启动 openni_node（如果它尚未启动）：

```
roslaunch rbx1_vision openni_node.launch
```

在另一个终端中，运行 passthrough 过滤器

```
roslaunch rbx1_vision passthrough.launch
```

然后，和提供的 PCL 配置文件一同开启 RViz：

```
rosrun rviz rviz -d `rospack find rbx1_vision`/pcl.rviz
```

当 RViz 开启后，看到左边的 Displays（展示）面板。默认情况下，原始点云（OriginalPointCloud）应被检查并且你应该在主显示口看到颜色编码的点云。用你的鼠标旋转云，并从不同的角度查看它。您还可以用鼠标滚轮放大和缩小点云。

要看到 Passthrough 过滤器的结果，取消选中原始点云（OriginalPointCloud）显示和检查 Passthrough 显示。PassThrough 显示器的 topic 应该被设置为/passthrough。如果没有，点击 Topic 区域，然后从列表中选择它。

因为我们已经设置了距离的限制。所以在你选择了 Passthrough 显示后，没有看到任何点出现在 RViz 也不要觉得奇怪。不管怎样，站在摄像头前前后慢慢移动寻找合适的位置，你应该看到自己的形象出现，而当你超过限制的距离是你的形象就会消失。

要尝试不同的最小和最大限制、filter_limit_negative 参数值。请打开 rqt_reconfigure：

```
rosrun rqt_reconfigure rqt_reconfigure
```

然后选择 passthrough 节点（node）。如果您选中 filter_limit_negative 旁边的复选框，你现在应该发现在距离限制间的一个"洞"了。现在，在设置的限制范围外一切都应该是可见的，但是当移动到限制范围以内时，就会消失。

顺便说一句，你可以通过改变 PassThrough 显示出的选项列表中的 Color Transformer 为一个给定的点云 topic 更改深度。例如，如果选择 RGB8 而不是 Axis 的话将显示实际像素的颜色值，而 Axis 的设置则使用颜色编码的深度图。推荐的 Style（样式）设置为 Points（点）。你可以尝试其他选择，但在这里你可能会发现，除非你有一个非常强大的机器，其他选择会显著放慢您的计算机速度。

10.10.2 将多个 PassThrough 过滤器结合

我们可以在一个启动文中组合多个 PassThrough 过滤器。特别是我们可以为三个维度都添加的限制，由此得到一个过滤盒，使得仅盒内的点是可见的。其结果是在三维空间里锁定了关注的焦点。如果我们把每个过滤器 filter_limit_negative 参数设置为 True，那么就只有盒外的点是可见的。

举个例子，看看在目录 rbx1_vision/launch 下的启动文件 passthrough2.launch。启动文件包括三个 passthrough nodelet 实例，每个分别限制了 x，y 和 z。需要注意的是每个 nodelet 必须有唯一的名称，所以我们也称他们 passthrough_x，passthrough_y 和 passthrough_z。然后，为每个过滤器设置最小/最大距离限制（min/max distance limits）来构成一个我们期望大小的框。注意后续过滤器的输入 topic 是怎样设置为前一个滤波器的输出 topic 的。三个滤波器的最终结果还被发布（publish）到了/passthrough topic，所以你可以使用相同的 RViz 配置文件看到它。终止以前的 passthrough.launch 文件并运行：

```
roslaunch rbx1_vision passthrough2.launch
```

现在在镜头前走动，你应该能够确定 passthrough 盒子的边界。您还可以设置 rqt_reconfigure 来创建不同大小的滤盒。（注：一个新的节点启动后，rqt_reconfigure 不会自动刷新的节点列表，你必须退出 rqt_reconfigure，并再次启动它。）

10.10.3 VoxelGrid 过滤器

我们看的第二个滤波器是 VoxelGrid 过滤器①。来自高分辨率摄像头的点云包含了非常多的点，并会消耗大量的 CPU 运算。为了减少负荷，确保更快的帧速，VoxelGrid 过滤器降低云中的采样点，在启动文件中设置指定参数可以设置这一效果。其结果是在原有的有较多点的点云基础上产生一个较少点的点云。让我们来看看在 rbx1_vision/launch 目录下的启动文件 voxel.launch：

```
<launch>

  <!-- Start the nodelet manager -->
  <node pkg="nodelet" type="nodelet" name="pcl_manager" args="manager" output="screen" />

  <!-- Run a VoxelGrid filter to clean NaNs and downsample the data -->
  <node pkg="nodelet" type="nodelet" name="voxel_grid" args="load pcl/VoxelGrid pcl_manager" output="screen">
    <remap from="~input" to="/camera/depth/points" />
    <remap from="~output" to="/voxel_grid" />
    <rosparam>
      filter_field_name: z
      filter_limit_min: 0.01
      filter_limit_max: 3.5
      filter_limit_negative: False
      leaf_size: 0.05
    </rosparam>
  </node>
</launch>
```

---

① 地址：http://wiki.ros.org/pcl_ros/Tutorials/VoxelGrid%20filtering。

请注意，前四个参数与 passthrough 过滤器起着相同的作用并且有着同样的行为。第四个参数，leaf_size，确定采样网格的大小。例如值为 0.05 表示在原始点云上每 5 厘米采样一次以产生输出新的云。

如果你仍在运行上一节中的 passthrough2 启动文件，立即终止它。若你还没有让 openni 节点运行，那么执行下列命令：

```
$ roslaunch rbx1_vision openni_node.launch
```

如果您还没有运行 RViz 与 pcl.rviz 配置文件，现在运行它：

```
$ rosrun rviz rviz -d `rospack find rbx1_vision`/pcl.rviz
```

最后，运行 VoxelGrid 过滤器：

```
$ roslaunch rbx1_vision voxel.launch
```

要查看 VoxelGrid 过滤器的结果，在 RViz 取消选中原始点云（OriginalPointCloud）和 PassThrough 显示，检查 VoxelGrid 旁边的复选框。您应该看到一个相当稀疏的云。使用鼠标滚轮放大云将更加明显。您还可以使用 rqt_reconfigure 改变 leaf_size 并观察 RViz 中的结果。

11 组合视觉与底座控制

既然我们掌握了 ROS 中基本的视觉处理和运动控制方法，我们将把它们一起放到一个完整的 ROS 应用中去。在本章节中，我们将会看到这样的两个应用：物体跟踪和人物跟随。

11.1 关于摄像机坐标系的注意事项

ROS 假设固定在给定的摄像机上的视觉标架是以摄像机指向外的方向为 z 坐标轴的，并且垂直于图像平面。而在图像平面中，x 坐标轴是水平指向右的，y 坐标轴是竖直指向下的。

请注意这个框架与我们之前看到的传统移动底座的标架不同，之前的框架是 z 坐标轴指向上方，x 坐标轴指向前方，y 坐标轴指向左方的。尽管在本书中我们不需要太担心这个区别，但是要牢记当我们在类似于 Kinect 这种 RGB－D 摄像机的情景下说到"深度"时，我们说的 z 坐标轴就是从摄像机指向外的方向。

物体跟踪器

在机器人视觉的章节中，我们学习了怎么使用 OpenCV 来跟踪脸部、关键点和颜色。在任何情况下，结果都是一个感兴趣区域（ROI），这个区域跟随物体并且在 ROS 话题/roi 中发布。如果摄像机是安装在移动机器人上，我们可以通过/roi 中 x_offset 坐标来保持物体在视图区域中心，我们旋转机器人来补偿这个偏移量。通过这种方式，当物体移动时机器人会左转或者右转来跟踪物体。（在下一个小节中我们将增加深度到等式中，那么物体在离开或靠近时机器人就可以前移和后移来保持一个固定的距离了。）

我们的跟踪节点能在目录 rbx1_apps/nodes 下的脚本 object_tracker.py 中找到。在我们开始回顾代码之前，先让我们测试一下跟踪器。

11.2 物体跟踪器

11.2.1 使用 rqt_plot 测试物体跟踪器

本测试可以不使用机器人来运行，只需要一个连接到你电脑上的摄像机就可以了。从启动一个深度摄像机或者网络摄像机的驱动开始：

```
$ roslaunch rbx1_vision openni_node.launch
```

或者

```
$ roslaunch rbx1_vision uvc_cam.launch device:=/dev/video0
```

（如果有必要可以改变视频设备）

下一步，启动我们之前开发的 face_tracker2 节点：

```
$ roslaunch rbx1_vision face_tracker2.launch
```

现在运行 object_tracker 节点：

```
$ roslaunch rbx1_apps object_tracker.launch
```

最后，运行 rqt_plot 来查看/cmd_vel 话题的角度部分

```
$ rqt_plot /cmd_vel/angular/z
```

现在看着摄像机，当脸部跟踪器识别到你的脸部时，左右移动你的头部。当你这么做的时候，你就会看见在 rqt_plot 中角速度大概在 -1.5 到 1.5rad/s 间变化。你的脸移动的离中心越远，那么在 rqt_plot 的速度值就越大。如果这些数值发送到机器人上，那么机器人就可以相应的旋转。

11.2.2 使用模拟的机器人测试物体跟踪器

除了使用 rqt_plot，我们还可以用 ArbotiX 模拟器来测试物体跟踪器代码的功能。过程跟上一个小节相同，除了最后一步用模拟器和 RViz 来代替运行 rqt_plot：

```
$ roslaunch rbx1_bringup fake_turtlebot.launch
```

```
$ rosrun rviz rviz -d `rospack find rbx1_nav`/sim.rviz
```

你会在 RViz 看见虚拟的 TurtleBot，如果现在你在摄像机前左右移动你的头部，TurtleBot 也会在相应的方向旋转。你左右移动的越远，那么它旋转的也就越快。请注意当你的脸偏离正中心时机器人就会不断旋转，因为在模拟中无法对齐你真正的脸。

11.2.3 理解物体跟踪器的代码

在运行真实机器人的跟踪应用之前，我们先来看一看它的代码：（源代码：object_tracker.py[1]）

```
1  #!/usr/bin/env python
2
3  import rospy
4  from sensor_msgs.msg import RegionOfInterest, CameraInfo
5  from geometry_msgs.msg import Twist
6  import thread
7
```

---

[1] 地址：https://github.com/pirobot/rbx1/blob/hydro-devel/rbx1_apps/nodes/object_tracker.py。

```
 8  class ObjectTracker():
 9    def __init__(self):
10        rospy.init_node("object_tracker")
11
12        # Set the shutdown function (stop the robot)
13        rospy.on_shutdown(self.shutdown)
14
15        # How often should we update the robot's motion?
16        self.rate = rospy.get_param("~rate", 10)
17        r = rospy.Rate(self.rate)
18
19        # The maximum rotation speed in radians per second
20        self.max_rotation_speed = rospy.get_param("~max_rotation_speed", 2.0)
21
22        # The minimum rotation speed in radians per second
23        self.min_rotation_speed = rospy.get_param("~min_rotation_speed", 0.5)
24
25        # Sensitivity to target displacements.  Setting this too high
26        # can lead to oscillations of the robot.
27        self.gain = rospy.get_param("~gain", 2.0)
28
29        # The x threshold (% of image width) indicates how far off-center
30        # the ROI needs to be in the x-direction before we react
31        self.x_threshold = rospy.get_param("~x_threshold", 0.1)
32
33        # Publisher to control the robot's movement
34        self.cmd_vel_pub = rospy.Publisher('cmd_vel', Twist)
35
36        # Intialize the movement command
37        self.move_cmd = Twist()
38
39        # Get a lock for updating the self.move_cmd values
40        self.lock = thread.allocate_lock()
41
42        # We will get the image width and height from the camera_info topic
43        self.image_width = 0
44        self.image_height = 0
45
46        # Set flag to indicate when the ROI stops updating
47        self.target_visible = False
48
49        # Wait for the camera_info topic to become available
50        rospy.loginfo("Waiting for camera_info topic...")
51        rospy.wait_for_message('camera_info', CameraInfo)
52
```

```python
53      # Subscribe the camera_info topic to get the image width and height
54      rospy.Subscriber('camera_info', CameraInfo, self.get_camera_info)
55
56      # Wait until we actually have the camera data
57      while self.image_width == 0 or self.image_height == 0:
58          rospy.sleep(1)
59
60      # Subscribe to the ROI topic and set the callback to update the robot's motion
61      rospy.Subscriber('roi', RegionOfInterest, self.set_cmd_vel)
62
63      # Wait until we have an ROI to follow
64      rospy.wait_for_message('roi', RegionOfInterest)
65
66      rospy.loginfo("ROI messages detected. Starting tracker...")
67
68      # Begin the tracking loop
69      while not rospy.is_shutdown():
70          # Acquire a lock while we're setting the robot speeds
71          self.lock.acquire()
72
73          try:
74              # If the target is not visible, stop the robot
75              if not self.target_visible:
76                  self.move_cmd = Twist()
77              else:
78                  # Reset the flag to False by default
79                  self.target_visible = False
80
81              # Send the Twist command to the robot
82              self.cmd_vel_pub.publish(self.move_cmd)
83
84          finally:
85              # Release the lock
86              self.lock.release()
87
88          # Sleep for 1/self.rate seconds
89          r.sleep()
90
91  def set_cmd_vel(self, msg):
92      # Acquire a lock while we're setting the robot speeds
93      self.lock.acquire()
94
95      try:
96          # If the ROI has a width or height of 0, we have lost the target
97          if msg.width == 0 or msg.height == 0:
```

```
 98                  self.target_visible = False
 99                  return
100
101              # If the ROI stops updating this next statement will not happen
102              self.target_visible = True
103
104              # Compute the displacement of the ROI from the center of the image
105              target_offset_x = msg.x_offset + msg.width /2 - self.image_width /2
106
107              try:
108                  percent_offset_x = float(target_offset_x) /(float(self.image_width) /2.0)
109              except:
110                  percent_offset_x = 0
111
112              # Rotate the robot only if the displacement of the target exceeds the threshold
113              if abs(percent_offset_x) > self.x_threshold:
114                  # Set the rotation speed proportional to the displacement of the target
115                  try:
116                      speed = self.gain *percent_offset_x
117                      if speed < 0:
118                          direction = -1
119                      else:
120                          direction = 1
121                      self.move_cmd.angular.z = -direction *max(self.min_rotation_speed,
122                                              min(self.max_rotation_speed, abs(speed)))
123                  except:
124                      self.move_cmd = Twist()
125              else:
126                  # Otherwise stop the robot
127                  self.move_cmd = Twist()
128
129          finally:
130              # Release the lock
131              self.lock.release()
132
133      def get_camera_info(self, msg):
134          self.image_width = msg.width
135          self.image_height = msg.height
136
137      def shutdown(self):
138          rospy.loginfo("Stopping the robot...")
```

```
139         self.cmd_vel_pub.publish(Twist())
140         rospy.sleep(1)
141
142 if __name__ == '__main__':
143     try:
144         ObjectTracker()
145         rospy.spin()
146     except rospy.ROSInterruptException:
147         rospy.loginfo("Object tracking node terminated.")
```

到此为止,这个脚本大概已经不言自明了。然而,还是让我们浏览一下关键行吧。要记住跟踪器应用的整体目标:我们想要监控/roi 话题中目标在位置上的任何改变,距离摄像机中心左右的变化。我们接着会将机器人向合适的方向旋转来补偿这个偏移。

```
19      # The maximum rotation speed in radians per second
20      self.max_rotation_speed = rospy.get_param("~max_rotation_speed", 2.0)
21
22      # The minimum rotation speed in radians per second
23      self.min_rotation_speed = rospy.get_param("~min_rotation_speed", 0.5)
```

当控制一个可移动机器人时,设置一个最大速度是一个很好的做法。同样,设置一个最小速度可以确保机器人不会在移动的过慢的时候受它本身重量和摩擦力所影响。

```
27      self.gain = rospy.get_param("~gain", 2.0)
```

大部分的反馈循环需要一个增益参数来控制我们需要系统响应目标距离平衡点的位移的速度。在我们的例子中,增益参数将决定机器人响应目标偏离视图的中心点的速度。

```
31      self.x_threshold = rospy.get_param("~x_threshold", 0.05)
```

我们不想机器人追逐目标每一个微小的动作导致它的电池耗尽,所以我们设置了一个阈值,这个阈值限制了机器人响应目标水平方向位移的大小。在这个例子中,这个阈值是图像宽度的百分比(0.05 = 5%)。

```
39      # Get a lock for updating the self.move_cmd values
40      self.lock = thread.allocate_lock()
```

被分配到 ROS 订阅者的回调函数运行在与主程序不同的线程中。因为我们将同时修改 ROI 回调函数中和主程序循环中机器人的旋转速度,我们需要一个锁来保证整个脚本的线程安全。下面我们将会看到怎么实现这个锁。

```
47         self.target_visible = False
```

如果目标丢失了（例如离开了视图的区域），我们希望机器人停下来。所以我们会用一个标志来指示目标是否可见。

```
54         rospy.Subscriber('camera_info', CameraInfo, self.get_camera_info)
```

比起把视频分辨率硬编码到程序中，我们可以动态地从合适的 camera_info 话题中得到它。这个话题真正的名字映射在启动文件 object_tracker. launch 中。如果是用由 OpenNI 节点驱动的 Kinect 或者 Xtion 摄像机，那么该话题名称通常是/camera/rgb/camera_info。回调函数 self. get_camera_info（在后面的脚本中定义）仅仅在 camera_info 消息中设置了全局变量 self. image_width 和 self. image_height。

```
61         rospy.Subscriber('roi', RegionOfInterest, self.set_cmd_vel)
```

这里我们订阅了/roi 话题并且设置了 set_cmd_vel () 为回调函数，它会在目标位置变化时设置 Twist 命令并发送给机器人。

```
69      while not rospy.is_shutdown():
70          # Acquire a lock while we're setting the robot speeds
71          self.lock.acquire()
72
73          try:
74              # If the target is not visible, stop the robot
75              if not self.target_visible:
76                  self.move_cmd = Twist()
77              else:
78                  # Reset the flag to False by default
79                  self.target_visible = False
80
81              # Send the Twist command to the robot
82              self.cmd_vel_pub.publish(self.move_cmd)
83
84          finally:
85              # Release the lock
86              self.lock.release()
87
88          # Sleep for 1/self.rate seconds
89          r.sleep()
```

这是我们的主控制循环，首先我们需要一个锁来保护两个全局变量 self. move_cmd 和

self.target_visible，因为两个变量都可以被回调函数 set_cmd_vel () 所修改。然后我们测试目标是否仍然可见，如果不是我们就会设置运动命令为空的 Twist 消息来令机器人停止。否则，我们就设置 target_visible 标志变回 False（安全默认值）并设置当前运动命令为 set_cmd_vel () 中所描述的下一个命令。最后，我们释放锁并休眠一个周期。

```
91    def set_cmd_vel(self, msg):
92        # Acquire a lock while we're setting the robot speeds
93        self.lock.acquire()
94
95        try:
96            # If the ROI has a width or height of 0, we have lost the target
97            if msg.width = = 0 or msg.height = = 0:
98                self.target_visible = False
99                return
100
101           # If the ROI stops updating this next statement will not happen
102           self.target_visible = True
```

当有任何新消息到/roi 话题时，回调函数 set_cmd_vel () 都会被触发。这时首先需要检查的是感兴趣区域（ROI）的宽度或高度是否为零，如果是，那么目标可能已经丢失，我们就立刻返回到主循环，停止机器人的旋转。如果不是，我们就设置 target_visible 标志为 True 值，令机器人可以对目标位置作出反应。

```
89    target_x_offset = msg.x_offset + (msg.width /2.0) - (self.image_width /2.0)
90
91    try:
92        percent_offset = float(target_x_offset) /(float(self.image_width) /2.0)
93    except:
94        percent_offset = 0
```

在我们决定机器人怎样运动之前，先要计算出目标到摄像机图像中心的位移量。回顾之前 ROI 消息中 x_offset 确定了区域的左上角位置的 x 坐标，所以我们要找到区域中心还要再加上一半的宽度。然后为了找出距离图像中心的位移量，我们要减去图像的一半宽度。位移量以像素来计算，然后我们再将它变成跟图像宽度的比例值。而 try - catch 块是确保我们能抓取任何尝试除以零的情况，发生这种情况可能是 camera_info 话题发生系统错误并向我们传递 image_width 的值为零。

```
97        if abs(percent_x_offset) > self.x_threshold:
98            # Set the rotation speed proportional to the displacement of the target
99            try:
100               speed = self.gain *percent_x_offset
101               if speed < 0:
```

```
102                direction = -1
103            else:
104                direction = 1
105            self.move_cmd.angular.z = -direction *max(self.min_rotation_speed,
min(self.max_rotation_speed, abs(speed)))
106        except:
107            self.move_cmd = Twist()
108    else:
109        # Otherwise stop the robot
110        self.move_cmd = Twist()
```

最后我们计算出机器人的旋转速度，这与距目标的偏移量成正比，以参数 self.gain 作为乘数。如果距目标的偏移量没有超过参数 x_threshold，我们就把运动命令设置为空的 Twist 消息来令机器人停止（或者是保持停止）。

11.2.4　在真实的机器人上的物体跟踪器

我们现在准备在真实的机器人上尝试物体跟踪器。因为机器人只会向左右旋转，所以不需要担心它会撞向什么东西，但不管怎样最好还是把它移到一个空旷的地方。

如果你用的是一个带固定摄像机的 TurtleBot，你也许需要趴在地板上来做脸部识别。要不然，你可以使用 CamShift 跟踪器并持一个带颜色物体来做跟踪测试。跟着接下来的几步让所有东西运转起来。

首先关闭所有你在之前小节中运行的启动文件，然后运行你的机器人的启动文件。对于原始的 TurtleBot 我们会运行：

```
$ roslaunch rbx1_bringup turtlebot_minimal_create.launch
```

和

```
$ roslaunch rbx1_vision openni_node.launch
```

下一个启动的可以是 CamShift 跟踪器也可以是脸部跟踪器：

```
$ roslaunch rbx1_vision camshift.launch
```

或者

```
$ roslaunch rbx1_vision face_tracker2.launch
```

最后，运行物体跟踪器节点：

```
$ roslaunch rbx1_apps object_tracker.launch
```

如果你启动的是 Camshift 跟踪器，在摄像机前移动一个颜色明亮的物体，用鼠标选中它，并调节参数让你在反投影窗口中得到目标好的隔离效果。现在左右移动物体，机器人应该会旋转以保持物体在图像框中心。

如果你用的是脸部跟踪器的话，在机器人的摄像机面前移动，这样你的脸才会在视图的区域中，等待直到你的脸被识别到，然后就可以左右移动了。机器人会旋转以保持你的脸在图像框中心。

尝试调节 object_tracker.launch 文件中的参数来达到你想要的响应敏感度。

11.3 物体跟随器

我们的下一个脚本将深度信息与物体跟踪器结合，这样机器人就可以前后移动来保持与跟踪物体的固定距离了。通过这种方式，机器人能够真正的跟随目标移动。这个脚本会跟踪所有发布在/roi 话题上的目标，所以我们可以用之前的视觉节点来提供目标，例如脸部跟踪器、CamShift、LK 跟踪器节点。

这个新的脚本是位于 rbx1_apps/nodes 目录的 object_follower.py[1]。需要注意的是，除了/roi 话题外，我们现在订阅了发布自/camera/depth/image_raw 话题的深度图像，这使我们可以计算出到感兴趣区域的一个平均距离，这能反映目标物体到摄像机的距离。然后我们就可以前后移动机器人来保持离目标一个给定的距离了。（记住你的摄像机放置的如果与你机器人前方有偏移，你将计算入这个偏移量到你最后用于跟随的目标距离。）

11.3.1 为物体跟踪器增加深度

物体跟随器程序跟物体跟踪器的脚本很相似，但是这次我们加入了深度信息。我们有两种方法可以在 ROS 中得到 RGBD 摄像机的深度数值：我们可以使用 OpenCV 并订阅发布自 openni 摄像机节点的深度图像（depth image）；也可以使用 PCL 并订阅深度点云（depth point cloud）消息。对于物体跟随器节点来说，我们会用深度图像和 OpenCV。而在我们下一小节中的"人物跟随器"，我们会展示怎么使用点云和 PCL 节点。

openni 摄像机驱动以 sensor_msgs/Image 消息类型将深度图像发布在/camera/depth/image_raw 话题中。图像中每个"像素"都以毫米为单位保存了该点的深度数值。因此我们需要把这些数值除以 1000 得到以米为单位的结果。我们的回调函数会使用 cv_bridge 转换深度图像为一个 Numpy 数组，我们用它来计算到 ROI 的平均距离。

比起列出整个脚本，我们不如关注相对于上一小节里物体跟踪器有区别的地方。

```
self.depth_subscriber = rospy.Subscriber("depth_image", Image, self.convert_depth
_image, queue_size=1)
```

这里我们订阅了深度图像的话题并且分配了回调函数 convert_depth_image()。我们用泛型的话题名称"depth_image"，这样我们可以在启动文件中重映射它。当使用 openni 摄像机驱动来连接深度摄像机的时候，我们需要得到的话题是/camera/depth/image_raw。如果你查看在 rbx1_apps/launch 目录下的 object_follower.launch 启动文件，你就会发现我们像下面这样做合适的重映射：

---

[1] 地址：https://github.com/pirobot/rbx1/blob/hydro-devel/rbx1_apps/nodes/object_follower.py。

```
<remap from = "camera_info" to = "/camera/rgb/camera_info" />
<remap from = "depth_image" to = "/camera/depth/image_raw" />
```

我们的回调函数 convert_depth_image () 就会变成这样::

```
def convert_depth_image(self, ros_image):
    # Use cv_bridge() to convert the ROS image to OpenCV format
    try:
        # The depth image is a single-channel float32 image
        depth_image = self.cv_bridge.imgmsg_to_cv(ros_image, "32FC1")
    except CvBridgeError, e:
        print e

    # Convert the depth image to a Numpy array
    self.depth_array = np.array(depth_image, dtype = np.float32)
```

我们用 CvBridge 来把深度图像转换到到一个 Numpy 数组并把它保存到变量 self.depth_array 中。这使我们可以得到 x-y 坐标落在目标 ROI 中所有点的深度数值。

回顾之前的物体跟踪器脚本，我们用回调函数 set_cmd_vel () 来映射在/roi 话题上的消息到 Twist 命令中，使得机器人移动。在那种情况下，我们计算出目标的左右偏移量，以便我们可以旋转机器人保持目标在摄像机视图中心。我们现在加入下面的代码以得到 ROI 平均深度。

```
# Acquire a lock while we're setting the robot speeds
self.lock.acquire()

try:

    ( ... some code omitted that is the same as object_tracker.py ...)

    # Initialize a few depth variables
    n_z = sum_z = mean_z = 0

    # Shrink the ROI slightly to avoid the target boundaries
    scaled_width = int(self.roi.width * self.scale_roi)
    scaled_height = int(self.roi.height * self.scale_roi)

    # Get the min/max x and y values from the scaled ROI
    min_x = int(self.roi.x_offset + self.roi.width * (1.0 - self.scale_roi) /2.0)
    max_x = min_x + scaled_width
    min_y = int(self.roi.y_offset + self.roi.height * (1.0 - self.scale_roi) /2.0)
    max_y = min_y + scaled_height

    # Get the average depth value over the ROI
```

```python
        for x in range(min_x, max_x):
            for y in range(min_y, max_y):
                try:
                    # Get a depth value in millimeters
                    z = self.depth_array[y, x]

                    # Convert to meters
                    z /= 1000.0

                except:
                    # It seems to work best if we convert exceptions to 0
                    z = 0

                # Check for values outside max range
                if z > self.max_z:
                    continue

                # Increment the sum and count
                sum_z = sum_z + z
                n_z += 1

        # Stop the robot's forward/backward motion by default
        linear_x = 0

        # If we have depth values...
        if n_z:
            mean_z = float(sum_z) /n_z

            # Don't let the mean fall below the minimum reliable range
            mean_z = max(self.min_z, mean_z)

            # Check the mean against the minimum range
            if mean_z > self.min_z:
                # Check the max range and goal threshold
                if mean_z < self.max_z and (abs(mean_z - self.goal_z) > self.z_threshold):
                    speed = (mean_z - self.goal_z) *self.z_scale
                    linear_x = copysign(min(self.max_linear_speed, max(self.min_linear_speed, abs(speed))), speed)

            if linear_x == 0:
                # Stop the robot smoothly
                self.move_cmd.linear.x *= self.slow_down_factor
            else:
                self.move_cmd.linear.x = linear_x
```

```
finally:
    # Release the lock
    self.lock.release()
```

ROS 的回调函数在它们各自的线程中操作，所以首先我们要设置一个锁来保护可能在脚本主程序中也被改变的变量。这包括了控制机器人运动的变量 self.move_cmd 和标志我们是否丢失目标的标记 self.target_visible。如果我们不使用锁的话，当脚本主体和回调函数同时尝试使用这些变量时，就会发生不可预测的结果。

首先我们需要获取一组 x，y 值，这组 x，y 值覆盖的区域比 ROI 略小一点，我们通过因子 self.scale_roi（默认值：0.9）来缩小 ROI，这样我们就不会获取到接近跟踪目标边缘的背景的距离。还有一种更复杂的做法是除去那些比平均值超出一个固定阈值的深度数值。

接下来我们遍历一遍缩减了的 ROI 区域的 x - y 值，并将每个点的深度数组拉取出来，这个数组是从回调的深度图像中得到的。请注意在指标深度数组时 x 和 y 的顺序是颠倒的。我们还需要检查异常并把这些深度设置为零，也可以将这些点抛弃，但是实际上当人离机器人很近时，设置这些值为零机器人的跟随表现会更好。

最后我们计算出平均深度并设置机器人的线性速度部分，根据我们对比目标距离参数 self.goal_z 是太远还是太近来设置是靠近还是离开目标。为了防止我们没有任何有效的深度值，我们将机器人按 10% 的降低线性速度使其平稳的停下来。（不用对使用"z"表示摄像机深度信息而"x"表示机器人线性速度感到迷惑，这只是用于摄像机和机器人运动的两个不同坐标系规范造成的结果。）

当我们完成了回调之后，就会释放锁。同时，我们的主循环是按以下进行操作的：

```
while not rospy.is_shutdown():
    # If the target is not visible, stop the robot smoothly
    self.lock.acquire()

    try:
        if not self.target_visible:
            self.move_cmd.linear.x *= self.slow_down_factor
            self.move_cmd.angular.z *= self.slow_down_factor
        else:
            # Reset the flag to False by default
            self.target_visible = False

    finally:
        self.lock.release()

    # Send the Twist command to the robot
    self.cmd_vel_pub.publish(self.move_cmd)

    # Sleep for 1/self.rate seconds
    r.sleep()
```

相比于 object_tracker.py 脚本中同一个循环唯一的区别就是，我们现在在开始需要一个锁并且在每一次更新循环结束时释放它。这是用来保护变量 self.move_cmd 和 self.target_visible 的，它们在回调函数 set_cmd_vel () 中也能被修改。.

11.3.2　在模拟的机器人上测试物体跟随器

因为物体跟随器需要深度信息，脚本只能运行在深度摄像机上，例如 Kinect 和 Xtion Pro 摄像机。因此，从连接你的摄像机到你的电脑开始，并启动 OpenNI 驱动：

```
$ roslaunch rbx1_vision openni_node.launch
```

接下来，运行起 TurtleBot 和 RViz：

```
$ roslaunch rbx1_bringup fake_turtlebot.launch
```

```
$ rosrun rviz rviz -d `rospack find rbx1_nav`/sim.rviz
```

你应该能在 Rviz 中看到虚拟的 TurtleBot。

现在启动我们之前改进的 face_tracker2 节点：

```
$ roslaunch rbx1_vision face_tracker2.launch
```

调节摄像机的位置，使得它能够识别到你的脸部。记住你可以用在视频窗口上的 "c" 键来清除已跟踪的点并强制节点重新识别你的脸部。

现在运行 object_follower 节点：

```
$ roslaunch rbx1_apps object_follower.launch
```

请确保 Rviz 窗口是可见的，这样你才能观察虚拟的 TurtleBot。如果你现在在摄像机前移动你的头部，那么虚拟的 TurtleBot 也会移动以跟随你。在文件 object_follower.launch 中目标距离设置为 0.7 米，所以如果你的头部移到离摄像机这个距离以内时这个机器人就会后退，当你距离机器人远于 0.7 米时，这个机器人就会前进。

你也可以用 CamShift 节点尝试同样的试验来跟踪一个有颜色的物体。就是关闭脸部跟踪器启动文件并运行 camshift 启动文件来取代它：

```
$ roslaunch rbx1_vision camshift.launch
```

用鼠标选择一个你想要跟踪的物体，然后当物体在摄像机前运动时，在 RViz 中观察虚拟的 TurtleBot。

11.3.3 在真实的机器人上的物体跟随器

我们现在准备在真实的机器人上尝试物体跟随器。在开始之前，请确保你的机器人有足够的空间来移动。

如果你是使用 TurtleBot 并且摄像机位置是固定的，你也许需要趴在地板上才能完成脸部跟踪。你也可以选择运行 CamShift 跟踪器，然后手持一个有颜色的物体在机器人前方测试跟踪效果。

首先结束所有你在之前小节中运行的启动文件，然后运行你的机器人的启动文件，对于原始的 TurtleBot 我们会运行：

```
$ roslaunch rbx1_bringup turtlebot_minimal_create.launch
```

和

```
$ roslaunch rbx1_vision openni_node.launch
```

下一个运行 CamShift 跟踪器或脸部跟踪器：

```
$ roslaunch rbx1_vision camshift.launch
```

或者

```
$ roslaunch rbx1_vision face_tracker2.launch
```

最后，运行物体跟随器节点：

```
$ roslaunch rbx1_apps object_follower.launch
```

如果你启动的是 Camshift 跟踪器，在摄像机前移动一个颜色明亮的物体，用鼠标选中它，并调节参数让你得到一个效果好的、与背景窗隔离分明的目标。现在前后左右移动物体，机器人应该会移动以保持物体在图像中心并且大致地保持在启动文件中设置的目标距离。

如果你运行的是脸部跟踪器，在你的摄像机前移动，这样你的脸才能在视图中，等到你的脸部被识别后，再前后左右移动。机器人就会移动以跟踪你的动作。

尝试调整 object_tracker.launch 文件中的参数以得到你想要的响应敏感度。.

作为另外一个选择，你可以尝试运行 lk_tracker.launch 节点，而不是脸部跟踪器或者 CamShift。这将使机器人通过物体表面上的一些关键点来跟随任意一个你用鼠标选定的物体。

11.4 人跟随器

我们的第二个应用是设计来让机器人跟随一个人在房间中走动的。如果你有一个 TurtleBot，你可以使用由 Tony Pratkanis 写的最好的 turtlebot_follower 应用，它使用了 PCL 并用 C++ 语言编写。我们的目标将会是用 Python 写一个类似的应用,我们不需要用到整个 PCL 的 API。

ROS 中 sensor_msgs 程序包定义了一个用于 PointCloud2 消息类型的类和一个叫做 point_cloud2.py 的模块,这个模块用来访问单独的深度数值。Tony Pratkanis 的 point_cloud2.py 程序根本不知道人长成什么样。相反,它用了以下的策略来识别在它面前的一个"人形的模糊对象",并保持物体在一个确定距离以内。

- 首先,定义好这个模糊对象大小在 x, y, z 三维上的最大值和最小值。通过这种方式机器人就不会注意于一些家具或者是椅子腿了。
- 接下来,定义我们希望机器人站在离这个模糊对象(人)多远的地方。对于深度摄像机,z 坐标是相关的维度。
- 开始主循环:
- 如果机器人离人太远或者太近了,机器人应该相应地向前或者向后移动
- 如果人是在机器人左边或者右边,机器人应该适当地向右或者向左旋转。
- 在/cmd_vel 话题上发布动作相应的 Twist 消息。

现在我们用 Python 编写一个相似的 ROS 应用。

11.4.1 在模拟器中测试跟随器应用

实现跟随器应用的 Python 脚本是在 rbx1_apps/nodes 目录下的 follower.py 文件。在阅读代码之前,你可以在 ArbotiX 模拟器中试着运行它。

首先,确认你的摄像机已经插上电源,然后运行 openni 驱动:

```
$ roslaunch rbx1_vision openni_node.launch
```

接下来,启动跟随器应用:

```
$ roslaunch rbx1_apps follower.launch
```

最后,像我们之前一样运行模拟器和 RViz:

```
$ roslaunch rbx1_bringup fake_turtlebot.launch
```

```
$ rosrun rviz rviz -d `rospack find rbx1_nav`/sim.rviz
```

你可以在 Rviz 中看见模拟的 TurtleBot。如果现在你的身体靠近或者远离摄像机,TurtleBot 就会向后或者向前移动。如果你向右或者向左移动,机器人也会跟着你旋转。由于你的身体实际上不是模拟的一部分,只要你不在视图中心或者不在摄像机目标距离,机器人就会继续移动。

11.4.2 理解跟随器脚本

现在让我们阅读一下跟随器代码。(链接到源:follower.py[①])

---

① 地址:https://github.com/pirobot/rbx1/blob/hydro-devel/rbx1_apps/nodes/follower.py。

```python
#!/usr/bin/env python

import rospy
from roslib import message
from sensor_msgs.msg import PointCloud2
from sensor_msgs import point_cloud2
from geometry_msgs.msg import Twist
from math import copysign

class Follower():
    def __init__(self):
        rospy.init_node("follower")

        # Set the shutdown function (stop the robot)
        rospy.on_shutdown(self.shutdown)

        # The dimensions (in meters) of the box in which we will search
        # for the person (blob). These are given in camera coordinates
        # where x is left/right,y is up/down and z is depth (forward/backward)
        self.min_x = rospy.get_param("~min_x", -0.2)
        self.max_x = rospy.get_param("~max_x", 0.2)
        self.min_y = rospy.get_param("~min_y", -0.3)
        self.max_y = rospy.get_param("~max_y", 0.5)
        self.max_z = rospy.get_param("~max_z", 1.2)

        # The goal distance (in meters) to keep between the robot
        # and the person
        self.goal_z = rospy.get_param("~goal_z", 0.6)

        # How far away from the goal distance (in meters) before the robot reacts
        self.z_threshold = rospy.get_param("~z_threshold", 0.05)

        # How far away from being centered (x displacement) on the person
        # before the robot reacts
        self.x_threshold = rospy.get_param("~x_threshold", 0.1)

        # How much do we weight the goal distance (z) when making a movement
        self.z_scale = rospy.get_param("~z_scale", 1.0)

        # How much do we weight x-displacement of the person when
        # making a movement
        self.x_scale = rospy.get_param("~x_scale", 2.5)

        # The maximum rotation speed in radians per second
        self.max_angular_speed = rospy.get_param("~max_angular_speed", 2.0)
```

```python
44
45      # The minimum rotation speed in radians per second
46      self.min_angular_speed = rospy.get_param("~min_angular_speed", 0.0)
47
48      # The max linear speed in meters per second
49      self.max_linear_speed = rospy.get_param("~max_linear_speed", 0.3)
50
51      # The minimum linear speed in meters per second
52      self.min_linear_speed = rospy.get_param("~min_linear_speed", 0.1)
53
54      # Publisher to control the robot's movement
55      self.cmd_vel_pub = rospy.Publisher('/cmd_vel', Twist)
56
57      rospy.Subscriber('point_cloud', PointCloud2, self.set_cmd_vel)
58
59      # Wait for the point cloud topic to become available
60      rospy.wait_for_message('point_cloud', PointCloud2)
61
62  def set_cmd_vel(self, msg):
63      # Initialize the centroid coordinates and point count
64      x = y = z = n = 0
65
66      # Read in the x, y, z coordinates of all points in the cloud
67      for point in point_cloud2.read_points(msg, skip_nans=True):
68          pt_x = point[0]
69          pt_y = point[1]
70          pt_z = point[2]
71
72          # Keep only those points within our designated boundaries
        #   and sum them up
73          if -pt_y > self.min_y and -pt_y < self.max_y and  pt_x < self.max_x and pt_x > self.min_x and pt_z < self.max_z:
74              x += pt_x
75              y += pt_y
76              z += pt_z
77              n += 1
78
79      # Stop the robot by default
80      move_cmd = Twist()
81
82      # If we have points, compute the centroid coordinates
83      if n:
84          x /= n
85          y /= n
86          z /= n
```

```
87
88              # Check our movement thresholds
89              if (abs(z - self.goal_z) > self.z_threshold) or (abs(x) > self.x_threshold):
90                  # Compute the linear and angular components of the movement
91                  linear_speed = (z - self.goal_z) *self.z_scale
92                  angular_speed = -x *self.x_scale
93
94                  # Make sure we meet our min/max specifications
95                  linear_speed = copysign(max(self.min_linear_speed,
96                                      min(self.max_linear_speed, abs(linear_speed))), linear_speed)
97                  angular_speed = copysign(max(self.min_angular_speed,
98                                      min(self.max_angular_speed, abs(angular_speed))), angular_speed)
99
100                 move_cmd.linear.x = linear_speed
101         move_cmd.angular.z = angular_speed
102
103     # Publish the movement command
104     self.cmd_vel_pub.publish(move_cmd)
105
106
107     def shutdown(self):
108         rospy.loginfo("Stopping the robot...")
109         self.cmd_vel_pub.publish(Twist())
110         rospy.sleep(1)
111
112 if __name__ == '__main__':
113     try:
114         Follower()
115         rospy.spin()
116     except rospy.ROSInterruptException:
117         rospy.loginfo("Follower node terminated.")
```

这个脚本背后的整体策略是很简单的。首先,对机器人前方搜索框内的所有在深度云中的点进行采样。通过这些点,计算出区域的几何中心,例如所有点 x, y, z 数值各自的平均值。如果机器人前方有一个人,z 坐标的几何中心就会告诉我们它们有多远,x 坐标就反映了它们是在右边还是在左边。依靠这两个数字我们能计算出一个合适的 Twist 消息来保持机器人靠近那个人。

现在看一下脚本的关键几行。

```
4 from roslib import message
5 from sensor_msgs import point_cloud2
6 from sensor_msgs.msg import PointCloud2
```

为了访问深度云中的点，我们需要 roslib 中的 message 类和 ROS 程序包 sensor_msgs 中的 point_cloud2 库。我们还需要 PointCloud2 消息类型。

那长长的列表中的参数通过代码里的注释都是一目了然的。这个脚本的核心是在 point cloud 话题上的 set_cmd_vel () 回调函数。

```
56        rospy.Subscriber('point_cloud', PointCloud2, self.set_cmd_vel)
```

请注意我们在 Subscriber 语句中使用了一个泛型话题名称（"point_cloud"），这允许我们在启动文件中重映射 cloud 话题。通常我们会使用/camera/depth/points 话题，但如果我们预先过滤了云，我们将会使用另外一个话题。

```
61    def set_cmd_vel(self, msg):
62        # Initialize the centroid coordinates and point count
63        x = y = z = n = 0
```

每次我们从 point_cloud 话题收到一条消息，我们都会通过置零几何中心坐标和点计数来开始 set_cmd_vel 回调。

```
66        for point in point_cloud2.read_points(msg, skip_nans = True):
67            pt_x = point[0]
68            pt_y = point[1]
69            pt_z = point[2]
```

这里我们用 point_cloud2 库来循环遍历云中的所有点。skip_nans 参数是很容易取得的，因为 NaN（非数字）只会发生在点小于或者超过摄像机深度范围时。

```
72        if -pt_y > self.min_y and -pt_y < self.max_y and  pt_x < self.max_x and pt_x > self.min_x and pt_z < self.max_z:
73            x += pt_x
74            y += pt_y
75            z += pt_z
76            n += 1
```

对于 cloud 消息中的每一个点，我们都需要检查它是否落在搜索框中，如果是，那么添加他的 x, y, z 坐标到几何中心计算中并增加点计数。

```
79        move_cmd = Twist()
```

初始化 movement 命令为空的 Twist 消息，这个消息会默认停止机器人动作。

```
82          if n:
83              x /= n
84              y /= n
85              z /= n
```

假设我们找到了至少一个有效点，我们通过除以点计数计算出几何中心坐标。如果有一个人在机器人前面，这些坐标能给我们一个他们有多远和他们在左边还是右边的一个大概的概念。

```
88          if (abs(z - self.goal_z) > self.z_threshold) or (abs(x) > self.x_threshold):
89
90              linear_speed = (z - self.goal_z) *self.z_scale
91              angular_speed = -x *self.x_scale
```

如果人近过或者远过目标距离超过阈值 z_threshold，或者左偏/右偏超过阈值 x_threshold，参考 z_scale 和 x_scale 参数来衡量，合适地设置线速度和角速度。

```
103     self.cmd_vel_pub.publish(move_cmd)
```

最后，发布 movement 命令来移动（或停止）机器人。

11.4.3　在 TurtleBot 上运行跟随器应用

如果你有一个 TurtleBot，你可以比较我们的 Python 跟随器节点和在 turtlebot_follower 程序包中 Tony Pratkanis 的 C++ 版本。不论哪种情况，都在一个大房间的中心启动你的机器人，离墙壁、家具或者其他人越远越好。

确认 TurtleBot 的电源已经启动，然后启动开始文件：

```
$ roslaunch rbx1_bringup turtlebot_minimal_create.launch
```

下一步，运行深度摄像机：

```
$ roslaunch rbx1_vision openni_node.launch
```

使用 follower. launch 文件运行 follower 节点：

```
$ roslaunch rbx1_apps follower.launch
```

然后走到机器人前面看它是否能够跟随你移动。你可以通过改变启动文件中的参数来调整机器人的表现。请注意如果你移动的太靠近一面墙或者其他的物体，机器人可能会锁定它而不是你，你应该拿起机器人然后旋转它离开那个分散注意力的物体。还有要注意的是暗色衣服，特别是黑色，不太会对深度摄像机（例如 Kinect 和 Xtion Pro）用的红外线（IR）模式进行响应。所以如果你发现机器人不能很好地跟随你，看看你是否穿着黑色的裤子。

如果你发现机器人跟随你的动作有一点点缓慢，这可能是因为我们检查在点云中的每一个点是否落在我们的跟踪范围内所给 CPU 的负载。而且我们使用不是特别适合完成这个任务的 Python 来进行检查。一个更快更有效率地运行跟随器程序的方法是，首先用大量的 PCL 节点过滤云，这些节点是用 C++ 编写的并且比 Python 的一堆 if – then 语句要运行快得多。这是我们在下一个小节中采用的方法，在机器人跟随表现中，这可以对响应性形成显著的改进。

11.4.4　在过滤后的点云上运行跟随器节点

在我们现在的 follower.py 脚本中，我们测试云中的每一个点看它是否落在搜索框中。你可能会想，为什么不使用我们之前学过的 PassThrough 节点来预过滤云，那么这个测试就不必要了？确实，这是一个可行的选择，而且在 follower2.launch 文件可以找到实现。这个文件使用了一个 VoxelGrid 过滤器加大量的 PassThrough 过滤器来创建搜索框，然后启动 follower2.py 节点。这个新脚本很像原先的脚本但我们现在可以跳过检测某个点是否落在搜索框的测试。

到了书的这里，你应该可以自己完成 follower2.launch 文件和 follower2.py 脚本了，所以我们会把它留给读者作为一个练习。在 TurtleBot 上测试这个脚本，按照和之前几个小节一样的指示，但是用 follower2.launch 代替 follower.launch 文件。如果你是从头开始的，应该运行以下三个启动文件：

```
$ roslaunch rbx1_bringup turtlebot_minimal_create.launch
$ roslaunch rbx1_vision openni_node.launch
$ roslaunch rbx1_apps follower2.launch
```

12 Dynamixel 伺服机和 ROS

想要为云台头部添加栩栩如生的表现是非常困难的。只需要通过两个伺服机（servo），机器人就可以跟踪你的脸部或者其他的运动物体，或者简单地看向四周，而不用旋转整个身体。事实上，在这一章你甚至不需要有一个机器人：只用一台摄像机安装在一对伺服机上。

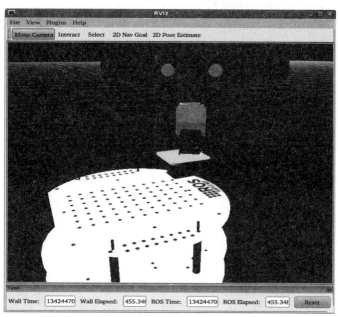

图 12-1

许多的第三方 ROS 程序包提供了所有我们需要用来开始关节控制的工具。在写这篇文章的时候，我们对伺服机唯一的选择就是 Robotis Dynamixel[①]，主要是因为这些伺服机提供了实时的反馈，包括位置、速度和 ROS 管理机器人关节方式的关键——转矩（torque）。一对低端的 AX-12[②] 伺服机通常已经足够支持一台 Kinect 或 Asus Xtion Pro 摄像机的重量了。然而，Kinect 非常重所以倾斜（抬头）伺服机不能在竖直方向上摆放得太远超过数分钟，以防止过热。

在本章中我们会覆盖以下几个话题：

- 为 TurtleBot 添加一个云台头部。
- 选择一个 Dynamixel 控制器和 ROS 程序包。
- 理解 ROS JointState 消息类型。
- 使用基本的关节控制命令。
- 连接到硬件控制器和设置伺服机 ID。
- 配置启动文件和参数。
- 测试伺服机。
- 编写头部跟踪节点程序。
- 结合头部跟踪和脸部跟踪。

---

① 想了解详细的 Robotis Dynamixel 信息可访问：http://www.robotis.com/xe/dynamixel_en。
② 想了解详细的 AX-12 信息可访问：http://www.trossenrobotics.com/dynamixel-ax-12-robot-actuator.aspx。

12.1 具备能抬头摇头的头部的 Turtlebot

在本章节中，我们会使用改进的 TurtleBot，它的上方放置了一对用于抬头摇头 Dynamixel 伺服机，就如上图展示的一样。（Asus Xtion 同样也可以运作。）

如果你有一个 TurtleBot 并且希望用 Dynamixel 伺服机为它添加一个云台头部，你可以用 Robotis 支架自己建立它。又或者，如果比起金钱你更缺时间，你可以从 Trossen Robotics 买一个 PhantomX Turret Kit[1]。请注意这个工具箱可以单独购买，不包含伺服机和 ArbotiX 控制器。而我们将会使用USB2Dynamixel[2] 控制器来代替 ArbotiX 控制器。

为了测试改进后 TurtleBot 的 URDF 模型，请确保你已经结束了所有可能在运行的其他启动文件，然后运行以下命令：

```
$ roslaunch rbx1_description test_turtlebot_with_head.launch
```

接着在另一个终端中：

```
$ rosrun rviz rviz -d `rospack find rbx1_description`/urdf.rviz
```

如果一切正常，你将会在 Rviz 中看见这个机器人，就像本章刚开始的那张图片一样。此外，有一个小的弹出窗口会出现很多滑块控制器，它们使你能测试伺服机的动作。尝试移动滑块然后确认伺服机将头部正确地旋转。（看你是否能够使用右手法则来理解为什么正向的抬头使摄像机向下，而正向的摇头使头部逆时针旋转。）

当你结束的时候在 test_turtlebot_with_head.launch 窗口中输入"Ctrl – C"。

12.2 选择一个 Dynamixel 硬件控制器

现在有两种 Dynamixel 硬件控制器可以很好地运行于 ROS 上：一种是来自 Vanadium Labs 的 ArbotiX[3] 控制器，它用于 Mini Max[4] 和 Maxwell[5] 机器人，另一种是 Robotis USB2Dynamixel 控制器，而 Robotis USB2Dynamixel 控制器是用于 Crustcrawler Smart Arm 上的。我们会使用 USB2Dynamixel 控制器，因为我们不需要 ArbotiX 所提供的机载底座控制器。你可以在 Mini Max 的维基网页上找到已有的关于 ArbotiX 控制器的教程。

你需要一种方式来为伺服机提供动力，USB2Dynamixel 控制器自身是没有电源连接的，所以你需要一些设备例如带有 12V 电源供应的SMPS2Dynamixel[6]。

12.3 关于 Dynamixel 硬件的注意事项

Dynamixel 伺服机是非常精细的硬件，在伺服机间的线缆连接必须要有保证，用绑扎带或者

---

[1] 地址：http://www.trossenrobotics.com/p/phantomX – robot – turret.aspx。
[2] 地址：http://www.trossenrobotics.com/robotis – bioloid – usb2dynamixel.aspx。
[3] 地址：http://www.trossenrobotics.com/p/arbotix – robot – controller.aspx。
[4] 地址：http://wiki.ros.org/mini_max。
[5] 地址：http://wiki.ros.org/maxwell。
[6] 地址：http://www.trossenrobotics.com/store/p/5886 – SMPS2Dynamixel – Adapter.aspx。

其他方法来确保它的可靠性。套接口中的连接器即使发生很微小的移动都可能造成信号丢失，反过来造成软件驱动崩溃。在这种情况下，需要不断重启伺服机电源并且重启驱动也往往是有必要的。同样的预防措施在电池和 SMPS2Dynamixel 设备的电源连接中也需要考虑到。

12.4　选择一个 ROS 里的 Dynamixel 程序包

被最积极地开发的两个 ROS Dynamixel 项目分别是 Michael Ferguson 的 arbotix 栈[1]以及 Antons Rebguns 的 dynamixel_motor 栈[2]。两种栈都可以被使用于 USB2Dynamixel 控制器，然而 arbotix 栈可以同时被使用于 ArbotiX 控制器。然而，我们将会使用 dynamixel_motor 栈来保持与之前在 Pi Robot 网站上教程的一致性。

为了安装 dynamixel_motor 栈，运行以下命令：

```
$ sudo apt-get install ros-hydro-dynamixel-motor
```

这就是它的所有内容！

12.5　理解 ROS 中关节状态消息类型

在 ROS 中 JointState 消息类型是用来跟踪一个机器人上的所有关节的。与所有的消息类型一样，我们可以通过 rosmsg 命令来显示它的字段。

```
$ rosmsg show sensor_msgs/JointState
```

这会产生如下的输出：

```
Header header
  uint32 seq
  time stamp
  string frame_id
string[] name
float64[] position
float64[] velocity
float64[] effort
```

正如你所看见的，JointState 消息包括了一个标准 ROS Header 部件，它由一串数字（seq），一个时间戳（stamp）和一个 frame_id 所组成。它的后面跟着四个数组：一个命名为 name 的字符串数组用于保存关节的名称，然后是三个浮点数数组分别用于保存每一个关节的位置（position），速度（velocity）和作用力（effort）（通常是转矩）。

我们现在就可以看见为什么 Dynamixel 伺服机适合于 ROS 了：也就是说，我们可以查询每一个伺服机当前的位置，速度和转矩，这些正是我们需要在 JointState 消息中填入的数据。一旦我们选择了一个硬件控制器用于 Dynamixel 伺服机，该控制器的一个驱动将会在某些话题中以 JointState 消息发布伺服机状态。这个话题通常叫做/joint_states 而其他节点可以订阅这个话题来

---

[1]　地址：http://wiki.ros.org/arbotix。

[2]　地址：http://wiki.ros.org/dynamixel_motor。

找到所有关节现在的状态。

虽然机器人上使用的大多数关节是像伺服机那样旋转的，ROS 也可以处理柱状的线性关节。一个柱状的关节可以用来像在 PR2 机器人上那样上下移动躯干，或者是伸展和收缩一只手臂。不论哪种情况，柱状关节的位置，速度和转矩可以被指定为跟伺服机型关节相同的方式，所以 ROS 就可以很容易地处理两者。

12.6 控制关节位置、速度和转矩

按照我们所预计的那样，通过话题和服务设置好 ROS 中伺服机或者线性关节的位置，速度和转矩。dynamixel_motor 栈包含了 dynamixel_controllers 程序包[1]，这些程序包工作起来相似于 Willow Garage PR2 中使用的那个：首先一个控制器管理器节点被启动，它连接到 Dynamixel 总线（在我们的例子中是一个 USB2Dynamixel 控制器）。这个控制器节点稍后会启动许多独立的控制器，每个对应一个伺服机。

每一个控制器都使用一个话题来控制伺服机的位置以及使用许多服务来设置伺服机的速度，转矩和其他 Dynamixel 属性。幸运的是，dynamixel_motor 栈的作者们（Antons Rebguns，Cody Jorgensen 和 Cara Slutter）很好地在 ROS Wiki 上归档了他们的程序包。我们所感兴趣的那一部分文档现在可以在 dynamixel_controllers 页面中找到。点击链接然后点击页面上方的 electric 按钮就可以看见文档。（由于某些原因，完整的文档现在不会显示在 Groovy 和 Hydro 的 Wiki 页面上。）最后，在内容列表中点击 "Common Joint Controller Interface" 链接。图 12-2 是页面该部分的一张截图：

2.4 Common Joint Controller Interface

2.4.1 Subscribed Topics

<joint_controller_name>/command (std_msgs/Float64)
    Listens for a joint angle (in radians) to be sent to the controller.

motor_states/<serial_port_name> (dynamixel_msgs/MotorStateList)
    Listens for motor status feedback published by low level driver.

2.4.2 Published Topics

<joint_controller_name>/state (dynamixel_msgs/JointState)
    Provides current joint status information (current goal, position, velocity, load, etc.)

2.4.3 Services

<joint_controller_name>/set_speed (dynamixel_controllers/SetSpeed)
    Change the current velocity of the joint (specified in radians per second).

<joint_controller_name>/torque_enable (dynamixel_controllers/TorqueEnable)
    Turn joint torque on or off.

<joint_controller_name>/set_compliance_slope (dynamixel_controllers/SetComplianceSlope)
    Change the level of torque near goal position (see Dynamixel documentation for more details).

<joint_controller_name>/set_compliance_margin (dynamixel_controllers/SetComplianceMargin)
    Change allowable error between goal position and present position (see Dynamixel documentation for more details).

<joint_controller_name>/set_compliance_punch (dynamixel_controllers/SetCompliancePunch)
    Change minimum amount of torque at goal position (see Dynamixel documentation for more details).

<joint_controller_name>/set_torque_limit (dynamixel_controllers/SetTorqueLimit)
    Change the maximum amount of torque (see Dynamixel documentation for more details).

图 12-2

---

[1] 地址：http://wiki.ros.org/dynamixel_controllers。

这里列出的话题和服务使我们可以控制伺服机的很多方面。我们现在感兴趣的是设置位置，速度和转矩，所以接下来让我们了解一下它们。

12.6.1 设置伺服机位置

为了以偏离中心的弧度来设置伺服机的位置，我们在话题上发布目标位置，名称是：

```
<joint_controller_name>/command
```

所以如果用于移动头部左右摇摆伺服机的控制器叫做 head_pan_joint，那么我们将会使用以下的命令来设置伺服机位置为顺时针偏离中心 1.0 弧度：

```
$ rostopic pub -1 /head_pan_joint/command std_msgs/Float64 - - -1.0
```

当我们发布一个负值的时候，那两个在位置数值前的连字符（- -）是必要的，这样 rostopic 就不会认为我们提供的是一个像"-r"那样的选项。当我们发布正值时也可以使用它们，但它们并不是必要的。为了设置伺服机的位置为逆时针偏离中心 1.0 弧度，我们将使用以下的命令：

```
$ rostopic pub -1 /head_pan_joint/command std_msgs/Float64 - - 1.0
```

或者不带连字符：

```
$ rostopic pub -1 /head_pan_joint/command std_msgs/Float64 1.0
```

12.6.2 设置伺服机速度

为了以弧度每秒设置伺服机速度，使用的 set_speed 服务称作：

```
<joint_controller_name>/set_speed
```

所以要设置头部左右摇摆伺服机的速度为 0.5 弧度每秒，我们将使用命令：

```
$ rosservice call /head_pan_joint/set_speed 0.5
```

12.6.3 控制伺服机转矩

dynamixel_controllers 程序包提供了两个有关于转矩的服务：torque_enable 和 set_torque_limit。其中 torque_enable 服务使我们可以完全放松转矩或者是重新打开它。在伺服机处于放松状态下启动你的机器人使你可以在运行任何测试前方便地用手调整关节的位置。

为了放松头部摇摆伺服机，我们将使用以下命令：

```
$ rosservice call /head_pan_joint/torque_enable False
```

而重新打开它：

```
$ rosservice call /head_pan_joint/torque_enable True
```

set_torque_limit 服务使你可以按照你的期望设置伺服机以多大的负载工作。举个例子，如果你的机器人有一个多关节的手臂，你也许会希望转矩范围只需要设置为足够支撑手臂自己的重量。这种方式如果手臂撞到了一个人或者是物体，伺服机不会没头脑地尝试去挤着穿过那个障碍。下面的命令将会设置头部左右摇摆伺服机的转矩限制为 0.1：

```
$ rosservice call /head_pan_joint/set_torque_limit 0.1
```

这是一个相对比较低的限制，并且当我们本章后面在真实的伺服机中尝试它时，我们会发现你仍然可以用手旋转伺服机，但现在如果你放开它，它就会旋转回到开始的位置。

12.7 检查 USB2Dynamixel 连接

为了检查与 USB2Dynamixel 控制器的连接，首先要确认在设备侧边的微动开关已经被移动到正确的设置。对于 3 针的 AX–12，AX–18 或者新的 "T" 系列伺服机（例如 MX–28T），你需要 TTL 设置。对于任何的 4 针或者 "R" 系列伺服机（例如 MX–28R，RX–28，EX–106+），你需要 RS–485 设置。

接下来，如果可能的话，拔出你电脑上其他所有 USB 设备，然后把你的控制器连接到一个 USB 端口上。你也可以把它连接到一个与你电脑相连的 USB 集线器。一旦连接了，一个在控制器上红色的 LED 灯将会点亮。然后输入以下命令来观察你连接了什么 USB 端口：

```
$ ls /dev/ttyUSB*
```

不出意外你会看见一些像下面这样的输出：

/dev/ttyUSB0

反之如果你取回了这样的消息：

ls: cannot access /dev/ttyUSB*: No such file or directory

那么你的 USB2Dynamixel 没有被识别。尝试将它插入到不同的 USB 端口中，使用不同的连接线，或者检查你的 USB 集线器。

如果你没有其他的 USB 设备在连接，你的 USB2Dynamixel 将会位于目录/dev/ttyUSB0。如果你同时需要连接其他的 USB 设备，首先插入 USB2Dynamixel 这样它才能被分配到设备/dev/ttyUSB0。如果它必须在不同的设备上，例如/dev/ttyUSB1，那么为了接下来的配置章节，简单地把它记录下来。

12.8 设置伺服机硬件 ID

如果你已经为你的 Dynamixel 伺服机设置了硬件 ID，你可以跳过这个小节，否则的话请继续阅读下去。

所有的 Dynamixel 都是以 1 为 ID 进行安装的，所以如果你正在总线上使用超过一个伺服机，至少需要改变一个 ID。在我们的云台头部例子中，我们将会假设我们希望摇头伺服机的 ID 是 1，而抬头伺服机的 ID 是 2。你可以将它们设置为任何你喜欢的值，但是要确保在下一小节的配置中你记得你的选择。

如果两个伺服机仍然保持它们的默认值 1，把抬头伺服机连接到它自己的总线。也就是说，如果已经连接则断开摇头伺服机的与总线的连接。然后启动伺服机。假设你的 USBDynamixel 从上小节开始仍然插在你的电脑上，按照如下运行 arbotix_terminal 应用：

```
$ arbotix_terminal /dev/ttyUSB0 1000000
```

注意在命令行中的设备名称/dev/ttyUSB0，如果你的控制器使用了不同的设备，例如/dev/ttyUSB1，那就采用那个名称。第二个参数是 USB2Dynamixel 的传输速率，通常是 1000000。

如果一切正常，你应该会在屏幕上看见如下结果：

```
ArbotiX Terminal - - - Version 0.1
Copyright 2011 Vanadium Labs LLC
>>
```

要列出在总线上的伺服机，在 >> 提示符中运行 ls 命令。预期中你的屏幕将会看起来像这样：

```
ArbotiX Terminal - - - Version 0.1
Copyright 2011 Vanadium Labs LLC
>> ls
   1.................................
   ......................................
>>
```

注意到在…. 字符之前的那个 1，这说明了一个 ID 为 1 的伺服机在总线上被发现了。如果没有 ID 被显示出来，再次运行 ls 命令。如果仍然没有 ID 显示，检查你的伺服机与 USB2Dynamixel 控制器之间的连接。再次检查伺服机是否有电源。如果这些都失败了，尝试更换你的 PC 和 USB2Dynamixel 控制器之间的 USB 连接线。(我曾经发生过一次这样的情况)

要改变伺服机的 ID 由 1 到 2，使用 mv 命令：

```
>> mv 1 2
```

然后再次发送 ls 命令，如果一切正常，你会看到现在伺服机拥有的 ID 为 2：

接下来，断开抬头伺服机并连接摇头伺服机代替，再次确认它有接通电源。运行 ls 命令来找到它现在的 ID。如果它已经被设置为 1，你可以让它保持原样。否则的话，使用 mv 命令设置它为 1。

最后，同时连接两个伺服机，然后运行 ls 命令，结果应该是：

```
>> ls
 1   2...........................
............................
```

要退出 arbotix_terminal 程序，输入"Ctrl – C"。

12.9 配置和启动 dynamixel_controllers

在这个小节中我们会学习怎么理解伺服机的配置文件，然后检查 dynamixel_controllers 启动文件。

12.9.1 dynamixel_controllers 配置文件

伺服机配置参数保存在 dynamixel_params.yaml 文件中，它可以在 rbx1_dynamixels/config 子目录中找到，它的内容像下面这样：

```
joints: ['head_pan_joint','head_tilt_joint']

head_pan_joint:
    controller:
        package: dynamixel_controllers
        module: joint_position_controller
        type: JointPositionController
    joint_name: head_pan_joint
    joint_speed: 2.0
    motor:
        id: 1
        init: 512
        min: 0
        max: 1024

head_tilt_joint:
    controller:
        package: dynamixel_controllers
        module: joint_position_controller
        type: JointPositionController
    joint_name: head_tilt_joint
    joint_speed: 2.0
    motor:
        id: 2
        init: 512
        min: 300
        max: 800
```

首先我们定义一个列表参数叫 joints，它包含了我们伺服机的名字。接下来，对于每一个伺服机我们都有一个以控制器名称开始的块。在我们的例子中，这两个控制器叫做 head_pan_joint 和 head_tilt_joint。这些都是我们前面小节所学的那些话题和服务里所使用的名字。

对于每个伺服机控制器，我们为控制器指定一个类型（JointPositionController），对它的硬件 ID、初始位置数值和最小最大位置数值进行同样的操作。如果你的伺服机 ID 不同于 1 和 2，那么相应地编辑这个文件。

初始/最小/最大数值在伺服机记号中给出，对于 AX－12 它是在 0 到 1023 之间变化的。在上面的配置中，我们给了头部抬头控制器小于全范围的数值，因为它不能一直前进或者后退而不撞到固定台。（我们在机器人的 URDF 文件中也指定了这些限制，但是使用弧度值而不是伺服机记号。）

12.9.2　dynamixel_controllers 启动文件

当我们在设备/dev/ttyUSB0 有一个 USB2Dynamixel 控制器，在总线上有两个硬件 ID 分别为 1 和 2 的 Dynamixel 伺服机时，在 rbx1_dynamixels/launch 目录下的 dynamixels.launch 文件展示了怎么发动伺服机控制器。现在让我们来看看它：

```xml
<launch>
    <param name="/use_sim_time" value="false" />

    <!-- Load the URDF/Xacro model of our robot -->
<param name="robot_description" command="$(find xacro)/xacro.py '$(find rbx1_description)/urdf/turtlebot_with_head.xacro'" />

    <!-- Publish the robot state -->
 <node name="robot_state_publisher" pkg="robot_state_publisher" type="state_publisher">
    <param name="publish_frequency" value="20.0" />
   </node>

    <!-- Start the Dynamixel low-level driver manager with parameters -->
    <node name="dynamixel_manager" pkg="dynamixel_controllers"
      type="controller_manager.py" required="true" output="screen">
       <rosparam>
         namespace: turtlebot_dynamixel_manager
         serial_ports:
           dynamixel_ax12:
             port_name: "/dev/ttyUSB0"
             baud_rate: 1000000
             min_motor_id: 1
             max_motor_id: 2
             update_rate: 20
       </rosparam>
    </node>
```

```xml
<!-- Load the joint controller configuration from a YAML file -->
<rosparam file="$(find rbx1_dynamixels)/config/dynamixel_params.yaml" command="load" />

<!-- Start the head pan and tilt controllers -->
<node name="dynamixel_controller_spawner_ax12" pkg="dynamixel_controllers" type="controller_spawner.py"
    args="--manager=turtlebot_dynamixel_manager
          --port=dynamixel_ax12
          --type=simple
        head_pan_joint
        head_tilt_joint"
    output="screen" />

<!-- Start the Dynamixel Joint States Publisher -->
<node name="dynamixel_joint_states_publisher" pkg="rbx1_dynamixels" type="dynamixel_joint_state_publisher.py" output="screen" />

<!-- Start all Dynamixels in the relaxed state -->
<node pkg="rbx1_dynamixels" type="relax_all_servos.py" name="relax_all_servos" />

</launch>
```

如果你的 USB2Dynamixel 控制器是在/dev/ttyUSB0 以外的设备上，或者你的伺服机 ID 不是 1 和 2，那么在更深入之前就编辑这个文件吧。

启动文件首先读取机器人的 URDF 模型并运行一个 robot_state_publisher 节点来在 tf 中发布机器人的状态。我们稍后启动 controller_manager.py 节点，读取我们之前看的 dynamixels_param.yaml 文件，然后产生一对关节控制器，每个伺服机一个。

下一个启动的节点叫 dynamixel_joint_state_publisher.py，它可以在 rbx1_dynamixels/nodes 目录中找到。这不是 dynamixel_controllers 程序包的一部分，但它是必要的，用于纠正一个程序包发布关节状态的方式的矛盾。比起使用我们之前介绍的标准 ROS JointState 消息类型，dynamixel_controllers 程序包使用了一个自定义消息类型来发布关节状态，还包括一些额外的有用信息，例如伺服机温度。如果你阅读 dynamixel_joint_state_publisher.py 节点的代码，你会看见它在/joint_states 话题上简单地重新发布自定义关节状态信息作为标准的 JointState 消息。

最后，启动文件运行在 rbx1_dynamixels/nodes 目录下的 relax_all_servos.py 节点，它用来放松每个伺服机的转矩并设置合理的默认速度及转矩限制。（更多的在这下面的内容中。）

12.10 测试伺服机

为了测试抬头摇头伺服机，首先把你的伺服机和 USB2Dynamixel 连接到电源上，然后确认你的 USB2Dynamixel 已经连接到了你电脑的 USB 端口。

12.10.1 打开控制器

在运行下一个命令之前,请确认你已经关闭了我们上一小节中使用的 test_turtlebot_with_head.launch 文件。

接下来运行 dynamixels.launch 文件。这个启动文件也会读取在云台伺服机上带有 Kinect 的 TurtleBot 的 URDF 模型。

```
$ roslaunch rbx1_dynamixels dynamixels.launch
```

你应该会看见许多这样的启动消息:

```
process[robot_state_publisher-1]: started with pid [11415]
process[dynamixel_manager-2]: started with pid [11416]
process[dynamixel_controller_spawner_ax12-3]: started with pid [11417]
process[fake_pub-4]: started with pid [11418]
process[dynamixel_joint_states_publisher-5]: started with pid [11424]
process[relax_all_servos-6]: started with pid [11426]
process[world_base_broadcaster-7]: started with pid [11430]
[INFO] [WallTime: 1340671865.017257] Pinging motor IDs 1 through 2...
[INFO] [WallTime: 1340671865.021896] Found motors with IDs: [1, 2].
[INFO] [WallTime: 1340671865.054116] dynamixel_ax12 controller_spawner: waiting for controller_manager turtlebot_dynamixel_manager to startup in global namespace...
[INFO] [WallTime: 1340671865.095946] There are 2 AX-12+ servos connected
[INFO] [WallTime: 1340671865.096249] Dynamixel Manager on port /dev/ttyUSB0 initialized
[INFO] [WallTime: 1340671865.169167] Starting Dynamixel Joint State Publisher at 20Hz

[INFO] [WallTime: 1340671865.363797] dynamixel_ax12 controller_spawner: All services are up, spawning controllers...
[INFO] [WallTime: 1340671865.468773] Controller head_pan_joint successfully started.
[INFO] [WallTime: 1340671865.530030] Controller head_tilt_joint successfully started.
[dynamixel_controller_spawner_ax12-3] process has finished cleanly.
```

注意:如果其中一个启动消息给出了包含错误消息:

```
serial.serialutil.SerialException: could not open port /dev/ttyUSB0:
```

接下来,尝试以下步骤。首先,重新启动 USB2Dynamixel 控制器(拔掉电源供应然后再插回去),然后从你的电脑拔掉 USB 连接线并重新插回去。这十有八九能够解决这个问题。另外再次检查你的 USB2Dynamixel 真的连接到了 /dev/ttyUSB0 而不是其他端口如 /dev/ttyUSB1。

12.10.2 在 RViz 中监控机器人

要在 RViz 中看见机器人和观察伺服机的动作,请按如下开始测试:

```
$ rosrun rviz rviz -d `rospack find rbx1_dynamixels`/dynamixels.rviz
```

12.10.3 列出控制器的话题和监控关节状态

一旦 dynamixels.launch 文件准备好了并运行,打开另一个终端然后列出活动话题:

```
$ rostopic list
```

在列出的话题中,你应该可以看见下面的有关 Dynamixel 的话题:

```
/diagnostics
/head_pan_joint/command
/head_pan_joint/state
/head_tilt_joint/command
/head_tilt_joint/state
/joint_states
/motor_states/dynamixel_ax12
```

现在,我们要关注的话题是:

```
/head_pan_joint/command
/head_tilt_joint/command
/head_pan_joint/state
/head_tilt_joint/state
/joint_states
```

其中两个 command 话题就像我们之前看到的那样,是用来设置伺服机位置的,而我们会在下面测试它们。/joint_states 话题(经常发布于我们的辅助节点 dynamixel_joint_state_publisher.py)保存当前的伺服机状态为一个 JointState 消息。使用 rostopic echo 命令来查看这个消息:

```
$ rostopic echo /joint_states
```

这会产生一串下面这样的消息:

```
header:
  seq: 11323
  stamp:
    secs: 1344138755
    nsecs: 412811040
  frame_id: 'base_link'
name: ['head_pan_joint', 'head_tilt_joint']
position: [-0.5266667371740702, 0.08692557798018634]
velocity: [0.0, 0.0]
effort: [0.0, 0.0]
```

这里我们看到带有序号的数据头、时间戳、一个包含 base_link 的集合 frame_id 和接下来四个数组对应于名字、位置、速度和作用力。因为我们的伺服机没有运动,所以速度为 0 而且因为它们并没有在工作中,所以作用力(转矩)为 0。

当消息仍然在屏幕上流动时,尝试用手移动伺服机。你应该会立刻看见位置、速度和作用力的数值都因为你的移动而改变了。你在 RViz 中应该也能看见相应的移动。

回到上面的整个 Dynamixel 话题列表中来,两个控制器的 state 话题对于监控伺服机温度和其他参数很有用。尝试在 state 话题上查看用于头部摇摆控制器的消息:

```
$ rostopic echo /head_pan_joint/state
```

一个典型的消息看起来是这样的:

```
header:
  seq: 25204
  stamp:
    secs: 1344221332
    nsecs: 748966932
  frame_id: ''
name: head_pan_joint
motor_ids: [1]
motor_temps: [37]
goal_pos: 0.0
current_pos: -0.00511326929295
error: -0.00511326929295
velocity: 0.0
load: 0.0
is_moving: False
```

也许这里最重要的数字就是在 motor_temps 字段中列出的伺服机温度。37 度的数值对于一个静止的 AX-12 伺服机是非常标准的。当温度开始上升到大约 50 度或更高,这时最好让它休息一下。为了可视化地监视两个伺服机的温度,你可以利用 rqt_plot 来维持一个运行的绘图:

```
$ rqt_plot /head_pan_joint/state/motor_temps[0], \
  /head_tilt_joint/state/motor_temps[0]
```

(我们必须为 motor_temps 字段编号,因为 dynamixel_controllers 程序包为这个字段使用了一个数组变量来适应那些使用超过一个发动机的关节)

既然你现在知道了包含伺服机温度的话题,你应该在你的脚本中发布这些话题。如果温度过高则使伺服机休息或者移动它们到一个空地去。一个更复杂的方法是使用 ROS diagnostics[1] 来诊断,这是本册书范围以外的内容。

12.10.4 列出控制器的服务

我们还可以列出 dynamixel_controllers 程序包使用的服务。为了列出所有当前活动服务,使

---

[1] 地址:http://wiki.ros.org/diagnostics。

用 rosservice list 命令：

```
$ rosservice list
```

在列出的话题中，你应该看到如下的 dynamixel_controllers 服务：

```
/head_pan_joint/set_speed
/head_pan_joint/set_torque_limit
/head_pan_joint/torque_enable
/head_tilt_joint/set_speed
/head_tilt_joint/set_torque_limit
/head_tilt_joint/torque_enable
```

（这里有不少 dynamixel_controllers 提供的额外服务，但我们在这本书中不会使用它们）

这些只是我们在之前小节里已经遇见过的服务。现在让我们测试位置命令话题和那些在实体伺服机上的服务。

12.10.5　设置伺服机的位置、速度和转矩

一旦 Dynamixel 控制器开始运作，运行一个新的终端并发送许多简单的抬头摇头命令。第一个命令会使头部非常缓慢的摇动到左边（逆时针）一弧度或者大约 57 度角。

```
$ rostopic pub -1 /head_pan_joint/command std_msgs/Float64 -- 1.0
```

使用下面的命令重新让伺服机回到中心：

```
$ rostopic pub -1 /head_pan_joint/command std_msgs/Float64 -- 0.0
```

现在尝试让头部向下抬动半个弧度（大约 28 度角）：

```
$ rostopic pub -1 /head_tilt_joint/command std_msgs/Float64 -- 0.5
```

然后使它回到原位：

```
$ rostopic pub -1 /head_tilt_joint/command std_msgs/Float64 -- 0.0
```

要改变头部摇动伺服机的速度为 1.0 弧度每秒，使用 set_speed 服务：

```
$ rosservice call /head_pan_joint/set_speed 1.0
```

然后再次尝试以新的速度摇动头部：

```
$ rostopic pub -1 /head_pan_joint/command std_msgs/Float64 - - -1.0
```

为了放松伺服机以便于可以用手移动它，使用 torque_enable 服务：

```
$ rosservice call /head_pan_joint/torque_enable False
```

现在尝试用手转动头部，请注意放松一个伺服机并不会阻止它在收到新的位置命令时移动。举例来说，重新发布最后的摇头命令：

```
$ rostopic pub -1 /head_pan_joint/command std_msgs/Float64 - - -1.0
```

位置命令会自动地重新启用转矩并移动伺服机。要手动的重新启用转矩，就运行命令：

```
$ rosservice call /head_pan_joint/torque_enable True
```

然后再次尝试用手旋转伺服机（但不要强制转动它！）

最后，把转矩限制设置为一个小的数值：

```
$ rosservice call /head_pan_joint/set_torque_limit 0.1
```

现在尝试用手旋转头部，这次你应该会感受到比完全放松的伺服机更大一点的阻力。此外，当你松开手的时候，伺服机将会回到你移动它之前的位置。

现在把转矩限制设置回一个中等的数值：

```
$ rosservice call /head_pan_joint/set_torque_limit 0.5
```

注意：如果转矩限制被设置得非常低，你会发现这还会有一个限制用来限制你可以多快的移动伺服机，不论你使用 set_speed 服务设置了多快的速度。

12.10.6 使用 relax_all_servos.py 脚本

要立刻放松所有的伺服机，使用在 rbx1_dynamixels/nodes 目录下的通用脚本 relax_all_servos.py：

```
$ rosrun rbx1_dynamixels relax_all_servos.py
```

如果你检查 relax_all_servos.py[①] 脚本，你会看见每一个伺服机已经通过 torque_enable

---

① 地址：https://github.com/pirobot/rbx1/blob/hydro-devel/rbx1_dynamixels/nodes/relax_all_servos.py。

(False) 服务完成了放松。set_speed 服务也被用来把伺服机的速度设置为一个相对较低的值 (0.5 rad/s), 所以在一个位置命令被发出的时候我们就不会惊讶于它的迅速运动了。最后, 每一个伺服机调用 set_torque_limit 服务来把最大转矩设置为一个中等数值 (0.5)。你可以按照你所需要的来编辑这个脚本并设置你自己的默认值。

在运行一个脚本之后, 发送一个位置命令到伺服机会自动重新启用它的转矩, 所以当你想要移动伺服机的时候, 这里不需要明确地重新开启转矩。

relax_all_servos.py 脚本是从我们之前用来启动伺服机控制器的 dynamixels.launch 文件中运行的

12.11 跟踪一个可见目标

在机器人视觉的章节中, 我们完善了许多用于跟踪可视目标包括脸部, 关键点和颜色的节点。我们现在有所有的我们需要用来编写头部跟踪节点的材料, 这个节点会移动机器人的云台摄像机来跟踪运动物体。

完成这个任务的脚本叫做 head_tracker.py, 能在 rbx1_dynamixels/nodes 目录下找到。在阅读代码之前, 你可以用我们之前的脸部跟踪节点试一次。

12.11.1 跟踪脸部

首先确认你的摄像机驱动正在运作, 对于 Kinect 或者 Xtion Pro:

```
$ roslaunch rbx1_vision openni_node.launch
```

或者你在使用一个网络摄像机:

```
$ roslaunch rbx1_vision uvc_cam.launch device:=/dev/video0
```

(如果有必要可以改变视频设备)

接下来确认你的伺服机已经启动, 并且 USB2Dynamixel 控制器已经插入了一个 USB 端口。如果你已经启动了 dynamixels.launch 文件, 你可以跳过这一步:

```
$ roslaunch rbx1_dynamixels dynamixels.launch
```

通过这些命令测试摇动伺服机, 确认你的伺服机已经连接:

```
$ rostopic pub -1 /head_pan_joint/command std_msgs/Float64 -- 1.0
$ rostopic pub -1 /head_pan_joint/command std_msgs/Float64 -- 0.0
```

随着伺服机正常运行, 启动我们之前所开发的脸部跟踪节点:

```
$ roslaunch rbx1_vision face_tracker2.launch
```

当视频窗口出现时，移动你的脸部到摄像机前方以确保跟踪正在运行。记住你可以按下'c'键来清除跟踪并重新侦测你的脸部。

我们现在已经准备好启动头部跟踪节点，使用以下命令：

```
$ roslaunch rbx1_dynamixels head_tracker.launch
```

假如脸部跟踪节点仍然有锁定你的脸部，当你在摄像机前移动时，那么抬头摇头伺服机现在应该将摄像机的中心保持在你的脸部。如果你的脸部目标被机器人丢失了一段足够长的时间，伺服机将会使摄像机重新回到中心。如果你按"Ctrl-C"跳出 head_tracker.launch 进程，在节点关闭之前伺服机也会重新回到中心。如果脸部跟踪器窗口中的关键点开始移动到其他物体上时，按下"c"键来清除这些点并重新侦测你的脸部。

下面提供一个打印的蒙娜丽莎作为目标脸部时的表现的视频[1]供读者参考。

12.11.2 头部跟踪器脚本

head_tracker.py 脚本相当长但是却很容易理解。整体的进程如下：
- 初始化伺服机。
- 发布到/roi 话题。
- 如果/roi 移动到视野中心以外，命令伺服机按某方向重新将摄像机移动回到中心。
- 如果/roi 丢失了很长一段时间，使伺服机重新回到中心使它们不至于过热。

要跟踪一个目标，脚本使用了一个"speed tracking"类型。如果你移动摄像机到现在跟踪目标所在的位置，在摄像机到达那的时候它可能已经移动走了。你可能想你应该以一个很高的频率更新摄像机目标位置，因此可以跟得上物体。然而，这种位置跟踪的方式会造成摄像机不连贯的运动。一个更好的策略是一直保持摄像机指向目标，但是根据视野中心离目标的的距离成比例地调节伺服机速度。这能使摄像机运动更加平滑，并且会确保它在目标距离中心远时移动得快而距离近时移动得慢。当目标在中心时，伺服机速度就变为 0，摄像机就不会再移动。

head_tracker.py 脚本从整体上看有一点长，所以我们只阅读它关键部分的代码。你可以通过以下链接看见整个源文件：（链接到源：head_tracker.py[2]）

这是关键的行：

```
rate = rospy.get_param("~rate", 10)
r = rospy.Rate(rate)
tick = 1.0 /rate

# Keep the speed updates below about 5 Hz; otherwise the servos
# can behave erratically.
speed_update_rate = rospy.get_param("~speed_update_rate", 10)
speed_update_interval = 1.0 /speed_update_rate
```

---

[1] 地址：http://youtu.be/KHJL09BTnlY。
[2] 地址：https://github.com/pirobot/rbx1/blob/hydro-devel/rbx1_dynamixels/nodes/head_tracker.py。

```python
# How big a change do we need in speed before we push an update
# to the servos?
self.speed_update_threshold = rospy.get_param("~speed_update_threshold", 0.01)
```

我们在接近脚本顶部的地方定义了两个频率参数。全局的频率参数根据目标的位置控制了更新跟踪循环的频率，这涉及到速度和伺服机的关节角度。speed_update_parameter 参数通常被设得很低，并且定义了我们更新伺服机速度的频率。这么做唯一的原因是我们发现如果我们太频繁的调节他们的速度 Dynamixel 伺服机会表现得有点不稳定。大约 10 Hz 左右的更新频率似乎会使它有更好的表现。我们还设置了一个 speed_update_threshold 参数，这样我们就只会在新计算的速度跟上一个速度差别很大时才会更新伺服机速度。

```python
self.head_pan_joint = rospy.get_param('~head_pan_joint', 'head_pan_joint')
self.head_tilt_joint = rospy.get_param('~head_tilt_joint', 'head_tilt_joint')

self.joints = [self.head_pan_joint, self.head_tilt_joint]
```

我们需要知道在机器人的 URDF 模型中抬头和摇头关节的名字。如果你的关节名与默认值不同，在 head_tracker.launch 文件中用这两个参数来相应地设置它们。

```python
# Joint speeds are given in radians per second
self.default_joint_speed = rospy.get_param('~default_joint_speed', 0.3)
self.max_joint_speed = rospy.get_param('~max_joint_speed', 0.5)

# How far ahead or behind the target (in radians) should we aim for?
self.lead_target_angle = rospy.get_param('~lead_target_angle', 1.0)

# The pan/tilt thresholds indicate what percentage of the image window
# the ROI needs to be off-center before we make a movement
self.pan_threshold = rospy.get_param('~pan_threshold', 0.025)
self.tilt_threshold = rospy.get_param('~tilt_threshold', 0.025)

# The gain_pan and gain_tilt parameter determine how responsive the
# servo movements are. If these are set too high, oscillation can
# result.
self.gain_pan = rospy.get_param('~gain_pan', 1.0)
self.gain_tilt = rospy.get_param('~gain_tilt', 1.0)

# Set limits on the pan and tilt angles
self.max_pan = rospy.get_param('~max_pan', radians(145))
self.min_pan = rospy.get_param('~min_pan', radians(-145))
self.max_tilt = rospy.get_param('~max_tilt', radians(90))
self.min_tilt = rospy.get_param('~min_tilt', radians(-90))
```

接下来是一系列用于控制跟踪表现的参数。大部分的参数都可以从内嵌的注释中容易地理解。gain_pan 和 gain_tilt 参数控制伺服机响应目标偏离摄像机视野区域的速度。如果它们被设置得太高，就会发生震荡。如果它们被设置得太低，摄像机动作就无法跟上移动的目标。

```
self.recenter_timeout = rospy.get_param('~recenter_timeout', 5)
```

recenter_timeout 参数决定了我们使伺服机重新回到中心前目标可以被丢失多长时间（以秒为单位）。当一个目标离开了视野，head_tracker.py 脚本就使伺服机停止，这样它们就保持摄像机在目标丢失时的最后一个位置。然而，如果摄像机按这种方式保持得太久，这可能造成伺服机过热。重新居中伺服机可以让它们回到中间位置并冷却。

```
# Get a lock for updating the self.move_cmd values
self.lock = thread.allocate_lock()
```

这里我们分配了一个线程锁对象并把它赋值给变量 self.lock。我们需要这个锁来使我们的整个程序线程安全，因为我们将会在两个地方更新关节位置和速度：脚本的主体和分配给/roi 话题的回调函数（在下面定义）。由于 ROS 为每一个订阅器回调生成一个独立的线程，我们需要使用一个锁来保护我们的关节更新，就像我们将会在更后面展示的那样。

```
self.init_servos()
```

伺服机的初始化被隐藏在了 init_servos () 函数中，它看起来是这样的：

```
def init_servos(self):
    # Create dictionaries to hold the speed, position and torque controllers
    self.servo_speed = dict()
    self.servo_position = dict()
    self.torque_enable = dict()
```

首先我们定义了三个 Python 字典来保存速度、位置和转矩的伺服机控制器。

```
    for joint in sorted(self.joints):
```

我们随后循环遍历所有在 self.joints 参数中列出的关节。在我们的例子中，只有两个伺服机，分别叫 head_pan_joint 和 head_tilt_joint。

```
        set_speed_service = '/' + joint + '/set_speed'
        rospy.wait_for_service(set_speed_service)
        self.servo_speed[joint] = rospy.ServiceProxy(set_speed_service, SetSpeed, persistent=True)
```

回顾 dynamixel_controller 程序包为每一个伺服机使用了 set_speed 服务来设置伺服机的速度。因此我们为每一个伺服机控制器连接到 set_speed 服务。在 ServiceProxy 语句中使用 persistent = True 实参是非常重要的。否则每次我们想要调整伺服机速度的时候 rospy 都必须重新连接到 set_speed 服务。既然我们在跟踪时将会连续地更新伺服机速度，我们希望避免这种连接延迟。

```
self.servo_speed[name](self.default_joint_speed)
```

每当我们连接到 set_speed 服务，我们可以把每一个伺服机的速度初始化为默认速度。

```
torque_service = '/' + joint + '/torque_enable'
rospy.wait_for_service(torque_service)
self.torque_enable[name] = rospy.ServiceProxy(torque_service, TorqueEnable)
# Start each servo in the disabled state so we can move them by hand
self.torque_enable[name](False)
```

用相似的方式，我们为每一个伺服机连接到 torque_enable 服务并初始化他们到放松状态，所以，如有必要，我们可以用手移动它们。

```
self.servo_position[name] = rospy.Publisher('/' + joint + '/command', Float64)
```

位置控制器使用了一个 ROS 发布器而不是服务，所以我们为每一个伺服机定义一个。这就完成了伺服机的初始化。

```
rospy.Subscriber('roi', RegionOfInterest, self.set_joint_cmd)
```

如果我们正在使用我们之前的视觉节点，例如脸部跟踪器或者 camshift 节点时，我们假设目标的位置发布在/roi 话题，也就是它该在的位置。回调函数 set_joint_cmd () 将会设置伺服机速度和目标位置来跟踪目标。

```
self.joint_state = JointState()
rospy.Subscriber('joint_states', JointState, self.update_joint_state)
```

我们还会通过订阅/joint_states 密切注意伺服机现在的位置。

```
while not rospy.is_shutdown():
    # Acquire the lock
    self.lock.acquire()
```

```
try:
    # If we have lost the target, stop the servos
    if not self.target_visible:
        self.pan_speed = 0.0
        self.tilt_speed = 0.0

        # Keep track of how long the target is lost
        target_lost_timer + = tick
    else:
        self.target_visible = False
        target_lost_timer = 0.0
```

这是跟踪主循环的开始,首先在每一个更新循环的起点我们需要一个锁。这是用来保护变量 self. pan_speed,self. tilt_speed 和 self. target_visible 的,它们在我们的回调函数 set_joint_cmd () 中也被修改。我们使用变量 self. target_visible 来指示我们是否丢失了 ROI。正如我们在下面所见的,这个变量在回调函数 set_joint_cmd 中被设为 True,否则它默认为 False。如果目标丢失了,我们通过设置速度为 0 让伺服机停止,并增加一个计时器来记录目标保持丢失多久了。否则我们就使用在 set_joint_cmd 回调中设置的抬头摇头速度并重置计时器到 0。我们还要设置 self. target_visible 标记回到 False,这样当下一条 ROI 消息收到时我们就需要明确地把它设置为 True。

```
if target_lost_timer > self.recenter_timeout:
    rospy.loginfo( "Cannot find target.")
    self.center_head_servos()
    target_lost_timer = 0.0
```

如果目标丢失了足够长时间,调用在后面脚本中定义的函数 center_head_servos () 使伺服机回到中心。这不止防止了伺服机过热,而且还把摄像机放置到一个更中心的位置以再次获取目标。

```
else:
    # Update the servo speeds at the appropriate interval
    if speed_update_timer > speed_update_interval:
        if abs( self.last_pan_speed - self.pan_speed) > self.speed_update_
threshold:
            self.set_servo_speed(self.head_pan_joint, self.pan_speed)
            self.last_pan_speed = self.pan_speed

        if abs( self.last_tilt_speed - self.tilt_speed) > self.speed_update_
threshold:
            self.set_servo_speed(self.head_tilt_joint, self.tilt_speed)
            self.last_tilt_speed = self.tilt_speed

        speed_update_timer = 0.0
```

```
            # Update the pan position
            if self.last_pan_position != self.pan_position:
                self.set_servo_position(self.head_pan_joint, self.pan_position)
                self.last_pan_position = self.pan_position

            # Update the tilt position
            if self.last_tilt_position != self.tilt_position:
                self.set_servo_position(self.head_tilt_joint, self.tilt_position)
                self.last_tilt_position = self.tilt_position

        speed_update_timer += tick

    finally:
        # Release the lock
        self.lock.release()

    r.sleep()
```

这里我们最后更新了伺服机速度和位置。首先我们检查我们是否到达了 speed_update_interval。没有的话，我们就忽略速度。回顾之前我们做这件事是因为如果我们尝试更新速度过于频繁可能会使 Dynamixel 表现得不稳定。我们还会检查新的速度是否与上一个速度有显著的不同，没有的话我们就跳过速度的更新。

在下面我们会看见变量 self.pan_speed 和 self.pan_position 在 set_joint_cmd() 回调中被设置。这个回调还基于目标位置相对于摄像机视图中心的位置设置了抬头和摇头角度、self.pan_position 和 self.tilt_position。

在更新循环的最后，我们释放锁并休眠 1/self.rate 秒的时间。

最后，让我们来看看每当我们在 /roi 话题上收到消息都会启动的 set_joint_cmd() 回调。

```
def set_joint_cmd(self, msg):
    # Acquire the lock
    self.lock.acquire()

    try:
        # Target is lost if it has 0 height or width
        if msg.width == 0 or msg.height == 0:
            self.target_visible = False
            return

        # If the ROI stops updating this next statement will not happen
        self.target_visible = True
```

首先我们需要一个锁来保护关节变量和 target_visible 标记。然后我们从进入的 ROI 消息检查零宽度或者是高度，因为这表明了一个零面积的区域。在这种情况中，我们设置目标可见性为 False 并立刻返回。

如果它通过了第一次检查，我们就设置 target_visible 标记为 True。就像我们之前在程序主循环中看见的，这个标记在每个循环中被重置为 False。

```
# Compute the displacement of the ROI from the center of the image
target_offset_x = msg.x_offset + msg.width /2 - self.image_width /2
target_offset_y = msg.y_offset + msg.height /2 - self.image_height /2
```

接下来，我们计算 ROI 的中间位置距离图像中心有多远。回顾在一条 ROI 消息中 x_offset 和 y_offset 字段指定了 ROI 左上角的一个坐标系。（图像的宽度和高度是由 get_camera_info() 回调函数决定的，它反过来被分配到 camera_info 话题的订阅器）

```
try:
    percent_offset_x = float(target_offset_x) /(float(self.image_width) /2.0)
    percent_offset_y = float(target_offset_y) /(float(self.image_height) /2.0)
except:
    percent_offset_x = 0
    percent_offset_y = 0
```

为了适应不同的图像分辨率，最好使用相对位移。使用 try – except 块是因为 camera_info 话题有时候会暂时中断并向我们发送数值为 0 的图像宽度和高度。

```
# Get the current position of the pan servo
current_pan = self.joint_state.position[self.joint_state.name.index(self.head_pan_joint)]
```

我们将会需要伺服机当前摇动位置，我们可以从中数组 self.joint_state.position 得到它。回顾之前 self.joint_state 是在分配给 joint_state 话题订阅器的回调函数中设置的。

```
# Pan the camera only if the x target offset exceeds the threshold
if abs(percent_offset_x) > self.pan_threshold:
    # Set the pan speed proportional to the target offset
    self.pan_speed = min(self.max_joint_speed, max(0, self.gain_pan *abs(percent_offset_x)))

    if target_offset_x > 0:
        self.pan_position = max(self.min_pan, current_pan - self.lead_target_angle)
    else:
        self.pan_position = min(self.max_pan, current_pan + self.lead_target_angle)
```

```
else:
    self.pan_speed = 0
    self.pan_position = current_pan
```

如果水平方向的目标位移超过了我们的阈值，我们就设置摇动伺服机的速度与位移成正比。我们随后根据位移的方向设置摇动位置为当前位置加上或减去超前角。如果目标位移落于阈值以内，那么我们就设置伺服机的速度为 0 和设置目标位置为当前位置。

然后这样的进程在抬头伺服机中也会被重复，根据竖直方向目标的位移设置它的速度和目标位置。

```
finally:
    # Release the lock
    self.lock.release()
```

最后，我们释放锁，这完成了脚本的最重要的部分。剩下的部分根据代码里的注释应该都是一目了然的。

12.11.3 跟踪有颜色的物体

我们可以使用同样的 head_tracker.py 节点来跟踪有颜色的物体或者是任意由鼠标选中的物体。头部跟踪器只是简单地跟随发布在/roi 话题上的坐标，所以任何节点发布在这个话题上的 RegionOfInterest 消息都可以控制摄像机的动作。

为了跟踪一个有颜色的物体，只需要启动我们之前开发的 CamShift 节点，而不是在第一个头部跟踪例子中使用的脸部跟踪节点。

下面是完整的步骤，略过所有你已经正在运行的启动文件，如果脸部跟踪器启动文件正在运行，就按 "Ctrl – C" 关闭它。

首先确认你的摄像机驱动正常运转。对于 Kinect 或者 Xtion Pro：

```
$ roslaunch rbx1_vision openni_node.launch
```

或者如果你正在使用一个网络摄像机：

```
$ roslaunch rbx1_vision uvc_cam.launch device:=/dev/video0
```

（如有必要可以改变视频设备）如果伺服机的启动文件没有在运行，现在运行它：

```
$ roslaunch rbx1_dynamixels dynamixels.launch
```

启动 CamShift 节点：

```
$ roslaunch rbx1_vision camshift.launch
```

当 CamShift 视频窗口出现时,使用你的鼠标选择目标区域并在必要时调节色相/值(hue/value)滑块控制以将目标和背景分离开。当你完成的时候,运行头部跟踪器节点:

```
$ roslaunch rbx1_dynamixels head_tracker.launch
```

现在伺服机应该会移动摄像机以跟踪那个有颜色的物体。

12.11.4 跟踪手动选择的目标

回顾 lk_tracker.py 节点使我们可以用鼠标选择一个物体,并且脚本随后会使用关键点和光流来跟踪物体。因为跟踪的物体的坐标被发布在/roi 话题,我们可以像我们之前对脸部和颜色那样使用头部跟踪器节点。

如果目标物体有一个具有稳定关键点的高度纹理表面,例如一本书的封面或者是其他图像,这个演示可以运行得很棒。如果背景是完全均匀的,例如墙面,那么对演示也会有所帮助。

下面是完整的步骤,略过所有你已经正在运行的启动文件,如果 CamShift 和脸部跟踪器启动文件正在运行,就按"Ctrl – C"关闭它们。

首先确认你的摄像机驱动正常运转。对于 Kinect 或者 Xtion Pro:

```
$ roslaunch rbx1_vision openni_node.launch
```

或者如果你正在使用一个网络摄像机:

```
$ roslaunch rbx1_vision uvc_cam.launch device:=/dev/video0
```

(如有必要可以改变视频设备)

启动伺服机:

```
$ roslaunch rbx1_dynamixels dynamixels.launch
```

启动 lk_tracker.py 节点:

```
$ roslaunch rbx1_vision lk_tracker.launch
```

当视频窗口出现时,使用你的鼠标选择目标物体,然后运行头部跟踪节点:

```
$ roslaunch rbx1_dynamixels head_tracker.launch
```

现在伺服机应该会移动摄像机以跟踪所选目标。这里还应该要有一个你移动目标的速度的限制，否则光流跟踪器将会跟不上。还有，你可以随时用你的鼠标重新选择目标区域。

12.12 一个完整的头部跟踪 ROS 应用

最后的三个例子的启动文件四个有三个是共用的。我们可以创建一个单独的启动文件包括了那三个共用文件，然后根据用户提供的参数选择我们想要的那个特殊的启动文件。

阅读 rbx1_apps/launch 目录下的 head_tracker_app.launch 文件和下面所复制的：

```xml
<launch>
  <!-- For a Kinect or Xtion, set the depth_camera arg = True.
       For a webcam, set the value = False -->
  <arg name="depth_camera" default="True" />

  <!-- These arguments determine which vision node we run -->
  <arg name="face" default="False" />
  <arg name="color" default="False" />
  <arg name="keypoints" default="False" />

  <!-- Launch the appropriate camera drivers based on the depth_camera arg -->
  <include if="$(arg depth_camera)" file="$(find rbx1_vision)/launch/openni_node.launch" />
  <include unless="$(arg depth_camera)" file="$(find rbx1_vision)/launch/uvc_cam.launch" />

  <include if="$(arg face)" file="$(find rbx1_vision)/launch/face_tracker2.launch" />
  <include if="$(arg color)" file="$(find rbx1_vision)/launch/camshift.launch" />
  <include if="$(arg keypoints)" file="$(find rbx1_vision)/launch/lk_tracker.launch" />

  <include file="$(find rbx1_dynamixels)/launch/dynamixels.launch" />

  <include file="$(find rbx1_dynamixels)/launch/head_tracker.launch" />
</launch>
```

这个启动文件使用了许多实参来控制在每次特定运行中包括哪些其他的启动文件。变量决定了我们是否加载用于 Kinect 或 Xtion 的 OpenNI 驱动以及用于网络摄像机的 UVC 驱动。正如我们在后面的启动文件中所见，默认值 True 将会加载 OpenNI 驱动。

接下来的三个变量，face, color, 和 keypoints 决定我们将运行哪个视觉节点。这三个全都默认为 False, 所以我们必须要把它们其中一个在命令行中设置为 True。在定义了实参之后，我们根据 depth_camera 的值运行 openni_node.launch 文件或者 uvc_camera.launch 文件。

根据我们在命令行中将哪一个视觉实参设置为 True，接下来三行语句中相应的那一行会被运行。例如，如果用户设置 color 变量为 True，那么 camshift.launch 文件就会被运行。

接下来我们运行 dynamixels.launch 文件来启动伺服机。最后，我们运行 head_tracker_app.launch 文件来开始头部跟踪。

使用我们新的启动文件，我们现在可以使用一个命令启动整个头部跟踪应用来跟踪脸部、颜色或者关键点。例如，要使用一台 Kinect 或 Xtion 摄像机跟踪脸部，我们会运行：

```
$ roslaunch rbx1_apps head_tracker_app.launch face:=True
```

要跟踪颜色的话，我们会运行：

```
$ roslaunch rbx1_apps head_tracker_app.launch color:=True
```

或者使用网络摄像机和关键点跟踪：

```
$ roslaunch rbx1_apps head_tracker_app.launch \
  depth_camera:=False keypoints:=True
```

最后一个注意事项：如果你忘记在命令行选择一个视觉模式，你可以总是在后面运行它的启动文件。也就是说，命令：

```
$ roslaunch rbx1_apps head_tracker_app.launch face:=True
```

等价于运行：

```
$ roslaunch rbx1_apps head_tracker_app.launch
```

后面跟着：

```
$ roslaunch rbx1_vision face_tracker2.launch
```

13 下一步？

但愿本书提供了足够多的例子来让你能够较好的入门以及帮助你编写自己的 ROS 应用。你现在应该拥有了所需要的工具，来编写各种应用，如结合计算机视觉和语音识别的应用，文本－语音切换应用，机器人导航应用和伺服控制应用。例如，写一个这样的程序怎么样？周期性扫描房间搜寻人脸，当探测到某人，对他进行问候，向他移动，并询问他是否需要帮助。又或者放置一样物品在机器人上，使用语音命令让它将物品带给在另一个房间的某人。

就像我们在介绍里面提到的那样，ROS 仍然有很多地方可以探索：

- 控制像TurtleBot arm[1] 那样的多接点臂。
- 使用PCL[2]（点云图书馆）进行 3－D 图像处理。
- 识别和抓住桌子上的物品[3]。（如下象棋[4]?）
- 使用人脸识别[5]来识别你的家人朋友。
- 为你自己的机器人创建一个URDF 机器人模型[6]。
- 给你的机器人添加传感器，如陀螺仪，红外线感受器或者激光扫描仪。
- 用Gazebo[7] 运行实际的模拟。
- 用SMACH[8] 编程状态机。
- 用knowrob[9] 建立知识库。
- 用roboearth[10] 识别任意三维物体。
- 用reinforcement_learning[11] 从经验中学习。
- 还有很多使用 OpenCV 的方面可以探索，包括模板匹配[12]，运动分析[13]和机器学习[14]。

ROS 现有超过 2000 个可用的包和库。点击在 ROS Wiki 顶部的Browse Software[15]，可以找到一系列 ROS 包（package）和栈（stack）。当你准备好了，你也可以把自己的包（package）贡献给 ROS 社区。欢迎来到机器人学的未来！玩的开心并祝你好运！

---

[1] 地址：http://makeprojects.com/Project/Build－an－Arm－for－Your－TurtleBot/1323/1#.UAnJtHhJw7w。
[2] 地址：http://pointclouds.org/。
[3] 地址：http://ros.org/wiki/pr2_tabletop_manipulation_apps。
[4] 地址：http://www.youtube.com/watch?feature = player_embedded&v = LzVrEsponQU。
[5] 地址：http://wiki.ros.org/face_recognition。
[6] 地址：http://wiki.ros.org/urdf/Tutorials。
[7] 地址：http://wiki.ros.org/gazebo。
[8] 地址：http://wiki.ros.org/executive_smach。
[9] 地址：http://wiki.ros.org/knowrob。
[10] 地址：http://wiki.ros.org/roboearth。
[11] 地址：http://wiki.ros.org/reinforcement_learning。
[12] 地址：http://opencv.itseez.com/modules/imgproc/doc/object_detection.html?highlight = template#matchtemplate。
[13] 地址：http://opencv.itseez.com/modules/video/doc/motion_analysis_and_object_tracking.html?highlight = motion#。
[14] 地址：http://opencv.itseez.com/modules/ml/doc/ml.html。
[15] 地址：http://www.ros.org/browse/list.php。